WCDMA 原理与实训

WCDMA
YUANLI YU SHIXUN

主　编◎董　昕
副主编◎张　燕　钟耀霞

电子科技大学出版社

图书在版编目（CIP）数据

WCDMA 原理与实训 / 董昕主编. — 成都：电子科技大学出版社，2017.8（2019. 1 重印）

ISBN 978–7–5647–4039–9

Ⅰ. ①W… Ⅱ. ①董… Ⅲ. ①移动通信－通信技术 Ⅳ. ①TN929.5

中国版本图书馆 CIP 数据核字（2016）第 290344 号

WCDMA 原理与实训

主　编　董　昕
副主编　张　燕　钟耀霞

策划编辑　李　倩
责任编辑　刘　愚　李　倩

出版发行　电子科技大学出版社
　　　　　成都市一环路东一段 159 号电子信息产业大厦九楼　邮编　610051
主　　页　www.uestcp.com.cn
服务电话　028-83203399
邮购电话　028-83201495

印　　刷　成都市火炬印务有限公司
成品尺寸　185mm×260mm
印　　张　16.5
字　　数　410 千字
版　　次　2017 年 8 月第一版
印　　次　2019 年 1 月第二次印刷
书　　号　ISBN 978-7-5647- 4039-9
定　　价　55.00 元

前　　言

随着通信技术的不断发展，第四代通信技术已经广泛应用，第五代通信技术也将呼之欲出。作为曾经的通信标准之一，第三代通信技术仍然在社会的各个方面发挥着重要作用，而且学习第三代通信技术也有助于加深对新一代通信技术的了解。为了让学生能快速地学习 WCDMA 原理与实训这门实践性很强的课程，编者以多年的实践经验和多年的教学经验为基础，结合通信专业类大学生的人才培养特点及要求，精心编排了本书。

本书理论与实践并重，先理论后实践，通过实训让学生更加直观地了解通信。本书分两个部分，第一部分为理论部分，第二部分为实训部分。

第一部分用 5 个章节来介绍，主要内容如下：

第 1 章 WCDMA 系统概述，介绍了移动通信的发展历史、3G 技术体系以及 4G 通信技术的特点；

第 2 章 WCDMA 的系统结构，介绍了 UTRAN 和 CN 的基本结构，同时介绍了 UMTS 核心网；

第 3 章 WCDMA 关键技术，介绍了 WCDMA 中的通信模型、信源编码、信道编码、扩频技术与加扰技术、调制、分集接收、快速功率控制、软切换和增强技术等各种关键技术；

第 4 章 WCDMA 无线接口，介绍了无线接口的协议、传输信道、物理信道和物理层过程；

第 5 章 UTRAN 基本信令流程，介绍了 UTRAN 的协议结构、UTRAN 信令、UE 的工作状态、空闲模式下的 UE 和基本无线信令流程。

通过这 5 章对 WCDMA 理论知识的介绍后，本书开始了第二部分，即实训部分。实训部分分为 9 个实训课题，以 WCDAM-BSC6810 和 WCDMA-DBS3900 系统为平台，通过对系统进行的介绍，设备的配置调试、接口调试，以及基站维护和故障处理等实训，让学生能更深刻地理解理论知识，让理论和实践相结合，从而提高学习的效果。

本书由董昕教授任主编，张燕老师和钟耀霞老师任副主编并负责统稿、审编，在此特别感谢深圳讯方给我们提供了大量宝贵资料。

由于编者水平有限，书中难免存在缺点和不足之处，衷心希望广大读者批评指正。

编　者

2017 年 7 月

目　　录

第一部分　WCDMA 原理

第二部分 上机实训

第一部分
WCDMA 原理

第 1 章 WCDMA 系统概述

1.1 移动通信的发展

自从 1897 年马可尼的试验证明了运动中的无线通信的可应用性，人们就开始了对移动通信孜孜不倦的探索，并且已经得到了举世瞩目的发展。

移动通信发展至今，已经经历了两代的成熟发展，目前全球 4G 已经进入快速发展的阶段，甚至国际电联的有关组织以及世界许多大的通信公司已经开始了“后 4G 的研究”。

纵观移动通信发展历程，大都经过了提出方案、制定标准和商业运营三个阶段。本节将分别对第一代、第二代、第三代以及第四代移动通信系统进行比较概括的描述。

1.1.1 第一代移动通信系统

最初的移动通信主要应用在军队和政府部门。第二次世界大战期间，战争的要求使得通信技术有了长足的发展。第二次世界大战以后，很快就推出了第一种大区制的公众移动电话服务。但是受到相关设备和技术的制约，当时整个移动通信发展的速度并不是很快。直到 20 世纪 70 年代，美国贝尔实验室提出了小区制的蜂窝式移动通信系统解决方案，实现了频率复用，提高了系统容量，才使移动通信得到了真正意义上的大规模应用。

第一代移动通信系统的主要代表有：

✧ AMPS（Advanced Mobile Phone System），使用模拟蜂窝传输的 800 MHz 频带，在北美、南美和部分环太平洋国家广泛使用；

✧ TACS（Total Access System），使用 900 MHz 频带，分 ETACS（欧洲）和 NTACS（日本）两种版本，英国、日本和部分亚洲国家广泛使用此标准。

此外还有北欧的 NMT-450（Nordic Mobile Telephone）系统和 NMT-900 系统等。1987 年，中国首个 TACS 制式的模拟移动电话系统建成。之后，AMPS 系统也曾被引入中国。

第一代移动通信系统的主要特点是采用频分复用，语音信号为模拟调制，每隔 30 kHz/25 kHz 分一个模拟用户信道。同时，不同的频段、不同的制式限制了移动通信的长途漫游，使得第一代移动通信只能是一种区域性的移动通信系统。其主要弊端有：

✧ 频谱利用率低；

✧ 业务种类有限；

✧ 无高速数据业务；

✧ 保密性差，易被窃听和盗号；

✧ 设备成本高；

✧ 体积大，重量大。

为了解决模拟系统中存在的这些根本性技术缺陷，数字移动通信技术应运而生，这就是以 GSM 和 IS-95 为代表的第二代移动通信系统。

1.1.2 第二代移动通信系统

第二代移动通信系统是从 20 世纪 80 年代中期开始应用的，在 90 年代得到了迅猛的发展。第二代数字蜂窝移动通信系统的典型代表是欧洲的 GSM 系统、美国的 DAMPS 系统以及 IS-95 系统。

GSM（Global System for Mobile）发源于欧洲，它是作为全球数字蜂窝通信的 TDMA 标准而设计的，支持 64 Kbps 的数据速率，可与 ISDN 互连。GSM 使用 900 MHz 频带，使用 1800 MHz 频带的 GSM 系统称为 DCS1800。GSM 采用 FDD 双工方式和 TDMA 多址方式，每载频支持 8 个信道，信道带宽为 200 kHz。

DAMPS（Digital Advanced Mobile Phone System），也称为 IS-54（北美数字蜂窝），使用 800 MHz 频带，是两种北美数字蜂窝标准中推出较早的一种，指定使用 TDMA 多址方式。

IS-95 是北美的另一种数字蜂窝标准，使用 800 MHz 或 1900 MHz 频带，指定使用 CDMA 多址方式，已成为美国 PCS（Personal Communication Syste ms）的首选技术。

由于第二代移动通信系统以传输话音和低速数据业务为目的，从 1996 年开始，为了解决中速数据传输问题，又出现了 2.5 代的移动通信系统，如 GPRS 和 IS-95B 以及 2.75G 的系统，如 EDGE 和 CDMA2000 1x。

CDMA 系统容量大，相当于模拟系统的 10～20 倍，与模拟系统的兼容性好。但是窄带 CDMA 技术比 GSM 晚成熟等原因，使得其在世界范围内的应用远不及 GSM，只在北美、韩国和中国等地有较大规模商用。

但是无论是 2.5G 还是 2.75G，移动通信系统提供数据业务的能力都是有限的。随着网络的发展和人们对于移动通信的需求，数据和多媒体通信的发展势头越来越明显，所以，第三代移动通信的目标就是高速的数据业务通信。

1.1.3 第三代移动通信系统

第三代移动通信系统是一种能够提供多种类型、高质量的多媒体业务，能实现全球无缝覆盖，具有全球漫游能力，与固定网络相兼容，并以小型便携式终端在任何时候、任何地点进行任何种类通信的通信系统。

第三代移动通信系统最早由国际电信联盟（ITU）于 1985 年提出，当时称为未来公众陆地移动通信系统（FPLMTS，Future Public Land Mobile Telecommunication System），1996 年正式更名为 IMT-2000（International Mobile Telecommunication-2000，国际移动通信-2000），主要体制有 WCDMA、CDMA2000 和 TD-SCDMA。1999 年 11 月 5 日，国际电联 ITU-R TG8/1 第十八次会议通过了 IMT-2000 无线接口技术规范建议，其中我国提出的 TD-SCDMA 技术写在了第三代无线接口规范建议的 IMT-2000 CDMA TDD 部分中。“IMT-2000 无线接口技术规范”建议的通过表明 TG8/1 制定第三代移动通信系统无线接口技术规范方面的工作已经基本完成，第三代移动通信系统的开发和应用将进入实质阶段。

1.1.4 3G 的标准组织

3G 的标准化工作实际上是由 3GPP（3th Generation Partner Project，第三代伙伴计划）和 3GPP2 两个标准化组织来推动和实施的。

3GPP 成立于 1998 年 12 月，由欧洲的 ETSI（European Telecommunications Standards Institute）、日本 ARIB（Association of Radio Industries and Businesses）、韩国 TTA（Telecommunications Technology Association）和美国的 T1 等组成。采用欧洲和日本提出的 WCDMA 技术，构筑新的无线接入网络，在核心网交换侧则在现有的 GSM 移动交换网络基础上平滑演进，提供更加多样化的业务。UTRA（Universal Terrestrial Radio Access）为其无线接口的标准。

1999 年 1 月，3GPP2 也正式成立，由美国的 TIA（Telecommunications Industry Association）、日本 ARIB、韩国 TTA 等组成。无线接入技术采用 CDMA2000 和 UWC-136（Universal Wireless Communications-136）为标准，CDMA2000 这一技术在很大程度上采用了高通公司的专利，其核心网采用 ANSI/IS-41。

我国的无线通信标准研究组（CWTS，China Wireless Telecommunications Standard group）是这两个标准化组织的正式组织成员，华为公司也是 3GPP 的独立成员。

1.2 3G 技术体系

1.2.1 多种体制的由来

目前 ITU 对 3G 的研究工作主要由 3GPP 和 3GPP2 这两个组织来承担。在 3G 上，ITU 的目标是：建立 ITM-2000 系统家族，求同存异，实现不同 3G 系统上的全球漫游。

核心网方面，在 1997 年 3 月 ITU-T SG11 的一次中间会议上，通过了欧洲提出的"ITM-2000 家族"概念。根据家族概念，无线接入网和核心网两部分的标准化工作主要在家族内部进行。目前的家族已经有至少两种主要标准，即 GSM MAP 和 IS-41。

无线接口方面，在 1997 年 9 月 ITU-R TG8/1 会议上，开始讨论无线接口的家族概念。在 1998 年 1 月 TG8/1 特别会议上，提出并开始采用"套"的概念，不再使用"家族概念"。其含义是无线接口标准可能多于一个，但并没有承认可以多于一个，而是希望最终能统一成一个标准。

IMT-2000 家族概念的引入给了地区标准化组织以极大的灵活性。这意味着只要该系统在业务和网络能力上满足要求，都可以称为 IMT-2000 家族的成员。

造成第三代移动通信技术体制不同的原因主要有以下两方面。

1. 与第二代的关系

从保护现有运营商利益角度看，3G 的网络部分要与 2G 保持一定的兼容性，即第三代的网络是基于第二代的网络逐步发展演进的。第二代网络有两大核心网：GSM MAP 和 IS-41。

无线接口部分，美国的 IS-95 CDMA 和 IS-136 TDMA 运营者强调后向兼容（演进性），欧洲的 GSM、日本 PDC 的运营者强调无线接口不后向兼容（革命性）。

核心网与无线接口的对应关系如图 1-1 所示。

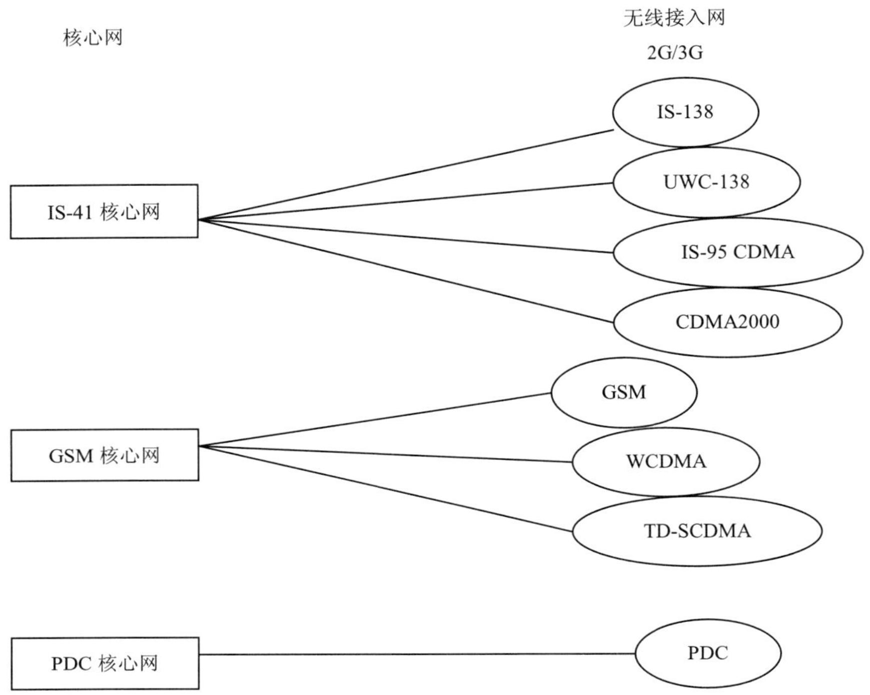

图 1-1　核心网与无线接入网的对应关系

2. 频谱对技术的选用起着重要的作用

在频谱方面，其中关键的问题是 ITU 分配的 ITM-2000 频率在美国已用于 PCS 业务，由于美国要与第二代共用频谱，所以特别强调无线接口的后向兼容，技术上强调逐步演进。而其他大多数国家有新的 IMT-2000 频段，新频段有很大的灵活性。另外就是知识产权起着非常重要的作用，Qualcomm（高通）公司有自己的专利声明。竞争也是造成技术不同的一个因素。

1.2.2　RTT 技术提案

1997 年 4 月，ITU 向全世界发出了征集 IMT2000 无线传输技术的通函，并制定了详细的 IMT2000 RTT（Radio Transmission Technology，无线传输技术）的步骤和时间表。1998 年 6 月 30 日，是 ITU 向各国征求 RTT 建议的截止日。

至 1998 年 9 月，RTT 提案包括对 MSS（Mobile Satellite Service，移动卫星业务）在内多达 16 个，它们基本来自 IMT-2000 的 16 个 RTT 评估组成员，包括：

（1）UTRA WCDMA（欧洲）；

（2）DECT（欧洲）；

（3）CDMA2000（美国）；
（4）UWC-136（美国）；
（5）WI MS WCDMA（美国）；
（6）WCDMA/NA（美国）；
（7）WCDMA（日本）；
（8）TD-SCDMA（中国）；
（9）Global CDMA（同步）（韩国）；
（10）Global CDMA（异步）（韩国）；
（11）LEO 卫星系统 SAT-CDMA;
（12）ESA 的宽带卫星系统 SW-CDMA;
（13）混合宽带 CDMA/TDMA 卫星系统 SW-CTDMA;
（14）ICO 全球通信公司的 ICO RTT;
（15）INMARSAT 的卫星系统 Horizons;
（16）Iridium LLC 公司的卫星系统 INX;
其中，前 10 种为 IMT-2000 地面系统 RTT 提案，后 6 种 RTT 反映了将 MSS 纳入 IMT-2000 的努力。提案充分反映了很多国家对 IMT-2000 未来制式确定的关心与力争施加有效影响的基本愿望。

1.2.3 技术融合

IMT-2000 既包括地面移动通信业务（T MS，Terrestrial Mobile Service），又包括卫星移动通信业务（ MSS）。建议一个全球统一、融合得更好的第三代移动通信标准，对运营商、制造商、用户及政策规划管理部门均更有利，也为世界各国所欢迎。

就 16 个 RTT 候选方案来看，地面移动通信融合的最终结果对于 FDD 模式，以欧洲 ETSI 的 WCDMA（DS）与美国 TIA 的 CDMA2000 最具竞争力；而对于 TDD 模式，欧洲的 ETSI UTRA 提出的 TD-CDMA 与中国 CATT（China Academy of Telecommunications Technology，中国电信科学技术研究院）提出的 TD-SCDMA 是进一步融合的主要对象。1999 年 3 月底，爱立信和高通公司就 IPR（Intellectual Property Rights，知识产权）达成的一系列协议，为推广全球 CDMA 标准扫除了知识产权方面的严重障碍。1999 年 5 月底，运营者协调集团（OHG，Operators Harmonization Group，全球 31 个主要操作运营者与 11 个重要制造商）提出的涉及 IMT-2000 的融合提案对促进其主要参数（码片速率、导频结构及核心网协议以 GSM-MAP、ANSI-41 为基础）的统一起了积极作用，参与者一致同意码片速率对 FDD-DS-CDMA 取 3.84 Mcps，对 FDD-MC-CDMA 即 FDD-CDMA2000-（MC）取 3.6864 Mcps。1999 年 6 月于北京召开的 TG8/1 第十七次会议全面确定了第三代移动通信系统无线接口最终规范的详细框架，而且在进一步推进 CDMA 技术融合方面取得了重大成果，使技术融合的前景一片光明。

1999 年 11 月，在芬兰赫尔辛基召开的第十八次会议上，通过了“IMT-2000 无线接口技术规范”建议，该建议的通过表明 TG8/1 在制定第三代移动通信系统无线接口技术规范方面的工作已基本完成，第三代移动通信系统的开发和应用进入实质阶段。

TD-SCDMA 和 WCDMA、CDMA2000 被确定为最终的三种技术体制，如图 1-2 所示。

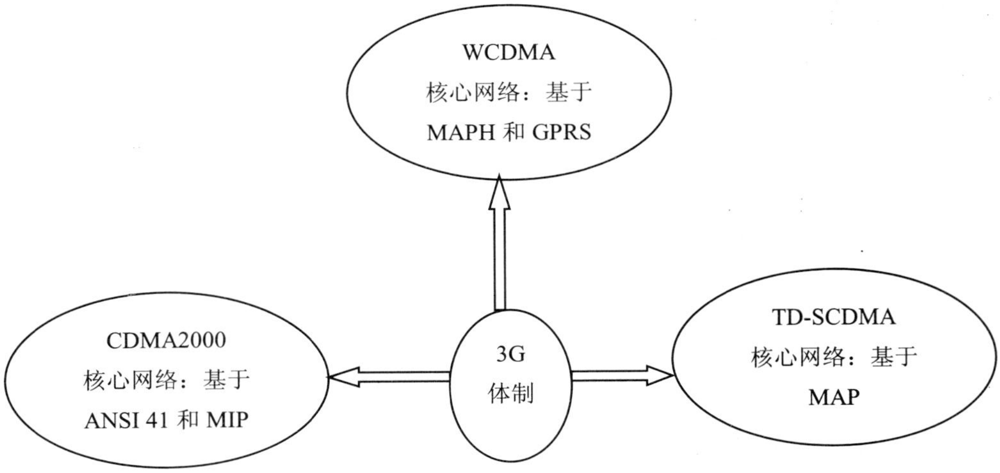

图 1-2　三种主要 3G 制式

1.3　3G 演进策略

3GPP 和 3GPP2 制定的演进策略总体上都是渐进式的，其中的最重要的考虑有以下两点：

✧　保证现有投资和运营商的利益；

✧　有利于现有技术的平滑过渡。

从发展的角度看，由现有的第二代移动通信系统向 IMT-2000 演进的过程是一个至关重要的问题。它关系到现有网的再使用（另建新网络不应是最佳方案）和多种第二代数字网络体制向同一规范发展这两个主要问题。

1. GSM 向 WCDMA 演进的策略

GSM 向 WCDMA 演进的策略是：GSM→HSCSD（速率为 14.4～64 Kbps）→ GPRS（速率为 144 Kbps）→EDGE（速率为 473.6 Kbps）→WCDMA（DS）（速率为 2 Mbps）。

1）HSCSD（High Speed Circuit Switched Data，高速电路交换数据）

HSCSD 是能将多个全速率话音信道共同分配给 HSCSD 结构的特性。HSCSD 的目的是以单一的物理层结构提供不同空中接口用户速率的多种业务的混合。HSCSD 的好处在于具有更高的数据速率（高达 64 Kbps，最大数据速率取决于生产厂家）并仍使用现有 GSM 数据技术，现有 GSM 系统稍加改动就可使用。

2）GPRS（General Packet Radio Service，通用分组无线业务）

GPRS 的主要优点是：标准的无线分组交换，可变的数据速率峰值，按流量计费优化无线资源共享，优化网络资源共享。

3）EDGE（Enhanced Data rates for GSM Evolution，GSM 演进的增强型数据速率）

EDGE 最早由爱立信在 1997 年提出，同年，ETSI 批准了 EDGE 可行性研究。EDGE 又被称为 2.75G 的移动通信系统，提供了从 GPRS 到第三代移动通信系统的过渡性方案，能够使现有的网络运营商最大限度地利用现有的无线网络设备，可以在 3G 商业化之前为用户提供丰富的多媒体业务。

EDGE 采用了更加灵活的系统操作方式，例如基站间异步操作，支持自适应天线技术等，可以同时支持分组交换和数据交换两种数据传输方式，最高可以支持 473.6 Kbps。

4）WCDMA（Wideband Code Division Multi Access，宽带码分多址）

WCDMA 成为以 UMTS（Universal Mobile Telecommunications System，通用移动通信系统）/IMT-2000 为目标的成熟的新技术，能够满足 ITU 所列出的所有要求，提供非常有效的高速数据，具有高质量的语音和图像业务。在 GSM 向 WCDMA 演进的过程中，仅核心网部分是平滑的。而由于空中接口的革命性变化，无线接入网部分的演进也将是革命性的。3GPP 在 1998 年年底至 1999 年年初开始制定 WCDMA 的规范。R99 版本原计划在 1999 年底完成，最后是在 2000 年 3 月完成。R99 后不再按年来命名版本，同时把 R2000 的功能分成两个阶段实施：R4 和 R5。原则上 R99 的规范是 R4 规范集的一个子集，若在 R99 中增加新的特征，就把它升级到 R4；同样 R4 规范集是 R5 规范集的子集，若在 R4 中增加了新的特征就把它升级到 R5。各个版本的基本情况如下。

✧ R99：R99 于 1999 年 12 月发布，其特点是采用基于 GSM/GPRS 的核心网络，分为电路域和分组域两部分。在无线接入部分引入全新 WCDMA 的无线接口传输技术。各个地面接口基于 ATM 传输。

✧ R4：R4 于 2001 年 3 月首次发布。在核心网络的电路域中实现了软交换的概念，即传统的 MSC 分离为媒体网关（MGW，Media Gate Way）和 MSC 服务器（ MSC Server）两部分，这是迈向全 IP 的第一步。在无线接入部分引入了由中国的 CWTS 提交的 TD-SCDMA 技术。

✧ R5：R5 于 2002 年 3 月首次公布。在核心网络引入了 IP 多媒体子系统（IMS，IP Multimedia Sub-system），用来控制在分组域传输实时和非实时的多媒体业务。为了解决 IP 管理问题，IMS 引入了 IPv6。在无线接入部分引入了 HSDPA（High Speed Downlink Packet Access，高速下行链路数据接入）技术，以提供更高的下行传输速率，最高可达 14.4 Mbps。另外无线接入部分还引入了终端定位增强功能，并且实现了端到端的全 IP 化。

2. IS-95 向 CDMA2000 演进的策略

IS-95 向 CDMA2000 演进的策略是：IS-95A（速率为 9.6 Kbps）→IS-95B（速率为 115.2 Kbps→CDMA2000 1x（速率为 307.2 Kbps）→CDMA2000 1x EV-DO/DV（速率为 2.4 Mbps）。

第一个大规模进入商用的版本是 IS-95A。IS-95A 的先进性和成熟性经过了时间的充分检验，直到现在，该系统仍然在广泛使用。从技术上来说，IS-95A 完全属于 2G 通信系统，主要支持话音业务。

IS-95B 被称为 2.5G 的移动通信系统，是一个生不逢时的版本。在发布 IS-95B 后仅半年的时间就被新发布的 CDMA2000 标准超越，所以，大多数运营商选择了跳过 IS-95B，直接使用 CDMA2000 的过渡方式。从技术上来说，IS-95B 与 IS-95A 的区别主要在于可以捆绑多个信道，IS-95B 与 IS-95A 本质上是基本相同的，可以共存于同一载波中。

CDMA2000 是 IMT-2000 系统的主要模式之一。按照标准的规定，CDMA2000 系统一个载波的带宽为 1.25 MHz。如果系统分别独立使用 1 个载波，则被叫作 1x 系统，如果系统将 3 个载波捆绑使用，则被叫作 3x 系统。从商用情况来看，绝大多数 CDMA 运营商计划使用 1x 系统，几乎没有人考虑使用 3x 系统。

1x 系统的下一个发展阶段被叫作 1x/EV-DO，其中 EV 是演进（Evolution）的缩写，而 DO 是指仅支持数据（Data Only 或者 Data Optimized）。这项技术的特点是在 CDMA 技术的基础上引入了 TDMA 技术的一些特点，从而大幅度提高了数据业务的性能。在单个载波中，数据传输速率最高可以达到 2.4 Mbps。但是，由于引入了很多 TDMA 的技术，使 1x/EV-DO 不能前向兼容。在实际使用中，1x/EV-DO 系统需要使用独立的载波，移动台也需要使用双模方式来支持语音和数据。

为了克服 1x/EV-DO 技术在前向兼容方面的缺点。3GPP2 正在制定 1x/EV-DV（Data & Voice）的标准。1x/EV-DV 仍然采用了 CDMA 体系一贯的前向兼容思路，即可以与 1x 系统共存在同一个载波中。

3. TD-SCDMA 的发展历程

TD-SCDMA 标准是由我国信息产业部电信科学研究院提出的 3G 标准，是具有中国自主知识产权的技术。

按照国际电联的要求，TD-SCDMA 于 1998 年 6 月 30 日由 CATT（China Academy of Telecommunications Technology，中国电信科学技术研究院）代表中国提交到 ITU 和相关国际标准组织。

1999 年 11 月，ITU-R TG8/1 第十八次会议在芬兰首都赫尔辛基举行，11 月 5 日，3G 技术委员会宣布了 TD-SCDMA 被写入建议书。

2000 年 5 月，在土耳其召开的国际电联全会上，经投票表决，由中国提出的 TDD 模式的 TD-SCDMA 系统，与欧洲提出的 WCDMA 和美国提出的 CDMA2000 同列为国际 3G 三大标准之一。

2001 年 3 月 16 日，在美国加利福尼亚州举行的 3GPP TSG RAN 第十一次全会上，将 TD-SCDMA 列为 3G 系统标准之一，包含在 3GPP R4 版本中，成为真正意义上的可商用国际标准，这也是 TD-SCDMA 的完全可商用的版本。在这之后，TD-SCDMA 的标准进入了稳定发展的阶段。

2002 年 10 月，信息产业部通过《关于第三代公众移动通信系统频率规划问题的通知》（〔2002〕479 号）公布了 3G 的 TDD 频谱规划，为 TD-SCDMA 标准划分了总计 155 MHz 的非对称频段。

2006 年 1 月 20 日，信息产业部正式颁布，3G 三大国际标准之一的“中国标准” TD-SCDMA 为我国通信行业标准。

目前，TD-SCDMA 共有两个版本，分别是 TSM（TD-SCDMA for GSM）和 LCR（Low Chip Rate）。其中，TSM 是以 GSM 网络为核心网络的，LCR 是以 WCDMA 为核心网络的。

TD-SCDMA 最早研发的主要是 TSM 版本，TSM 规范是在现有的 GSM 规范的基础上修改空中接口而成的，采用与 LCR 基本相同的物理层，保持大部分 GSM 网络的设计（包括 BSC、MSC 等），以提供较 GSM 更高的频谱效率和支持一些更高速率的数据业务。由于 TSM 采用的是 TD-SCDMA 空中接口并基于成熟的 GSM 高层协议栈，所以它不是一个完全的 3G 系统，可以看作是一个 2.5G 系统。TSM 也可以说是 GSM 网络向 TD-SCDMA 过渡的中间技术。大唐原本希望运营商可以运用 TSM 最终过渡到 TD-SCDMA。然而，由于 TD 的商业化进程缓慢，而且在第一阶段测试中，TSM 版本的问题太多，很多性能无法测试，最终导致大唐等公司放弃 TSM 版本的研发，转攻 LCR 版本。

与 TSM 相比，LCR 是真正意义上的 3G 标准；与 UTRA TDD（又被称为 HCR，High Chip Rate，因为它的码片速率是 3.84 Mcps）相比，LCR 是个低码率解决方案，码片速率为 1.28 Mcps。目前研究 TD-SCDMA 的公司主攻的都是 LCR 版本，由于 LCR 版本是以 WCDMA 为核心网络，这样采用 WCDMA 核心网的 LCR TD-SCDMA 的厂商，能够很方便地“嫁接”原来在 WCDMA 上的投入。

TSM 的部署比 LCR 更经济，并且在演进上是完全平滑的。但是，国内 3G 牌照发放时间越往后推移，WCDMA 的成熟度越高，LCR 则越占优势，这也是目前大部分厂家都主要研发 LCR 版本的原因。

1.4 三种主要技术体制比较

1. WCDMA 的技术特点

WCDMA 由欧洲标准化组织 3GPP 所制定，受全球标准化组织、设备制造商、器件供应商、运营商的广泛支持，将成为未来 3G 的主流体制。

核心网基于 GSM/GPRS 网络的演进，保持与 GSM/GPRS 网络的兼容性。核心网可以基于 TDM、ATM 和 IP 技术，并向全 IP 的网络结构演进。核心网逻辑上分为电路域和分组域两部分，分别完成电路型业务和分组型业务。

UTRAN 基于 ATM 技术，统一处理语音和分组业务，并向 IP 方向发展。MAP 技术和 GPRS 隧道技术是 WCDMA 体制移动性管理机制的核心。

空中接口：信号带宽为 5 MHz；码片速率为 3.84 Mcps；采用 AMR（Adaptive Multi-Rate，自适应多速率）语音编码；支持同步/异步基站运营模式；上下行闭环加外环功率控制方式；支持开环（STTD、TSTD）和闭环（FBTD）发射分集方式；导频辅助的相干解调方式；卷积码和 Turbo 码的编码方式；上行和下行采用 QPSK 调制方式。

2. CDMA2000 的技术特点

CDMA2000 体制是基于 IS-95 的标准基础上提出的 3G 标准，目前其标准化工作由 3GPP2 来完成。

电路域继承 2G IS95 CDMA 网络，引入以 WIN 为基本架构的业务平台。分组域基于 Mobile IP 技术的分组网络。无线接入网以 ATM 交换机为平台，提供丰富的适配层接口。

空中接口采用 CDMA2000，兼容 IS95。信号带宽为 $N\times1.25$ MHz（$N=1, 3, 6, 9, 12$）；码片速率为 $N\times1.2288$ Mcps；IS-95 主要采用 8K/13K QCELP（Qualcomm Code-excited Linear Predictive codling，高通公司码激励线性预测编码声码器）语音编码，CDMA2000 主要采用 8K EVRC（Enhanced Variable Rate Codec，增强型可变速率编码器）语音编码；基站需要 GPS/GLONESS 同步方式运行；上下行闭环加外环功率控制方式；前向可以采用 OTD（Orthogonal Transmit Diversity，正交发射分集）和 STS（Space Time Spreading，空间时间扩展）发射分集方式，提高信道的抗衰落能力，改善了前向信道的信号质量；反向采用导频辅助的相干解调方式，提高了解调性能；采用卷积码和 Turbo 码的编码方式；上行 HPSK 和下行 QPSK 的调制方式。

3. TD-SCDMA 的技术特点

TD-SCDMA 标准由中国无线通信标准组织 CWTS 提出，目前已经融合到了 3GPP 关于 WCDMA-TDD 的相关规范中。

核心网基于 GSM/GPRS 网络的演进，保持与 GSM/GPRS 网络的兼容性。核心网可以基于 TDM、ATM 和 IP 技术，并向全 IP 的网络结构演进。核心网逻辑上分为电路域和分组域两部分，分别完成电路型业务和分组型业务。

UTRAN 基于 ATM 技术，统一处理语音和分组业务，并向 IP 方向发展。MAP 技术和 GPRS 隧道技术是 WCDMA 体制移动性管理机制的核心。空中接口采用 D-SCDMA 标准。

TD-SCDMA 具有“3S”的特点，即智能天线（Smart Antenna）、同步 CDMA（Synchronous CDMA）和软件无线电（Software Radio）。

TD-SCDMA 采用的关键技术有：智能天线+联合检测、多时隙 CDMA+DS-CDMA、同步 CDMA、接力切换等。

从上面可以看出，TD-SCDMA 和 WCDMA 两种技术体制之间最本质的区别在于空中接口所采用的技术不同，TD-SCDMA 的空中接口采用 TDD（时分双工）方式，而 WCDMA 的空中接口采用 FDD（频分双工）方式。这个本质的区别导致了 TD-SCDMA 相对于 WCDMA 等 FDD 系统来说具有自身的优势和劣势。

1）TD-SCDMA 的优势

频谱利用率高：TD-SCDMA 用时隙来区分上下行的信道，不像 WCDMA 那样，需要成对的频率，因此频谱效率高，频谱分配更灵活。

适用于非对称业务：3G 的一个重要特点就是能够提供各种丰富多彩的数据业务，尤其是上下行不对称的业务，采用 TDD 方式的 TD-SCDMA 可以灵活分配上下行的时隙资源，特别适用于这些不对称业务。

便于使用智能天线等新技术：TDD 方式的 TD-SCDMA 上下行工作于同一频率，上下行的无线电波传播特性是基本一致的，可以采用智能天线等新技术来提高系统的性能。

2）TD-SCDMA 的劣势

基站之间的同步：由于上下行同频，为了减少基站之间的相互干扰，需要使用 GPS 以保证系统的精确同步。

上下行干扰问题：TD-SCDMA 和其他 CDMA 系统一样，本身就是一个自干扰系统，同时由于上下行同频，基站和用户之间有可能会产生新的干扰。

支持的移动速度问题：采用多时隙不连续发射方式，抗快衰落和抗多普勒效应的能力差，在高速移动环境下的性能差，因而支持的终端最高移动速度只有 120 km/h，而 WCDMA 支持的终端最高移动速度为 500 km/h，同时受电波传输时延的限制，TD-SCDMA 的覆盖能力也低于 WCDMA，如果要提高 TD-SCDMA 的覆盖能力，就要牺牲一定的时隙资源。

发射功率：由于基站/终端不是在所有的时间均进行发射，而是以时隙为单位发射，有 TDMA 的因素，因此存在脉冲功率干扰，需要较大的瞬时发射功率，而 WCDMA 则不存在这个问题。可以认为在 TDD 模式下，需要把功率集中到部分时隙进行发射，而在 FDD 模式下，功率是在所有时隙下均发射的，因此 TD-SCDMA 的瞬时发射功率高。以上三种主要技术体制的对比情况如表 1-1 所示。

表 1-1　三种主要技术体制

	WCDMA	CDMA2000	TD-SCDMA
多址方式	FDMA+CDMA	FDMA+CDMA	FDMA+TDMA+CDMA
双工方式	FDD	FDD	TDD
主要工作频段（MHz）	上行：1920～1980 下行：2110～2170	上行：1920～1980 下行：2110～2170	1880～1920 2010～2025
载波带宽（MHz）	5	1.25	1.6
码片速率（Mcps）	3.84	1.2288	1.28
同步方式	异步	同步	同步
发射分集	STTD、TSTD、FBTD	OTD、STS	无
接收检测	相干解调	相干解调	联合检测
功率控制（Hz）	1500	800	200
越区切换	软、硬切换	软、硬切换	接力切换

1.5　3G 频谱规划情况

国际电联对第三代移动通信系统 IMT-2000 划分了 230 MHz 频率，即上行 1885 MHz～2025 MHz、下行 2110 MHz～2200 MHz，其中，1980 MHz～2010 MHz（地对空）和 2170 MHz～2200 MHz（空对地）这 60 MHz 的频谱用于移动卫星业务。上下行频带不对称，主要考虑可使用双频 FDD 方式和单频 TDD 方式。此规划在 WRC92（World Radio Conference）上得到通过，在 2000 年的 WRC2000 大会上，在 WRC92 的基础上又批准了新的附加频段：806 MHz～960 MHz、1710 MHz～1885 MHz、2500 MHz～2690 MHz。

欧盟对第三代移动通信的问题亦十分重视，欧洲电信标准化协会早在 20 多年前就开始了第三代移动通信标准化的研究工作，成立了一个由运营商、设备制造商和电信管制机构的代表组成的“通用移动通信系统（UMTS）论坛”，1995 年正式向 ITU 提交了频谱划分的建议方案。欧洲的频谱划分情况为：1900 MHz～1980 MHz、2010 MHz～2025 MHz 和 2110 MHz～2170 MHz，共计 155 MHz。

北美情况比较复杂，在 3G 低频段的 1850 MHz～1990 MHz 处，实际已经划给 PCS（Personal Communication Syste ms，个人通信系统）使用，且已划成 2×15 MHz 和 2×5 MHz 的多个频段。PCS 业务已经占用的 IMT-2000 的频谱，虽然经过调整，但调整后 IMT-2000 的上行与 PCS 的下行频段仍需共用。这种安排不大符合一般基站发高收低的配置。

日本的频谱划分情况，1893.5 MHz～1919.6 MHz 已用于 PHS（Personal Handy phone System）频段，还可以提供 2×60 MHz+15 MHz=135 MHz 的 3G 频段（1920 MHz～1980 MHz，2110 MHz～2170 MHz，2010 MHz～2025 MHz）。

韩国和 ITU 的建议一样，共计有 170 MHz 的频谱资源可用于 3G 的地面移动通信系统。

WCDMA FDD 模式使用频谱为（3GPP 并不排斥使用其他频段）：上行 1920 MHz～1980 MHz，下行 2110 MHz～2170 MHz。每个载频的频带宽度为 5 MHz，双工间隔为 190 MHz。而在北美地区则为：上行 1850 MHz～1910 MHz，下行 1930 MHz～1990 MHz，双工间隔为 80 MHz。

WCDMA TDD 模式使用的频谱为（3GPP 并不排斥使用其他频段）：

- 上行 1900 MHz～1920 MHz 和下行 2010 MHz～2025 MHz；
- 美洲地区：上行 1850 MHz～1910 MHz 和下行 1930 MHz～1990 MHz。

CDMA2000 只有 FDD 模式，目前共有 7 个 Band Class，其中 Band Class 6 为 IMT-2000 规定的 1920 MHz～1980 MHz、2110 MHz～2180 MHz 的频段。

在我国，截至 1996 年时的无线电频谱划分情况是：1700 MHz～2300 MHz 频段有 2G 系统、PHS 和 MSS，该频段内还有大量的微波通信系统和一定数量的无线电定位设备正在使用。1996 年 12 月，国家无线电管理委员会为了发展蜂窝移动通信和无线接入的需要，对 2GHz 的部分地面无线电业务频谱进行了重新规划和调整，但还与第三代移动通信有冲突，即公众蜂窝移动通信 1.9 MHz 的频段和无线接入的频段均占用了 IMT-2000 的频段中的一部分。

因此，第三代移动通信必须与现有的各种无线通信系统共享有限的频谱资源。为了促使运营、科研、生产等部门积极发展第三代移动通信系统，满足我国移动通信发展的近期频谱需求和长远频谱需求，必须随着技术、业务的发展，做好 IMT-2000 频段的规划调整工作。

IMT-2000 在我国的频段分配如下。

✧ 主要工作频段

频分双工（FDD）方式：1920 MHz～1980 MHz、2110 MHz～2170 MHz。

时分双工（TDD）方式：1880 MHz～1920 MHz、2010 MHz～2025 MHz。

✧ 补充工作频段

频分双工（FDD）方式：1755 MHz～1785 MHz、1850 MHz～1880 MHz。

时分双工（TDD）方式：2300 MHz～2400 MHz，与无线电定位业务共用，均为主要业务，共用标准另行制定。

✧ 卫星移动通信系统工作频段

1980 MHz～2010 MHz、2170 MHz～2200 MHz。

1.6 3G 业务介绍

第二代移动通信系统，比如 GSM，最初是为有效传输话音业务而设计的，对数据业务的传输能力的支持是有限的。相比之下，WCDMA 的网络最初就是为灵活传输任意类型的业务而设计的，而且传输每一种新业务都不需要特殊的网络优化。

WCDMA 对于开通新业务的优越性能有几下几点。

①高速率：理论上，R99/R4 速率可以达到 2 Mbps，HSDPA（High Speed Downlink Packet Access，高速下行链路数据接入）技术可以使速率达到 14.4 Mbps。

②支持业务的无缝移动性。

③保障业务的 QoS。

④支持并发业务。

⑤与现存的 GSM/GPRS 网络能够互连互通。

根据各种业务对传输时延和误码率特性要求的不同，UMTS 定义了以下四种不同的业务类别：会话类、流类、交互类、后台类。

这四种业务类别之间最显著的区别在于对时延的敏感性，会话类业务对时延最敏感，而后台类是对时延最不敏感的业务。

1.6.1 会话类业务

这类业务最普遍的应用是语音电话业务。但是随着网络和多媒体的发展，许多新的应用也属于这类业务，比如 IP 电话和视频电话等。

会话类业务的最大的特点是上下行链路间有较低的端到端时延，并且该类业务是对称或近似对称的。最大的端到端时延是由人们进行视频和音频会话时人的感受决定的，因此这类业务对可接受的传输延迟的限制是非常严格的，如果延迟过长，将导致通话质量的不可接受。

1.6.2 流类业务

这类业务最常见的应用就是收看视频节目或者收听音频节目，实时数据流针对一个激活目标是单向传输的。相对于会话类业务，流类业务能忍受更大的时延变化，时延变化可以通过在接收端利用去抖动缓冲消除。

总的来看互联网视频产品以及相应的媒体可以分成不同的目标区域：网络广播和视频流点播。网络广播供应商通常把大量通过实际因特网连接到高性能媒体服务器上的用户作为服务对象；而点播业务则经常被大型企业应用，他们希望把视频剪辑或者演讲存储在服务器上，这个服务连接器连接到一个高带宽的局域网上。

在 3G 中的多媒体业务首先发展的是分布式的多媒体业务。语音业务由于所需的带宽较少，因此首先发展了起来，尤其是压缩率高的 MP3 被广泛应用；而视频业务，出现应用的首先是基于低码率、小图像的 MPEG4 制式的单向视频应用，如实时的广告业务、电影的片段公告以及交通监控等。

在分组域上实现的多媒体流业务，主要的应用是 384 Kbps 视频点播、移动会议电视等。

随着人们生活水平的提高，交通监控得到大规模的应用。各大城市的交通拥堵情况日益严重，车辆的增多使人们更加希望能够随时了解路况信息，尤其在上下班的高峰期。以前的方法主要就是通过收听交通台的广播，了解当前的路况信息。但是广播只能是隔一段时间广播一次，不能保证实时性。而 3G 应用以后，就较好地解决了这个问题。通过在一些繁忙路口安装摄像头，采集路口交通状况信息，并存入服务器，用户可以通过 3G 手机拨号到网络，登录服务器，随时了解各个路口的路况信息并据此优化行驶路线，从而节约时间。

1.6.3 交互类业务

这类业务最主要的特点是终端用户的请求响应模式，常见应用是网页浏览、数据库查询、游戏、金融交易、移动支付、位置类业务等。下面重点介绍位置类业务的一些应用。

位置类业务（Location Service，LCS）具有极大的市场和商业前景，这点已为业界所广泛接受，目前已经在国内外移动运营商的 GSM、GPRS 网络中开始了商用。在 3G 领域，由于定位精度的提高和开放体系结构的采用，其吸引力十分令人注目。

1. 位置业务分类

公共安全业务：该类业务主要由国家制定的法令驱动，属于运营商为公众利益服务而提供的一项业务，业务的开通无须用户申请，对于运营商来说无利润可言，但可以提升运营商的形象，并且提供此类业务是移动通信技术进步的必然结果。

另外，还有路边援助业务：车辆在公路上发生故障也可以进行报障定位以及自动事故报告。车辆运行时发生事故，检测设备侦测到之后可以进行自动报告并提供地点等信息。

2. 基于位置的计费

接近位置计费：主被叫双方位于相同或者相近的位置区时双方可获得优惠。

特定区域计费：通话的某一方或者双方位于某个特定位置时可获得优惠，用以鼓励用户进入该区域，如购物区等。

增强呼叫路由（Enhanced Call Routing，ECR）：允许用户的呼叫根据其位置信息被路由到最近的服务提供点，用户可以通过特定的接入号码来完成相应的任务。例如，用户可以输入 427 表示要求接到最近的加油站。此项业务可以被连锁经营的企业使用，比如加德士、KFC 等，由这些公司申请专用的接入号码或者在同类（如加油站类）接入号码中被优选。对于银行业务，用户可以通过 ECR 获得最近的银行信息或者提款机信息等。

移动黄页：移动黄页同 ECR 类似，但它只是按照用户的要求提供最近的服务提供点的联系方式。如顾客可以输入词条“餐馆”用来进行搜索，并且可以输入条件，如“中餐”、“3 公里之内”等进行搜索匹配，输出的结果可以是联系电话或者地址等。

3. 基于位置的信息业务（Location Based Information Services）

城市观光：提供旅游点间的方向导航或根据位置指示附近旅游点，查找最近的旅馆、银行、机场、汽车站、休息场所等。

定点内容广播：可以向特定区域范围内的用户发出信息，主要应用是广告类业务，比如向某商场附近范围内的用户发出该商场的商品广告用以吸引顾客；同时还可以针对用户进行筛选，比如某港口管理机构可以向港口区域内的工作人员发出调度信息；也可以提供向导信息，比如向观光园区内的游客发出各种活动安排等。

网络增强业务（Network Enhancing Services）该类业务尚待定义，目前可以考虑的是合法监听业务。合法监听是 3G 系统为了法律执行机构（Law Enforcement Agency，LEA）的利益而向 LEA 提供的监听移动台的通信内容和监听相关信息的能力。这里的移动目标可以是本地的签约用户，也可以是从其他 3G 系统漫游来的移动用户，还可以是其他移动网络中能够使用 3G 系统的漫游用户，如 GSM 用户等。

1.6.4 后台类业务

E-mail、短消息、文件传送和下载都属于典型的后台类业务，这类业务的特点是不要求在一定的时间间隔内必须传输数据，这就使得该类业务对传输的时延不是很敏感，但是要求数据必须无差错地接收。例如，短消息业务，从技术上讲，短消息业务是通过信令来传递文本信息的，仅能收发容量为 100 多个字节的纯文本信息。而在 3G，此种业务可以被称为 MMS（Multimedia Message Service，多媒体消息业务），属于短消息业务的自然发展（2.5G 系统也部分支持这种业务）。MMS 传递具备多种功能的信息内容，包括文本、图像、音频、视频以及数据，具有丰富的业务支持能力。

1.7 4G 通信技术特点

1.7.1 4G 概念

业界专业人士对 4G 概念移动通信系统的共识主要有以下几点：用户可以在任何地点、任何时间以任何方式不受限地接入网络中来；移动终端可以是任何类型的；用户可以自由地选择业务、应用和网络；可以实现非常先进的移动电子商务；新的技术可以非常容易地被引入系统和业务中来。

根据以上描述，4G 系统应具备以下的基本条件。

（1）具有很高的数据传输速率。对于大范围高速移动用户（250 km/h），数据速率为 2 Mbit/s；对于中速移动用户（60 km/h），数据速率为 20 Mbit/s；对于低速移动用户（室内或步行者），数据速率为 100 Mbit/s。

（2）实现真正的无缝漫游。4G 移动通信系统实现全球统一的标准，能使各类媒体、通信主机及网络之间进行“无缝连接”，真正实现一部手机在全球的任何地点都能进行通信。

（3）高度智能化的网络。采用智能技术的 4G 通信系统是一个高度自治、自适应的网络。采用智能信号处理技术对信道条件不同的各种复杂环境进行结合的正常发送与接收，有很强的智能性、适应性和灵活性。

（4）良好的覆盖性能。4G 通信系统应具有良好的覆盖并能提供高速可变速率传输。对于室内环境，由于要提供高速传输，小区的半径会更小。

（5）基于 IP 的网络。4G 通信系统会采用 IPv6，IPv6 能在 IP 网络上实现话音和多媒体业务。

（6）实现不同 QoS 的业务。4G 通信系统通过动态带宽分配和调节发射功率来提供不同质量的业务。

1.7.2　4G 概念通信关键技术探讨

1. 正交频分复用（OFDM）技术

第四代移动通信系统主要是以 OFDM 为核心技术。OFDM 技术实际上是多载波调制的一种。其主要思想是：将信道分成若干正交子信道，将高速数据信号转换成并行的低速子数据流，调制在每个子信道上进行传输。正交信号可以通过在接收端采用相关技术来分开，这样可以减少子信道之间的相互干扰。每个子信道上的信号带宽小于信道的相关带宽，因此每个子信道可以看成平坦性衰落，从而可以消除符号间干扰。而且由于每个子信道的带宽仅仅是原信道带宽的一小部分，所以信道均衡变得相对容易。

OFDM 技术之所以越来越受关注，是因为 OFDM 具有很多独特的优点。

（1）频谱利用率高，频谱效率比串行系统高近一倍。OFDM 信号的相邻子载波相互重叠，其频谱利用率可以接近 Nyquist 极限。

（2）抗衰落能力强。OFDM 把用户信息通过多个子载波传输，这样在每个子载波上的信号时间就相应地比同速率的单载波系统上的信号时间长很多倍，从而使 OFDM 对脉冲噪声和信道快衰落的抵抗力更强。

（3）适合高速数据传输。OFDM 自适应调制机制使不同的子载波可以按照信道情况和噪声背景的不同使用不同的调制方式。当信道条件好的时候，应采用效率高的调制方式；而当信道条件差的时候，则应采用抗干扰能力强的调制方式。再有，OFDM 加载算法的采用，使得系统可以把更多的数据集中放在条件好的信道上以高速率进行传送。因此，OFDM 技术非常适合高速数据传输。

（4）抗码间干扰（ISI）能力强。码间干扰是数字通信系统中除噪声干扰之外最主要的干扰，它与加性的噪声干扰不同，是一种乘性干扰。造成码间干扰的原因有很多，实际上，只要传输信道的频带是有限的，就会造成一定的码间干扰。OFDM 由于采用了循环前缀，故对抗码间干扰的能力很强。

2. 智能天线技术

智能天线采用了空时多址（SDMA）的技术，利用信号在传输方向上的差别，将同频率或同时隙、同码道的信号进行区分，动态改变信号的覆盖区域，将主波束对准用户方向，旁瓣或零陷对准干扰信号方向，并能够自动跟踪用户和监测环境变化，为每个用户提供优质的上行链路和下行链路信号从而达到抑制干扰、准确提取有效信号的目的。这种技术具有抑制信号干扰、自动跟踪及数字波束等功能，被认为是未来移动通信的关键技术。

目前，智能天线的工作方式主要有全自适应方式和基于预多波束的波束切换方式。全自适应智能天线虽然从理论上讲可以达到最优，但相对而言各种算法均存在所需数据量大、计算量大、信道模型简单、收敛速度较慢，在某些情况下甚至出现错误收敛等缺点，实际信道条件下，当干扰较多、多径严重，特别是信道快速时变时，很难对某一用户进行实际跟踪。在基于预多波束的切换波束工作方式下，全空域被一些预先计算好的波束分割覆盖，各组权值对应的波束有不同的主瓣指向，相邻波束的主瓣间通常会有一些重叠，接收时的主要任务是挑选一个作为工作模式，与自适应方式相比它显然更容易实现，是未来智能天线技术发展的方向。

3. 无线链路增强技术

可以提高容量和覆盖的无线链路增强技术有：分集技术，如通过空间分集、时间分集（信道编码）、频率分集和极化分集等方法来获得最好的分集性能；多天线技术，如采用2或4天线来实现发射分集，或采用多输入多输出（MIMO）技术来实现发射和接收分集。MIMO 技术是指利用多发射、多接收天线进行空间分集的技术，它采用的是分立式多天线，能够有效地将通信链路分解成为许多并行的子信道，从而大大提高容量。信息论已经证明，当不同的接收天线和不同的发射天线之间互不相关时，MIMO 系统能够很好地提高系统的抗衰落和噪声性能，从而获得巨大的容量。在功率带宽受限的无线信道中，MIMO 技术是实现高数据速率、提高系统容量、提高传输质量的空间分集技术。

4. 软件无线电（SDR）技术

在4G系统中，若要实现“任何人在任何地点以任何形式接入网络”的理想通信方式，则至少需要保证移动终端能够适合各种类型的空中接口，能够在各类网络环境间无缝漫游，并可以在不同类型的业务之间进行转换。这就意味着在4G系统中，软件将会变得非常复杂。为此，专家们提议引入软件无线电技术，软件无线电是近几年随着微电子技术的进步而迅速发展起来的新技术，它以现代通信理论为基础，以数字信号处理为核心，以微电子技术为支持。软件无线电概念一经提出，就受到各方的极大关注，这不仅是因为软件无线电概念新技术先进、发展潜力大，更为重要的是它潜在的市场价值也是极具吸引力的。软件无线电强调以开放性最简硬件为通用平台，尽可能地用可升级、可重配置的不同应用软件来实现各种无线电功能的设计新思路。其中心思想是：构造一个具有开放性、标准化、模块化的通用硬件平台，将工作频段、调制解调类型、数据格式、加密模式、通信协议等各种功能用软件来完成，并使宽带A/D和D/A转换器尽可能靠近天线，以研制出具有高度灵活性、开放性的新一代无线通信系统。在4G众多关键技术中，软件无线电技术是通向未来4G的桥梁。由于各种技术的交叠有利于减少开发风险，所以未来4G技术需要适应不同种类的产品要求，而软件无线电技术则是适应产品多样性的基础，它不仅能减少开发风险，还更易于开发系列型产品。此外，它还减少了硅芯片的容量，从而降低了运算器件的价格，其开放的结构也会允许多方运营的介入。

5. 多用户检测技术

4G 系统的终端和基站将用到多用户检测技术以提高系统的容量。多用户检测技术的基本思想是：把同时占用某个信道的所有用户或部分用户的信号都当作有用信号，而不是作为噪声处理，利用多个用户的码元、时间、信号幅度以及相位等信息联合检测单个用户的信号，即综合利用各种信息及信号处理手段，对接收信号进行处理，从而达到对多用户信号的最佳联合检测。它在传统的检测技术的基础上，充分利用造成多址干扰的所有用户的信号进行检测，从而具有良好的抗干扰和抗远近效应性能，降低了系统对功率控制精度的要求，因此可以更加有效地利用链路频谱资源，显著提高系统容量。

现有的多用户检测算法在计算复杂度与处理时延问题上存在不足，且算法中一些参数（频率、幅度、定时、相位等）估计有误时，会使得相关矩阵产生较大偏差，导致整个系统性能急剧下降。另一方面，当前的 MUD 算法只考虑了同小区内的干扰，而没有考虑相邻小区间的同频率用户干扰。一般的多用户检测研究都假设用户数据是独立等概率的，没有考虑信道编码的影响，现在组合信道编码和多用户检测的研究受到越来越多的重视。另外，目前的研究方向还包括多速率多用户检测和多用户检测与时空二维信号处理、多载波调制、功率控制等技术的结合。

6. IPv6 技术

4G 通信系统选择了采用基于 IP 的全分组方式传送数据流，因此 IPv6 技术将成为下一代网络的核心协议。选择 IPv6 协议主要基于以下几点考虑：

（1）巨大的地址空间。在一段可预见的时期内，它能够为所有可以想象出的网络设备提供一个全球唯一的地址。

（2）自动控制。IPv6 还有另一个基本特性，就是它支持无状态和有状态两种地址自动配置方式。无状态地址自动配置方式是获得地址的关键。在这种方式下，需要配置地址的节点使用一种邻居发现机制来获得一个局部连接地址。一旦得到这个地址之后，它将用另一种即插即用的机制，在没有任何人工干预的情况下，获得一个全球唯一的路由地址。

（3）服务质量。服务质量（QoS）包含几个方面的内容。从协议的角度看，IPv6 与目前的 IPv4 具有相同的 QoS，但是 IPv6 能提供不同的服务。这些优点来自于 IPv6 报头中新增的字段“流标志”。有了这个 20 位长的字段，在传输过程中，中国的各节点就可以识别和分开处理任何 IP 地址流。尽管对这个流标志的准确应用还没有制定出有关标准，但将来它无疑会用于基于服务级别的新计费系统。

（4）移动性。移动 IPv6 在新功能和新服务方面可提供更大的灵活性。每个移动设备设有一个固定的家乡地址，这个地址与设备当前接入互联网的位置无关。当设备在家乡以外的地方使用时，通过一个转交地址即可提供移动节点当前的位置信息。移动设备每次改变位置都要将它的转交地址告诉给家乡地址和它所对应的通信节点。

4G 最大的数据传输速率超过 100 Mbit/s，这个速率是移动电话数据传输速率的 1 万倍，也是 3G 移动电话速率的 50 倍。4G 手机可以提供高性能的汇流媒体内容，并通过 ID

应用程序成为个人身份鉴定设备。它也可以接受高分辨率的电影和电视节目，从而成为合并广播和通信的新基础设施中的一个纽带。此外，4G 的无线即时连接等某些服务费用会比 3G 便宜。还有，4G 有望集成不同模式的无线通信——从无线局域网和蓝牙等室内网络、蜂窝信号、广播电视到卫星通信，移动用户可以自由地从一个标准漫游到另一个标准。

4G 通信技术并没有脱离以前的通信技术，而是以传统通信技术为基础，并利用了一些新的通信技术，来不断提高无线通信的网络效率和功能。如果说 3G 能为人们提供一个高速传输的无线通信环境的话，那么 4G 通信会是一种超高速无线网络，一种不需要电缆的信息超级高速公路，这种新网络可使电话用户以无线及三维空间虚拟实境连线。

思　考　题

1．第三代移动通信有几种体制？分别是什么？

2．3G 系统可以支持哪些业务？

3．4G 通信的技术特点是什么？

第 2 章 WCDMA 系统结构

2.1 概　　述

UMTS（通用移动通信系统）是采用 WCDMA 空中接口技术的第三代移动通信系统，通常也就把 UMTS 系统称为 WCDMA 通信系统。

UMTS 系统采用了与第二代移动通信系统类似的结构，包括无线接入网络（Radio Access Network，RAN）和核心网络（Core Network，CN）。其中 RAN 用于处理所有与无线有关的功能，而 CN 处理 UMTS 系统内所有的话音呼叫和数据连接，并实现与外部网络的交换和路由功能。CN 从逻辑上分为电路交换域（Circuit Switched Domain，CS）和分组交换域（Packet Switched Domain，PS）。RAN、CN 与用户设备（User Equipment，UE）一起构成了整个 UMTS 系统，其系统结构如图 2-1 所示。

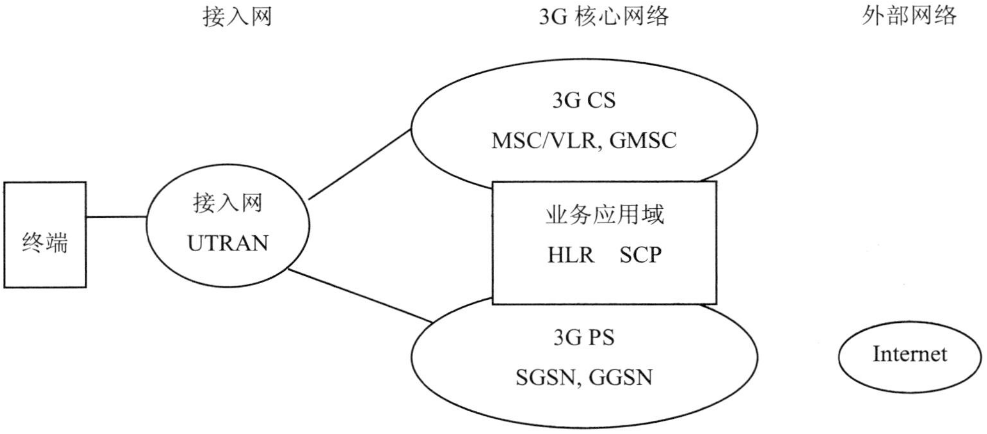

图 2-1　UMTS 系统结构

2.2 UTRAN 基本结构

UTRAN 包含一个或几个无线网络子系统（Radio Network Sub-system，RNS）。一个 RNS 由一个无线网络控制器（RNC）和一个或多个基站（Node B）组成。RNC 与 CN 之间的接口是 Iu 接口，包括与 CS 域的 Iu-CS 接口和与 PS 域的 Iu-PS 接口。Node B 和 RNC 通过 Iub 接口连接。在 UTRAN 内部，RNC 之间通过 Iur 互联，Iur 可以通过 RNC 之间的直接物理连接或通过传输网连接。RNC 用来分配和控制与之相连或相关的 Node B 的无线资源。Node B 则完成 Iub 接口和 Uu 接口之间的数据流的转换，同时也参与一部分无线资源管理。

2.2.1 RNC

RNC（Radio Network Controller，无线网络控制器）是第三代（3G）无线网络中的主要网元，是接入网络的组成部分，负责移动性管理、呼叫处理、链路管理和移交机制。它通常通过 Iu 接口与电路域（MSC）和分组域（SGSN）以及广播域（BC）相连，在 UE 和 UTRAN 之间的无线资源控制（RRC，Radio Resource Control）协议在此终止。它在逻辑上对应于 GSM 网络中的基站控制器（BSC，Base Station Controller）。

第三代移动通信网络（3G）中的通用地面无线接入网（Universal Terrestrial Radio Access Network，UTRAN）由基站控制器（Radio Network Controller，RNC）和基站（Node B）组成，所以 RNC 是 UTRAN 的交换和控制元素。作为 3G 网络的一个关键网元 RNC，它主要用于管理和控制它下面的多个基站。RNC 的整个功能分为两部分：无线资源管理功能和控制功能。无线资源管理主要用于保持无线传播的稳定性和无线连接的服务质量；控制功能包含了所有和无线承载建立、保持和释放相关的功能。

RNC 与 RNC 之间通过标准的 Iur 接口互连，RNC 与核心网通过Iu 接口互连。RNC 主要完成连接建立与断开、切换、宏分集合并、无线资源管理控制等功能。

RNC 的高级任务包括以下几点：

- 管理用于传输用户数据的无线接入载波；
- 管理和优化无线网络资源；
- 移动性控制；
- 无线链路维护。

RNC 具有组帧分配（framing distribution）与选择、加密、解密、错误检查、监视以及状态查询等功能。

RNC 还可提供桥接功能，用于连接 IP分组交换网络。无线网络控制器（RNC）不仅支持传统的 ATM AAL2（语音）和 AAL5（数据）功能，而且还支持 IP over ATM（IPoATM）和 SONET 上的数据包（POS）功能。无线用户的高增长率对 IP 技术提出了更高的要求，这意味着未来平台必须要能够同时支持 IPv4 和 IPv6。注意实际网络传输将取决于运营商（carrier）的情况。在 R99 中，RNC 与节点B 之间通常有一个 SONET 环，其功能相当于城域网（MAN）。通过分插复用器（ADM），可从 SONET 环提取或向 SONET 环加入数据流。这一拓扑结构允许多个 RNC 接入多个 Node B，以形成具有出色灵活性的网络。

RNC 系统的硬件按功能进行模块化设计，子系统之间采用统一的标准接口，为以后的系统扩容、增加新功能和设备维护等提供方便。

1. RNC 根据不同的标准，可划分为不同的子系统

1）依据系统的功能划分

RNC 按照功能划分为业务、信令、资管、传输、操作维护等多个子系统。

（1）BSP&Driver 子系统：BSP&Driver 子系统为其他子系统提供隔离硬件服务，包

括 CPU 的 Boot、OS 的启动、接口芯片设备的驱动等功能。

（2）支撑平台子系统：支撑平台子系统为其他子系统提供隔离底层 RTOS 平台以及多处理器系统的分布式运行平台，完成进程调度、定时器管理、内存管理、进程间/板间通信、设备管理等功能。

（3）承载子系统：承载子系统主要包括用户数据的传输层承载以及信令和数据共用的物理和链路层承载。用户数据的传输层承载直接对应于用户面内部数据传递的底层 IP 支撑，包括 PS Iu 接口协议处理板上网络处理器所处理的 IPOA 微码、接口板上的 ATM—IP 转换的微码、DSP 上处理 UDP/IP 的代码等；信令和数据共用的物理和链路层承载则对应于接口板上相关的 ATM IMA 的处理，AAL2 和 AAL5 SAR 的处理等。系统管理子系统完成整个系统上电控制、主备倒换控制、实时状态检测等功能。资源与数据管理子系统为其他子系统提供数据服务。另外，基于 RNC 的分布式架构，在传统数据库功能基础上，还需要增加处理器之间的数据同步等一系列的辅助功能。

（4）操作维护子系统：操作维护子系统实现系统的配置、性能管理、故障和安全管理。

（5）传输网络子系统：传输网络子系统为无线部分提供传输支撑，不包括 ATM CPCS 以下的部分以及用户承载部分。

（6）高层信令子系统：高层信令子系统主要负责涵盖 3GPP 25 系列所规定的包括 Uu 接口、Iu 接口、Iub 接口、Iur 接口等在内的层三控制面协议处理工作，包括无线资源管理、移动性管理、信令连接管理等。

（7）业务处理子系统：业务处理子系统则主要负责按照业务 QoS 的需求，实现数据在无线接口和 Iu 接口相互转发、调度等。

2）根据系统模块化设计原则划分

根据系统模块化设计的原则，RNC 硬件系统分为以下六个子系统，即交换子系统、接入子系统、业务处理子系统、网同步子系统、中央控制子系统、告警子系统。各子系统的功能如下所述。

（1）接入子系统：提供 Iu、Iub 等接口接入功能，由接入单板构成。

（2）交换子系统：提供设备内部控制和业务数据交换，由一级交换板、二级交换板构成。

（3）业务处理子系统：完成 Iu、Iub、Uu 等接口业务面协议处理功能，由 GTP-U 处理板和无线网络业务处理板构成。

（4）中央控制子系统：完成传输网络、无线网络信令、系统控制和操作维护等功能，由信令处理板、全局处理板等构成。

（5）网同步子系统：完成系统时钟产生和分配功能，由网同步板、交换板时钟驱动模块、业务板和接入板时钟同步模块构成。

（6）告警子系统：完成系统环境监测和告警功能，由全局板、告警箱等构成。

2. RNC 设备内部各子系统连接接口情况

RNC 设备内部各子系统的连接接口如下。

IF1、IF2、IF3 是以太接口，业务数据和控制信令使用独立的物理接口，互不影响。其中，采用 GE 接口传输业务数据；采用 FE 接口传输设备控制数据。

IF4 是系统对网同步的控制接口，采用 FE 接口。

IF5 是时钟接口，接入子系统中各单板的时钟通过交换子系统进行分发。

IF6 是设备的声光告警接口，采用 FE 接口。

IF7 是设备的机框管理接口，传递各电路板与机框管理模块的信息，符合 IPMI 接口规范。

Iub 连接 Node B 收发信机和 RNC。这通常可通过 T-1/E-1 链路实现，该链路通常集中在 T-1/E-1 聚合器中，通过 OC-3 链路向 RNC 提供流量。

Iur 用于呼叫切换的 RNC 到 RNC 连接，通常通过 OC-3 链路实现。Iu-CS RNC 与电路交换语音网络之间的核心网接口。通常作为 OC-12 速率链路实施。Iu-PS RNC 与分组交换数据网络之间的核心网接口。通常作为 OC-12 速率链路实施。

控制 Node B 的 RNC 称为该 Node B 的控制 RNC（CRNC），CRNC 负责对其控制的小区的无线资源进行管理。

如果在一个移动台与 UTRAN 的连接中用到了超过一个 RNS 的无线资源，那么这些涉及的 RNS 可以分为：服务 RNS（SRNS）和漂移 RNS（DRNS）。

SRNS 管理 UE 和 UTRAN 之间的无线连接。它是对应于该 UE 的 Iu 接口（Uu 接口）的终止点。无线接入承载的参数映射到传输信道的参数，是否进行越区切换，开环功率控制等基本的无线资源管理都是由 SRNS 中的 SRNC 来完成的。一个与 UTRAN 相连的 UE 有且只能有一个 SRNC。

DRNS 除了 SRNS 以外，UE 所用到的其他 RNS 称为 DRNS，其对应的 RNC 则是 DRNC。一个用户可以没有 DRNS，也可以有一个或多个。

通常在实际的 RNC 中包含了所有 CRNC、SRNC 和 DRNC 的功能。

2.2.2 Node B

Node B 是 3G 移动基站的称呼，它是通过标准的 Iub 接口与 RNC 互连，通过 Uu 接口与 UE 进行通信，主要完成 Uu 接口物理层协议和 Iub 接口协议的处理。它的主要功能是扩频、调制、信道编码及解扩、解调、信道解码，还包括基带信号和射频信号的相互转换等功能。同时它还完成一些如内环功率控制等的无线资源管理功能。它在逻辑上对应于 GSM 网络中的基站（BTS，Base Transceiver Station）。

Node B 主要由传输子系统、中频/基带子系统、射频子系统、天馈子系统、控制子系统等部分组成。

1）传输子系统

传输子系统的主要功能是提供与 RNC 的接口，实现传输网络层的相关功能，完成基站与 RNC 之间的信息交互。物理接口上一般以 E1/T1、STM-1 等形式出现，为了节约传输带宽和提高传输的可靠性，ATM反向复用（Inverse Multiplexing on ATM，IMA）通常会被采用。

2）中频/基带子系统

中频/基带子系统的主要功能包括：数模转换、下行发送、上行接收的物理层处理过程以及物理层的闭环处理过程。中频子系统完成数模转换、模数转换、上下变频。基带子系统完成信道解扩解调、编译码、扩频调制的功能，其工作过程分为下行发送处理器、下行接收处理过程，以及物理层的闭环处理过程。

下行发送处理过程：基带子系统接收到来自传输子系统的 FP（Frame Protocol）包，根据 3GPP 25.212 协议要求完成编码，包括 TB 块 CRC校验和码块分段、信道编码（Convolutional coding、Turbo coding、No coding）、速率匹配、交织、传输信道复用与物理信道映射等，根据 3GPP 25.213、3GPP 25.211 协议要求完成传输信道映射、物理信道生成、组帧、扩频调制，发送分集控制、功控合路等功能，将下行数据发送到中频子系统，TRX 完成数字 RRC 成形滤波、插值滤波、DUC 后完成数模转换，传递到射频子系统。

上行接收器处理过程：中频子系统接收来自射频子系统的信号，通过模数转换、DDC、抽取滤波、接收 RRC 匹配滤波、DAGC 处理，得到数字基带信号，并传送到基带子系统。基带子系统对上行基带数据进行接入信道搜索解调和专用信道解调，包括相关信道估计、频率跟踪和 RAKE 合并等，得到解扩解调的软判决符号。然后经过译码（卷积码或 Turbo 码）处理、FP 处理传递给传输子系统。

物理层的闭环处理过程：包括 AI 信息的闭环处理、上下行物理层闭环功率控制处理、下行的闭环发射分集处理。这些闭环过程都是从上行接收的信息中解调得到相关的控制信息（AI、上行 TPC、下行 TPC、FBI），然后将这些信息传给下行发送通道，下行发送通道再按要求使用这些信息。

3）射频子系统

射频子系统一般由收发信机、双工模块、功率放大模块等模块组成，主要功能包括：上行完成接收滤波、低噪声放大、进一步的射频小信号放大滤波和下变频，然后完成模数转换、数字中频处理和 RRC 滤波等；下行完成 RRC 滤波、数字中频处理和数模转换，经过射频滤波、放大、上变频处理，经线性功率放大器放大后经过发送滤波至天馈。

收发信机模块完成上下变频、信号放大、滤波处理、AD 转换、DA 转换，可以支持功率控制命令，一般收发信机用两套收发通道支持收发分集。

双工模块包含双工器和 LNA（Low Noise Amplify），LNA 对信号起前级放大作用。

功率放大模块的主要作用是放大收发信机输出的下行信号功率。

为了支持多载波的应用，一般射频子系统还集成小信号合分路模块。通过分路器，将双工模块放大的上行信号分路，送到不同的收发信机，支持上行多载波；通过合路器，将多个收发信机输出的下行信号合路，送到功率放大模块进行放大，支持下行多载波应用。

4）天馈子系统

天馈子系统由天线、馈线、天馈避雷器、塔顶放大器（可选）等组成。天馈子系统完成 Node B 空中接口信号的输入和输出。WCDMA 系统的核心频段为：上行 1920 MHz～1980 MHz，下行 2110 MHz～2170 MHz。塔顶放大器的主要作用是将来自天线的接收信号进行放大，补偿由于馈线引入的损耗，提高系统的上行覆盖范围，同时可有效降低手机的发射功率，减小系统内的干扰噪声，提高通话质量。

5）控制子系统

控制子系统一般完成如下功能：完成 NBAP 信令处理、资源管理和操作维护功能；产生并提供整个基站的同步时钟，并对整个基站的运行和周边环境状况进行检测和监控。

2.2.3 UTRAN 主要接口

UTRAN 主要有如下接口。

Cu 接口：Cu 接口是 USIM 卡和 ME 之间的电气接口。Cu 接口是标准接口。

Uu 接口：Uu 接口是 WCDMA 的无线接口。UE 通过 Uu 接口接入 UMTS 系统的网络部分，可以说 Uu 接口是 UMTS 系统中最重要的开放接口。

Iub 接口：Iub 接口是连接 Node B 与 RNC 的接口。Iub 接口也是一个开放的标准接口。这也使通过 Iub 接口相连接的 RNC 与 Node B 可以分别由不同的设备制造商提供。

Iu 接口：Iu 接口是连接 UTRAN 和 CN 的接口。Iu 接口是一个开放的标准接口，这也使通过 Iu 接口相连接的 UTRAN 与 CN 可以分别由不同的设备制造商提供。Iu 接口可以分为电路域的 Iu-CS 接口、分组域的 Iu-PS 接口以及广播域的 Iu-BC 接口。

Iur 接口：Iur 接口是连接 RNC 之间的接口。Iur 接口是 UMTS 系统特有的接口，用于对 RAN 中移动台的移动管理。比如在不同的 RNC 之间进行软切换时，移动台的所有数据都是通过 Iur 接口从 DRNC 传到 SRNC。Iur 是开放的标准接口。

2.3 CN 基本结构

2.3.1 电路域（CS Domain）及网元介绍

电路域是核心网中负责处理语音呼叫的部分，采取传统电路交换（UMTS R99 版本）或者软交换（UMTS R4 及以后版本）的方式工作。电路域和业务应用域协同工作，完成语音呼叫的交换，可以跟 PSTN 网络、IMS 系统以及其他 PLMN 直接对接，跟分组域没有直接的业务联系，但可以通过 Gs 接口互联实现部分流程的联合进行。

电路域的主要功能实体及其功能如下。

1. MSC（Mobile-service Switch Center，移动业务交换中心）

MSC 是核心网络 CS 域的核心网元，它提供交换功能及面向系统其他功能实体：UTRAN、归属用户位置寄存器（HLR）、鉴权中心（AUC）、移动设备识别寄存器（EIR）、操作维护中心（OMC）和面向固定网（公用电话网 PSTN、综合业务数字网 ISDN、分组交换公用数据网 PSPDN）的接口功能，把移动用户与移动用户、移动用户与固定网用户互相连接起来。

MSC 可从三种数据库，即 HLR、VLR 和 AUC 获取处理用户位置登记和呼叫请求所需的全部数据；反之，MSC 也根据其最新获取的信息更新数据库的部分数据。

MSC 可为移动用户提供一系列业务：

✧ 电信业务，如电话、紧急呼叫、传真和短消息服务等；
✧ 承载业务，如 3.1 kHz 电话，同步数据 0.3～2.4 Kbit/s 及分组组合和分解（PAD）等；
✧ 补充业务，如呼叫前转、呼叫限制、呼叫等待、会议电话和计费通知等。

当然，作为网络的核心，MSC 还支持位置登记、越区切换和自动漫游等移动特征性能和其他网路功能。MSC 在 CS 域中可以以端局（VMSC）、网关局（GMSC）和汇接局（TMSC）等形式存在，分别负责接入无线侧用户，连接其他网络和汇接。

2. VLR（Visitor Location Register，访问位置寄存器）

VLR 是服务于其控制区域内移动用户的，存储着进入其控制区域内已登记的移动用户相关信息，为已登记的移动用户提供建立呼叫接续的必要条件。VLR 从该移动用户的归属用户位置寄存（HLR）处获取并存储必要的数据。一旦移动用户离开了该 VLR 的控制区域，则重新在另一个 VLR 登记，原 VLR 将取消临时记录的该移动用户数据。因此，VLR 可看作一个动态用户数据库。

3. MSC-Server

MSC-Server 是在 UMTS（R4）中出现的电路域网元，主要包括呼叫控制以及移动性管理功能，负责移动始发和移动终结的呼叫控制，包含 VLR 功能、智能网业务交换点功能，但不负责语音信号的传输和交换。

4. MGW（Media Gateway，媒体网关）

MGW 是在 UMTS（R4）中出现的电路域网元，接受 MSC-Server 的控制。MGW 是 PSTN/PLMN 的传输终接点，并且通过 Iu 接口连接核心网和 UTRAN。MGW 可以是从电路交换网络来的承载通道的终接点，也可是分组网来的媒体流（例如，IP 网中的 RTP 流）的终接点。在 Iu 接口上，MGW 可支持媒体转换、承载控制和有效载荷处理（例如，多媒体数字信号编解码器、回音消除器、会议桥等），可支持 CS 业务的不同 Iu 选项（基于 AAL2/ATM，或基于 RTP/UDP/IP）。

MGW 与 MSC 服务器和 G MSC 服务器相连，进行资源控制，拥有并使用如回音消除器等资源，可具有多媒体数字信号编解码器。

MGW 可具有必要的资源以支持 UMTS/GSM 传输媒体。进一步，可要求 H.248 裁剪器支持附加的多媒体数字信号编解码器和成帧协议等。

MGW 的承载控制和有效载荷处理能力也用于支持移动性功能，如 SRNS 重分配/切换和定位。目前期待 H.248 标准机制可运用于支持这些功能。

2.3.2 分组域（PS Domain）及其网元功能

分组域直接继承了 GPRS（General Packet Radio Service，通用分组无线业务）系统。而 GPRS 是在原有的 GSM 移动通信系统基础之上发展起来的一种移动分组数据业务。GPRS 通过在 GSM 数字移动通信网络中引入分组交换功能实体，以支持采用分组方式进行的数据传输。GPRS 系统可以看作是对原有的 GSM 电路交换系统进行的业务扩充，以满足用户利用移动终端接入 Internet 或其他分组数据网络的需求。

GPRS 包含丰富的数据业务，如 PTP（Point To Point，点对点）数据业务、PTM-M（Point To Multipoint，点对多点）广播数据业务、PTM-G（Point To Multipoint-Group，点对多点群呼）数据业务、IP-M 广播业务。这些业务已具有了一定的调度功能，再加上 GSM phase II+中定义的话音广播及话音组呼业务，GPRS 已经能够完成一些调度功能。

分组域主要的应用领域可以是 E-mail 电子邮件、WWW 浏览、WAP 业务、电子商务、信息查询、远程监控等。分组域的网元及其功能如下。

1. SGSN（Serving GPRS Support Node，服务 GPRS 支持节点）

SGSN 是分组域的一个基本组成网元，其主要的作用就是为本 SGSN 服务区域的 UE 转发输入/输出的 IP 分组，其地位类似于电路域中的 V MSC。SGSN 提供以下功能：本 SGSN 区域内的分组数据包的路由与转发功能，为本 SGSN 区域内的所有 GPRS 用户提供服务；此外，SGSN 中还集成了类似于 VLR 的功能，当用户处于 GPRS Attach（GPRS 附着）状态时，SGSN 中存储了同分组相关的用户信息和位置信息。同 VLR 相似，SGSN 中的大部分用户信息在位置更新过程中从 HLR 获取。

2. GGSN（Gateway GPRS Support Node，关口 GPRS 支持节点）

GGSN 为分组域提供数据包在 PS 域内部和外部数据网之间的路由和封装。用户选择哪一个 GGSN 作为网关，是在 PDP 上下文激活过程中根据用户的签约信息以及用户请求的 APN（Access Point Name，接入点名）来确定的。GGSN 主要提供以下功能：同外部数据 IP 分组网络（IP、X.25）的接口功能；GGSN 需要提供 MS 接入外部分组网络的关口功能；从外部网的观点来看，GGSN 就好像是可寻址 GPRS 网络中所有用户 IP 地址的路由器，需要同外部网络交换路由信息完成 MS 同外部网的通信建立过程；将移动用户的分组数据发往正确的 SGSN。

3. CG（Charging Gateway，计费网关）

CG 主要完成对各 SGSN、GGSN 产生的话单的收集、合并、预处理工作，并完成同计费中心之间的通信接口。一次上网过程的话单会从多个网元实体中产生，而且每一个网元设备中都会产生多张话单。引入 CG 是为了在话单送往计费中心之前对话单进行合并与预处理，以减少计费中心的负担；同时 SGSN、GGSN 这样的网元设备也不需要实现同计费中心的接口功能。

4. BG（Border Gateway，边缘网关）

BG 实际上就是一个路由器，主要完成分属不同 GPRS 网络的 SGSN、GGSN 之间的路由功能，以及安全性管理功能。该功能实体并非 GPRS 所专有的设备实体。

5. DNS（Domain Name System，域名服务器）

PS 域中存在两种域名服务器：一种是 GGSN 同外部网之间的 DNS，主要功能是对外部网的域名进行解析，其作用完全等同于固定 Internet 网络上的普通 DNS；另一种是 GPRS 骨干网上的 DNS，其作用主要有两点，即在 PDP 上下文激活过程中根据确定的 APN 解析出 GGSN 的 IP 地址以及在 SGSN 间的路由区更新过程中，根据旧的路由区号码解析出老的 SGSN 的 IP 地址。

2.3.3 业务应用域

业务应用域是核心网中的共用部分，为 CS 域和 PS 域提供业务支撑能力，包括用户签约数据存储、智能网呼叫、短消息发送等。它是所有业务进行的基础，是核心网的必备部分。业务应用域的网元功能如下。

1. HLR（Home Location Register，归属用户位置寄存器）

HLR 是 UMTS 系统的中央数据库，存储着该 HLR 控制的所有存在的移动用户的相关数据。一个 HLR 能够控制若干个移动交换区域以及整个移动通信网，所有移动用户重要的静态数据都存储在 HLR 中，这包括移动用户识别号码、访问能力、用户类别和补充业务等数据。HLR 还存储且为 MSC 提供关于移动用户实际漫游所在的 MSC 区域相关动态信息数据。这样，任何入局呼叫可以即刻按选择路径送到被叫的用户。

在 UMTS R5 版本中，HLR 的功能由 HSS（Home Subscriber Server，归属用户服务器）实现。

2. AUC（AUthentication Center，鉴权中心）

UMTS 系统采取了特别的安全措施，如用户鉴权、网络鉴权、对无线接口上的话音、数据和信号信息进行保密、完成性验证等。因此，鉴权中心（AUC）存储着鉴权信息和加密密钥，用来防止无权用户接入系统和保证通过无线接口的移动用户通信的安全。AUC 属于 HLR 的一个功能单元，专用于 UMTS 系统的安全性管理。

3. EIR（Equipment Identity Register，移动设备识别寄存器）

EIR 存储着移动设备的国际移动设备识别码（IMEI），通过检查白色清单、黑色清单或灰色清单这三种表格，在表格中分别列出了准许使用的、出现故障需监视的、失窃不准使用的移动设备的 IMEI 识别码，使得运营部门对于不管是失窃还是由于技术故障或误操作而危及网路正常运行的 MS 设备，都能采取及时的防范措施，以确保网路内所使用的移动设备的唯一性和安全性。

4. SCP（Service Control Point，业务控制点）

SCP 是智能网的核心构件，它存储用户数据和业务逻辑。SCP 的主要功能是接收 SSP 送来的查询信息并查询数据库，进行各种译码；同时，SCP 能根据 SSP 上报来的呼叫事件启动不同的业务逻辑，根据业务逻辑向相应的 SSP 发出呼叫控制指令，从而实现各种智能呼叫。智能网所提供的所有业务的控制功能都集中在 SCP 中，SCP 与 SSP 之间按照智能网的标准接口协议进行通信。SCP 一般由小型机、高性能微机和大型实时高速数据库组成，要求 SCP 具有高度的可靠性，每年的服务中断时间不得超过 3 分钟。因此，在智能网系统中 SCP 的配置至少是双备份的。

2.4 UMTS 核心网络各版本特点

1. R99 版本特点

为了确保运营商的投资利益，在 R99 网络结构设计中充分考虑了 2G/3G 兼容性问题，以支持 GSM/GPRS/3G 的平滑过渡。因此，在网络中 CS 域和 PS 域是并列的，R99 核心网设备包括 MSC/VLR、SGSN、GGSN、HLR/AUC、EIR 等。

为支持 3G 业务，有些设备增添了相应的接口协议，另外对原有的接口协议进行了改进。其中最重要的新增接口是连接电路域 MSC 和无线接入网 RNC 的 Iu-CS 接口以及连接分组域 SGSN 和无线接入网 RNC 的 Iu-PS 接口。为了适应无线接入网接入速率的提高，这两个接口首次采用了 ATM 技术作为底层传输，并引入了新的协议栈。

2. R4 版本特点

R4 版本在 R99 的基础上对电路域的结构做出了修改，将电路域网元 MSC 拆分成 MSC-Server 和 MGW，前者负责呼叫控制等控制层面的处理，后者负责提供媒体资源、语音的交换和传输，使电路域网络结构符合下一代网络（NGN，Next Generation Network）的四层结构，并在语音传输层面引入了多种承载方式，包括 ATM、IP 以及原有的 TDM 方式。

3. R5 版本特点

R5 版本的网络结构和接口形式和 R4 版本基本一致，但在原有的网络基础上引入了 I MS 域，叠加在分组域上。I MS 域是特别为实时和非实时的用户端到段的多媒体业务设计的。I MS 通过一系列的关键机制，如会话协商和管理、服务质量（QoS）和移动性管理等，为用户提供实时的端到段多媒体业务（如增强的语音和视频电话），还可以提供非实时的用户端到段多媒体业务（如聊天和及时消息），多用户业务（如媒体会议和聊天室），用户端到服务器端业务（如动态 PUSH 业务）。这些业务单靠增加带宽是无法实现的，这也是 I MS 产生的理由。

思　考　题

1. WCDMA 的系统结构包含哪几个部分？
2. RNC 硬件部分分成几个子系统？简述各子系统的功能。
3. 简述基站的主要功能和组成部分。
4. 简述核心网的基本结构。

第 3 章 WCDMA 关键技术

3.1 通信模型

如图 3-1 所示是 WCDMA 的基本通信模型，WCDMA 的发射机、接收机的处理流程都基于这个框图。框图第一步是进行信源编码（语音编码），WCDMA 使用的是自适应多速率（AMR，Adaptive Multirate）编码技术；第二步是进行信道编码、交织，主要是用来抵抗无线传播环境中的各种衰落；第三步是进行扩频、加扰（扩频和加扰是 WCDMA 系统所特有的）；第四步是把信息调制到要求的频段上发射出去。

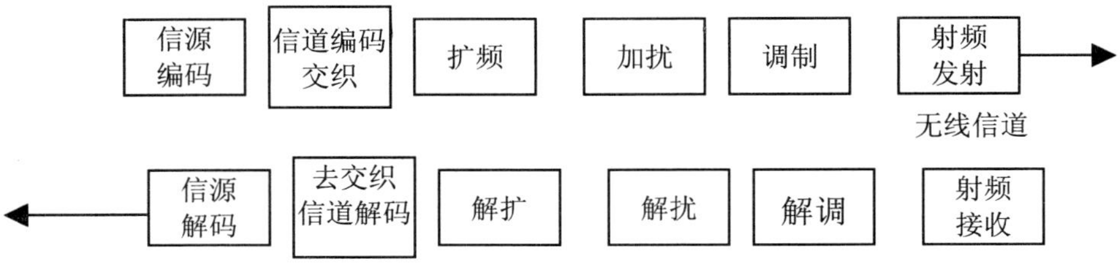

图 3-1 WCDMA 通信方框图

首先，了解几个基本概念。

- 比特（bit）：经过信源编码的含有信息的数据称为“比特”。
- 符号（symbol）：经过信道编码和交织后的数据称为“符号”。
- 码片（chip）：经过最终扩频得到的数据称为“码片”。
- 处理增益=扩频速率/比特速率。在 WCDMA 系统中，根据提供业务的不同，处理增益是可变的。低比特速率业务会比高比特速率业务得到更高的处理增益。正是处理增益赋予 WCDMA 系统抵抗自干扰的强大能力，但处理增益是以增加传输带宽为代价的。

3.2 信源编码

对于语音业务来说，信源编码指的就是语音编码。UMTS 语音编解码器采用自适应多速率（Adaptive Multi-Rate，AMR）技术。多速率声码器是一个带 8 种信源速率的集成声码器。这 8 种速率包括：12.2 Kbit/s，10.2 Kbit/s，7.95 Kbit/s，7.40 Kbit/s，6.70 Kbit/s，5.90 Kbit/s，5.15 Kbit/s，4.75 Kbit/s。每个话音信息由 3 个子流块组成，通过改变 3 个子流块中传输的比特数，从而改变最终话音速率，如表 3-1 所示。

表 3-1　AMR 语音编码结构

速率编号	子流 1 块大小（bit）	子流 2 块大小（bit）	子流 3 块大小（bit）	组合块大小（bit）	速率（Kbit/s）
0	0	0	0	0	No data
1	39	0	0	39	SID
2	42	53	0	95	4.75
3	49	54	0	103	5.15
4	55	63	0	118	5.9
5	58	76	0	134	6.7
6	61	87	0	148	7.4
7	75	84	0	159	7.95
8	65	99	40	204	10.2
9	81	103	60	244	12.2

AMR 多种语音速率与目前各种主流移动通信系统使用的编码方式兼容，有利于设计多模终端。比如，12.2 Kbit/s AMR 声码器相当于 GSM EFR 编解码器，7.4 Kbit/s 相当于 US-TDMA 的声码器，6.7 Kbit/s 的相当于日本的 PDC 声码器。

根据用户离基站远近，系统可以自动调整语音速率，减少切换，减少掉话。当移动终端离开了小区覆盖范围，并且已经达到了它的最大发射功率，可以利用较低的 AMR 速率来扩展小区的覆盖范围。

根据小区负荷，系统可以自动降低部分用户语音速率，节省部分功率，从而容纳更多用户。在高负荷期间，比如忙时，就有可能采用较低的 AMR 速率在保证略低的话音质量的同时提供较高的容量。

利用 AMR 声码器，就有可能在网络容量，覆盖以及话音质量间按运营商的要求进行折中。

在一次正常的电话交谈过程中，通话双方交替说话，因此平均来看，每个方向上的传输只占据了 50%的时间。而 AMR 有以下 4 个基本功能来有效利用这种非连续的行为：

➢ 在发送端采用话音激活监测器（Voice Activity Detector，VAD）；

➢ 在发送端进行背景噪声评估来确定传输给收端的特征参数；

➢ 柔和的噪声信息通过静默描述符（Silence Insertion Descriptor，SID）帧来传送给接收端，SID 帧在正常的时间间隔上发送；

➢ 接收端如果没有收到正常的话音帧就产生柔和的噪声信息。

显然，非连续传输（DTX）会有下面一些有益的影响：对于终端来说，可以延长电池寿命或者对于给定的使用时间，只需要更小容量的电池；从网络角度来看，可以减小平均需要的比特速率，从而减小系统的干扰水平并提高容量。

3.3 信道编码与交织

在数字通信中，为提高通信的可靠性而采取的编码称为信道编码。数字通信要求传输过程中所造成的误码率足够低，引起传输误码的根本原因是信道内存在着噪声或者衰落，为了提高通信的可靠性，就需要采用信道编码技术，对可能或者已经出现的差错进行控制。

信道编码按一定的规则给输入的经过信源编码后的比特序列增加一些冗余的码元，使不具有规律性的比特序列变换为具有某种规律性的比特序列。也就是说，输入的比特序列中的各个码元与新增加的冗余码元之间是相关的。这种冗余度使码字具有一定的纠错和检错能力，提高了传输的可靠性，降低了误码率。在接收端，信道解码器利用预知的编码规则来解码，从而发现传输的比特序列是否有错，进而纠正其中的差错。根据相关性来检测（发现）和纠正传输过程中产生的差错就是信道编码的基本思想。信道编码获得通信可靠性的代价是增加了信息冗余度，牺牲了传输带宽。

在 WCDMA 系统中，主要采用卷积码和 Turbo 码这两种信道编码。不同的业务、不同的信道对于信道误码率和时延的要求不同，因此采用不同的信道编码方案。一般来说，卷积码用于误码率要求为 10^{-3} 的业务，Turbo 码用于误码率要求为 10^{-3}～10^{-6} 的业务。若业务的时延要求相对较低，可选择卷积码；若业务的时延要求较高，可选择 Turbo 码。语音和低速信令采用卷积码，数据采用 Turbo 码。

3.3.1 卷积码

卷积编码器在任何一段规定时间内产生的 n 个码元，不仅取决于这段时间中的 k 个信息位，而且还取决于前 $N-1$ 段时间内的信息位。此时监督码元监督着这 N 段时间内的信息，这 N 段时间内的码元数目 nN 称为这种码字的约束长度。

对于编码速率为 1/2 的卷积编码，每输入 1 个比特至编码器，在输出端同时得到 2 个比特，输出比特速率是输入比特速率的 2 倍。对于编码速率为 1/3 的卷积编码，每输入 1 个比特至编码器，在输出端同时得到 3 个比特，输出比特速率是输入比特速率的 3 倍。卷积编码的约束长度为 9，也就是说，为了完成整个码块的编码过程，需要在输入的码块后加上 8 个值为“0”的尾比特，再输入编码器进行编码。假设编码前码块的比特数为 K，编码后码块的比特数为 Y，采用 1/2 码率的卷积编码，$Y=2\times(K+8)$，采用 1/3 码率的卷积编码，$Y=3\times(K+8)$。

3.3.2 Turbo 码

Turbo 编码器是一种并行级联卷积码编码器（PCCC，Parrallel Concatenated Convolutional Coder），它由两个 8 状态子编码器和一个 Turbo 码内交织器组成，其编码速率为 1/3，输出比特速率是输入比特速率的 3 倍。Turbo 编码需要增加 6 个尾比特，前 3 个尾比特用于第一个子编码器，后 3 个尾比特用于第二个子编码器。假设编码前码块的

比特数为 K，编码后码块的比特数为 Y，采用 1/3 码率的 Turbo 编码，$Y=3\times K+12$。

Turbo 译码算法的特点是利用两个子译码器之间信息的往复迭代递归调用，来加强后验概率对数似然比，提高判决可靠性。Turbo 码的译码是一种有反馈的迭代译码，这也是 Turbo 码命名的原因。Turbo 编解码器是一种流水线结构，它的特点是两个递归卷积码子译码器的输出由于交织器的存在而不具有相关性，从而可以相互利用对方提供的先验信息，通过反复迭代而取得优越的译码性能。它每次先要输入一个数据块，然后逐位译出数据。

在一定范围内，编码块越长，Turbo 码的编码增益越大。

3.3.3 交织

信道中的噪声或者衰落导致的信号误码一般都会影响连续的几个比特，而上面所述的卷积码和 Turbo 码在纠正单个或者离散的误码的时候效果最好，对于较长时间的突发错误的纠错能力就会比较差。为了弥补这个问题，就引入了交织技术。交织可以到把较长的突发错误离散。

交织技术是为了抵抗无线信道的噪声以及衰落的影响而采取的时间分集技术。交织就是用某一种一一对应的确定性方法重新排列比特序列的过程。换句话说，交织就是把一连串连续发送的比特序列通过交织来变换它们的发射顺序，使得相邻比特在不同的时间发送出去，起到打乱比特之间衰落相关性的作用。它的逆过程是将交织后的序列还原回原来的顺序的解交织。一种最简单的理解方法是，可以把交织看作是一个矩阵行列转换的过程，一个矩阵首先按行写入，按列读出，然后再按列写入，按行读出，得到的结果就是它自己，这就是交织和解交织的基本原理。

交织深度越大，突发错误被分散得越彻底，信道解码器的性能会越好。但另一个方面，交织和解交织的时延也增加了。交织所带来的好处是以时间为代价的，所以在性能的提高和交织深度之间需要有一个折中的考虑。

交织的算法有很多种，常用的有对角交织、块交织、块间交织和卷积交织。

在 WCDMA 系统中，用到了三种交织。第一种是帧间交织，也就是块间交织；第二种是帧内交织，属于块交织；第三种就是 Turbo 码编码器内部的交织。

3.4 扩频与加扰

3.4.1 相关性原理

相关性用来描述的是码字之间的相似程度的，用相关值来定量表述。假设 A 是两个码序列相同码元的数目，D 是两个码序列不同码元的数目，P 是码序列的周期，即 $P=A+D$，则计算两个码序列相关性的定量公式为 $\dfrac{A-D}{p}$，如图 3-2 所示。

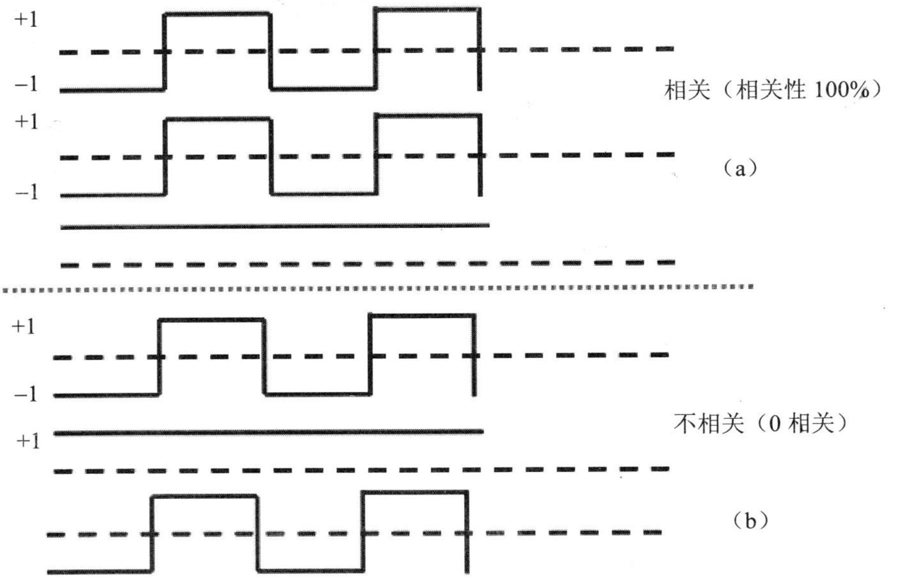

图 3-2　码序列的相关性

图 3-2 的上半部分，参与计算的两个码序列分别是（−1, 1, −1, 1）和（−1, 1, −1, 1），也就是说两个码序列是相同的。对这两个码序列进行相关运算，得到的结果是 1，这表示两个码序列 100%相关。图的下半部分，参与计算的两个码序列分别是（−1, 1, −1, 1）和（1, 1, 1, 1），对这两个码序列进行相关运算，得到的结果是 0，这表示两个码序列之间是完全正交的关系，即完全不相关。

如果参与相关性运算的是两个不同的码序列，那么计算得到的结果是指两个码序列之间的互相关性。互相关性好指的是两个码序列之间的相关性运算结果为 0，也就是说两个码序列完全不相关。采用这样的码字来区分不同的物理信道，可以使得不同物理信道之间的信号互不相关，就能够保证各个物理信道之间的多址干扰会尽可能的小。所以说互相关性决定了多址干扰的特性。

自相关性用来表示码序列和它自身延迟一定时间后的相关程度，也就是指当一个码序列与自己当存在一位或多位时延后的序列做相关运算后，得到的相关性的定量表述。自相关性好，就是指当码序列没有时延时，其相关性运算结果为 1（两个相同的码序列，相关运算的结果一定是 1），在有时延时（时延大于 1 个码片），其相关性运算结果为 0。现实的无线传播环境是多径环境，不同径的信号到达接收端的时间不同，采用自相关性好的码字来区分不同的信源，可以保证各个径之间的信号在存在时延的情况下互不相关，干扰较小，有利于在接收端进行有效的合并。所以说自相关性决定了多径干扰的特性。

互相关特性的函数表示为 $V(\tau)=\langle x_1(t),x_2(t+\tau)\rangle$。自相关特性的函数表示为 $R(\tau)=\langle x_1(t),x_1(t+\tau)\rangle$。公式中，$x_1$ 和 x_2 分别是两个码序列，t 是时间，τ是时间偏置。

在 WCDMA 系统中，采用 OVSF（Orthogonal Variable Spreading Factor，正交可变扩频因子）码作为扩频码，采用 Gold 序列作为扰码。OVSF 码的互相关性好，但自相关性不是很好，而 Gold 序列的自相关性比较好，通过扩频后的加扰操作，就能够满足自相关性的要求，这样就同时满足了对抗多址干扰和多径干扰的要求。

3.4.2 扩频原理

扩频又叫作信道化操作，用一个高速数字序列与数字信号相乘，把一个一个的数据符号转换为一系列码片，大大提高了数字符号的速率，增加了信号带宽。在接收端，用相同的高速数字序列与接收符号相乘，进行相关运算，将扩频符号解扩。用来转换数据的数字序列符号叫作信道化码，在 WCDMA 中采用 OVSF 码作为信道化码。

图 3-3 中的扩频与解扩假定用户数据是二进制移相键控（BPSK）调制的速率为 R 的比特序列，用户数据比特取值为+1 或者–1。

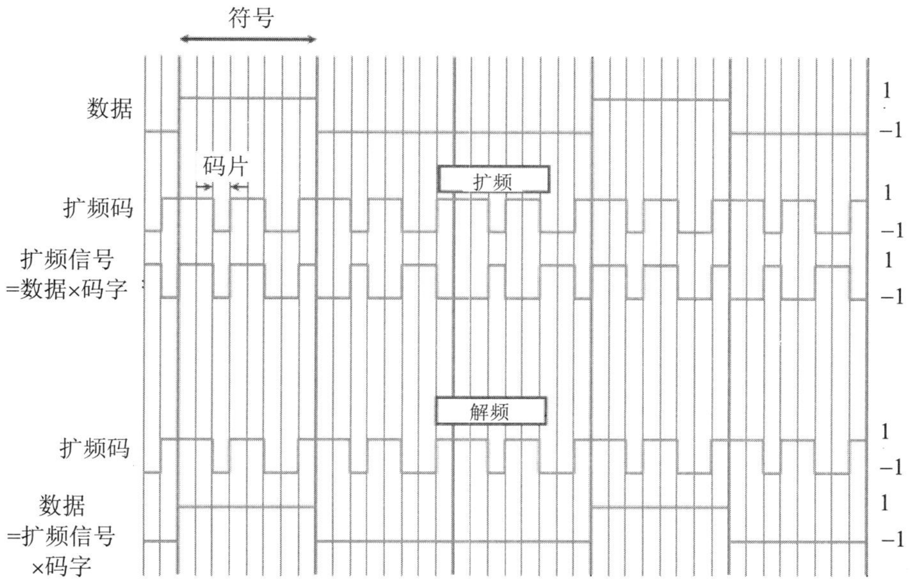

图 3-3 CDMA 中的扩频与解扩

在图 3-3 这个例子中，扩频操作就是将每一个用户数据比特与一个 8 个比特的码序列相乘。可以看出，最后得到的扩展后的数据速率为 8*R*。这种情况下，我们说其扩频因子为 8*R*。扩频后得到的宽带信号将通过无线信道传送到接收端。

在解扩时，把扩展的用户码片序列与扩频这些比特时所用的相同的 8bit 的码片序列逐位相乘，只要我们能在扩展后的用户信号和扩频码（解扩码）之间取得很好的同步，就能很好地恢复出原始的用户比特序列。

在这个过程中，传信速率增加 8 倍，相当于扩展的用户数据信号的占有带宽扩展了 8 倍。因此，CDMA 系统被称为扩频系统。解扩将信号带宽按比例地恢复到 *R* 值。

图 3-4 表示的是 CDMA 相关接收机的基本工作原理。图的上半部分表示本接收机希望接收到的信号。相关接收机对每个用户比特的解扩操作后的乘积（数据×解扩码）进行积分（即求和）。图的下半部分是对使用不同扩频码的另外一个用户信号进行与上半部

分相同的解扩操作后的效果。将另一个用户的信号（实际是第一个用户的干扰信号）与第一个用户的解扩码乘积进行积分，最后得到均值为 0 的干扰。

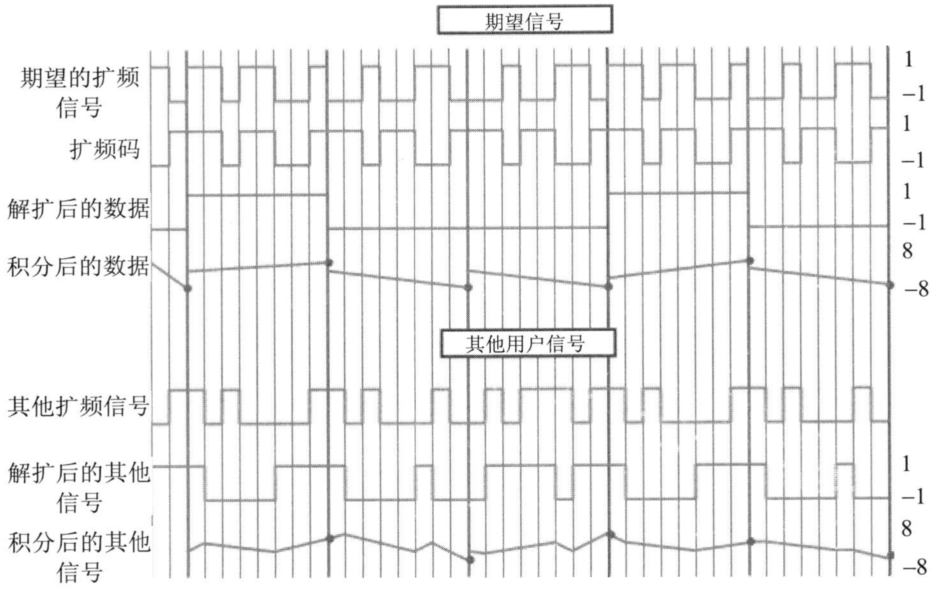

图 3-4　CDMA 相关接收机的原理

扩频优点有以下两点。

- 抗干扰能力强：处理增益越大，抗干扰能力越强。
- 保密性强：扩频后其频谱均为近似白噪声，因此具有良好的保密性。

3.4.3　WCDMA 使用的扩频码

WCDMA 使用的扩频码是 OVSF 码，全称为正交可变扩频因子码，在 WCDMA 系统中又称信道化码，主要用于物理信道的信道化操作，对物理信道比特进行扩频，以保证不同物理信道之间的正交性。OVSF 码可以用以下的码树生成。图 3-5 为 OVSF 码的生成方框示意图。

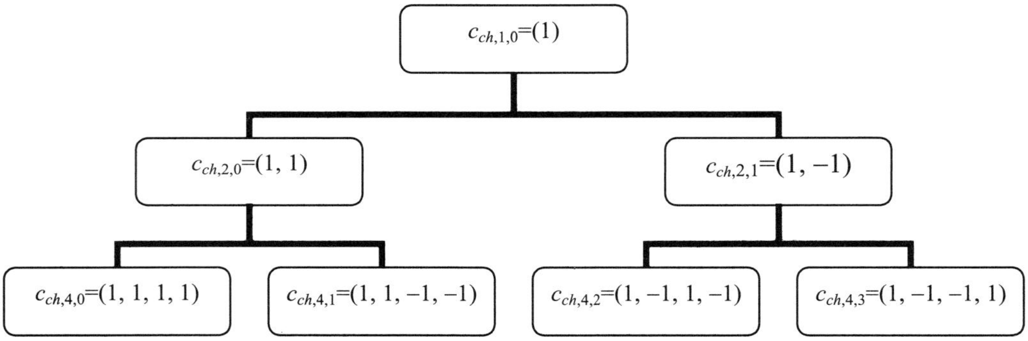

图 3-5　OVSF 码的生成

信道化码被定义为 $c_{ch,SF,K}$，其中 *SF* 是码的扩频因子，*K* 是码的序号，*K* 的取值范围是 $0 \leqslant K \leqslant SF-1$，码树的每一级定义了长度为 *SF* 的信道化码，对应于扩频因子 *SF*。例如 $c_{ch,4,3}$，定义了扩频因子为 4 的第 4 个码字。

每个码字直接派生出两个码，这两个码叫作延长码；每个码又是由其他码生成的，生成它的码叫作前置码。第一个延长码派生的原则是对它的前置码重复两次，第二个延长码派生的原则是首先重复其前置码，然后再加上对其前置码的反转。例如，对于 $c_{ch,2,1}$，它的延长码是 $c_{ch,4,2}$ 和 $c_{ch,4,3}$，它的前置码是 $c_{ch,1,0}$。

每个码字与它的非前置码、非延长码都是正交的，而与它的前置码、延长码都不正交。我们在码树上选择所使用的码字时，尽量选择正交码字。因此在分配 OVSF 码时，一个码字若是被分配了，那么其前置码和延长码就均不能再被分配了。

不同的业务使用不同的扩频因子，最终码片速率都达到 3.84 Mcps。表 3-2 列出了在 WCDMA 系统中，各个常用业务所采用的扩频因子。

表 3-2　WCDMA 典型业务所使用的扩频因子

典型业务	数据速率	下行 SF	上行 SF
AMR	12.2+3.4	128	64
Modem 28.8k	28.8+3.4	64	32
12.2k AMR&64k packet data	12.2+64+3.4	32	16
12.2k AMR&144k packet data	12.2+144+3.4	16	8
12.2k AMR&384k packet data	12.2+384+3.4	8	4

3.4.4　扰码生成的原理

为了实现码分多址，信号之间必须正交或者基本正交，这样，在信号传输的过程中各个信号之间才不容易产生相互的干扰，以利于有效的接收。随机序列就是很好地用来传输信号的码。

后面在表述扰码序列的时候，使用“0”和“1”来描述码序列的组成，在 WCDMA 系统中，这里的“0”就代表“1”，“1”就代表“–1”。“0”和“1”构成的码序列的模 2 加，与“1”和“–1”构成的码序列的相乘，两者是等效的。

随机序列（贝努利序列）的特点是序列中“0”和“1”的个数各占一半。连续出现“1”或者“0”的个数的概率：连续 1 个为 1/2，连续 2 个为 1/4，连续 3 个为 1/8……随机序列具有很好的自相关性。

但是如果使用完全随机的序列对信号进行加扰，在接收端是无法恢复出原始的信号的，因此需要采用伪随机序列，也称为 PN（Pseudo-Noise）序列。m 序列就是一类重要的伪随机序列，它是“最长线性移位寄存器序列”的简称。m 序列是由带反馈的线性移位寄存器生成的，周期 $P=2^n-1$，*n* 为移位寄存器的数目。m 序列符合随机序列的特性，其自相关函数是：当 $\tau \bmod P=0$ 时，$R(\tau)=1$；当 $\tau \bmod P\neq 0$ 时，$R(\tau)=-1/P$。从这里可以看出，周期 *P* 越大，且 τ 不是 *P* 的整数倍时，m 序列的自相关性越好，自相关函数具有二值特性。但是 m 序列的缺点是数量比较少，*n* 级移位寄存器能够产生的 m 序列的个数由下式决定：

$$N=\oint\frac{2^n-1}{n}$$

其中，$\oint(x)$为欧拉函数，其值为小于 x 并与 x 互质的正整数的个数（包括 1 在内）。

例如，对于 4 级移位寄存器，小于 $2^4-1=15$ 并与 15 互质的正整数为 1、2、4、7、8、11、13、14，共 8 个，所以$\oint(15)=8$，$N=8/4=2$，所以 4 级移位寄存器最多能够产生 2 个 m 序列。另外，在使用时，m 序列采用不同的“节拍”也就是相位来进行区分，因此对于同步的要求很高。

图 3-6 列举了一个简单的移位寄存器来说明 m 序列的生成原理。这是一个 4 级移位寄存器，生成的 m 序列的周期 P 是 15。

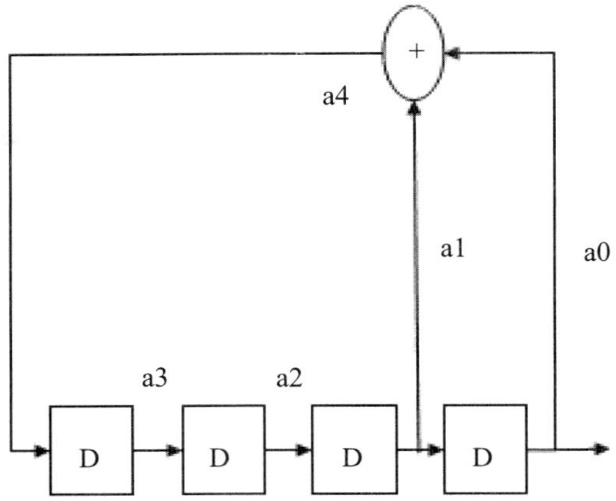

移位节拍	a0	a1	a2	a3	反馈值 a4
0	1	0	0	0	1
1	0	0	0	1	0
2	0	0	1	0	0
3	0	1	0	0	1
4	1	0	0	1	1
5	0	0	1	1	0
6	0	1	1	0	1
7	1	1	0	1	0
8	1	0	1	0	1
9	0	1	0	1	1
10	1	0	1	1	1
11	0	1	1	1	1
12	1	1	1	1	0
13	1	1	1	0	0
14	1	1	0	0	0
15	1	0	0	0	1

图 3-6　m 序列的生成

m 序列的互相关函数是一个多值函数，有些 m 序列之间的互相关函数特性比较好，而另一些 m 序列之间的互相关函数特性则会比较差，我们把 2 个互相关函数特性比较好的 m 序列称为优选对。

由于 m 序列的个数比较少，且 m 序列之间的互相关函数是多值的，并不理想，因此在实际使用当中，我们采用 Gold 序列作为扰码。Gold 序列就是由两个长度相同的 m 序列优选对模 2 相加而成，具有良好的自相关性和互相关性，能够有效地降低多径干扰和多址干扰。Gold 序列的自相关特性没有 m 序列好。但是 Gold 序列的数量相对 m 序列来说非常多，对于生成 m 序列的 n 级移位寄存器，能够产生的 m 序列有$\oint\frac{(2^n-1)}{n}$个，但是对于 Gold 序列来说，由于 2 个 m 序列优选对的不同移位相加产生的新序列都是 Gold 序列，而 n 级 m 序列总共有 2^n-1 个不同的相位位移，加上原来的 2 个 m 序列本身，共有 2^n+1 个不同的 Gold 序列。

3.4.5 扩频码和扰码的作用

WCDMA 系统中采用扩频码即 OVSF 码进行扩频，采用扰码即 Gold 序列进行加扰。扩频操作将输入的每一个数据符号转换为若干个码片，扩频前后信号的传输速率增加了，无论输入的符号的传输速率是多少，扩频后的码片速率就是 3.84 Mcps。加扰在扩频之后，它不会改变信号的传输速率和带宽，加扰的输入和输出都称为码片，速率为 3.84 Mcps。

扩频码和扰码的作用是不同的，表 3-3 列出了两者在上下行的不同作用。

表 3-3 扩频码和扰码在上下行的作用比较

	扩频码	扰码
上行	区分来自同一个 UE 的专用物理数据信道（DPDCH）	区分不同的 UE
下行	区分小区内不同 UE 的下行物理信道	区分不同的小区

简单地说，扰码用来区分不同的信源，而扩频码用来区分来自同一个信源的不同物理信道。

3.5 调　　制

调制的目的是为了使传送信息的基带信号搬移到相应频段的信道上进行传输，以解决信源信号与客观信道特性相匹配的问题。调制在实现时分为两个步骤：首先是将含有信息的基带信号调制至某一载波上，再通过上变频搬移至适合某信道传输的射频段。

在 WCDMA 的 R99、R4 版本中，使用的调制方式是 QPSK（Quaternary Phase Shift Keying，四进制移相键控）。在 WCDMA 的 R5 版本中 HSDPA 使用的调制方式是 16QAM（Quadrature Amplitude Modulation，正交幅度调制）。不同的调制方式单相位所携带的比特信息不同，因此空中接口提供传输数据业务的能力也就不同。

➢ 2PSK（BPSK）定义了 2 个相位，每个相位需要 1 个比特来表示。例如，0°用“0”表示，180°用“1”表示。

➢ 4PSK（QPSK）定义了 4 个相位，每个相位需要 2 个比特来表示。例如，0°用“00”表示，90°用“01”表示，180°用“10”表示，270°用“11”表示。当然也可以把相位整体旋转 45°，如图 3-7 所示。

➢ 8PSK（EDGE 采用）定义了 8 个相位，每个相位由 3 个比特来表示。例如，0°用“000”表示，45°用“001”表示，90°用“010”表示，135°用“011”表示，180°用“100”表示，225°用“101”表示，270°用“110”表示，315°用“111”表示。

➢ 16QAM 用相位和幅度一起来表示比特信息。如图 3-8 所示，每个点由 4 个比特表示，用幅度加相位来表示一个点。16QAM 这种调制方式携带了更多的比特信息，因此空中接口提供更强传输数据业务的能力。

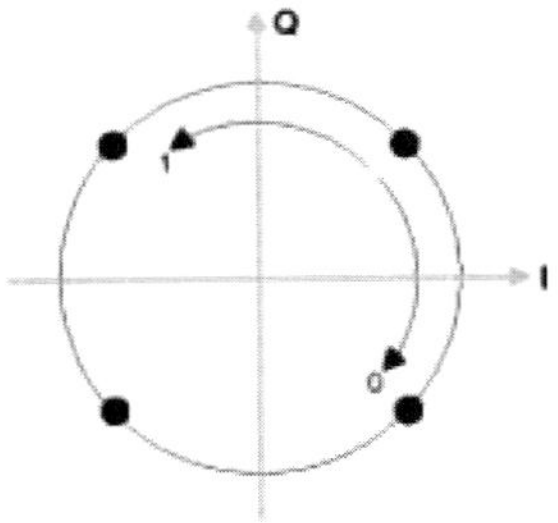

Modulating bits	Symbol parrameterl
(0,0)	0
(0,1)	1
(1,0)	2
(1,1)	3

图 3-7　QPSK

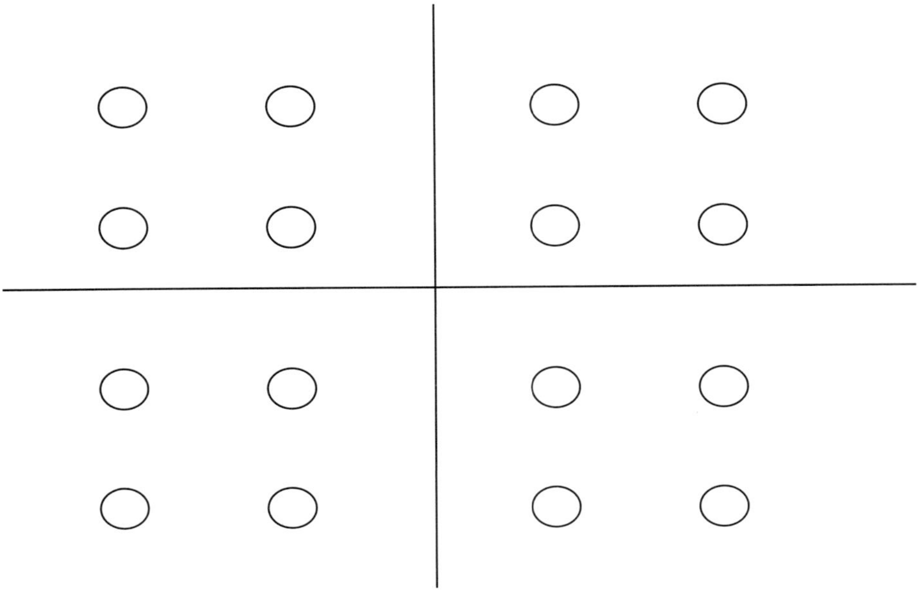

图 3-8　16QAM

3.6　分集接收

3.6.1　采用分集接收技术的原因

无线信道是随机时变信道，信号在无线信道中传播会经历各种衰落，比如路径损耗、慢衰落损耗、快衰落损耗。

路径损耗是指在空间传播所产生的损耗，它描述了由于移动用户与基站之间相对距离产生变化而引起的传播损耗的变化，主要与无线电波频率以及移动用户与基站之间的距离有关。

慢衰落损耗是由于在电波传播路径上受到建筑物及山丘等的阻挡所产生的阴影效应而产生的损耗，它反映了中等范围内数百波长量级接收电平的均值变化而产生的损耗，一般遵从对数正态分布。

快衰落损耗是由于多径传播而产生的损耗，它反映微观小范围内数十波长量级接收电平的均值变化而产生的损耗，一般遵从瑞利分布或莱斯分布。快衰落又可分为以下三类：空间选择性衰落、频率选择性衰落和时间选择性衰落。

这些衰落会降低通信系统的性能，为了对抗衰落，可以采用多种措施，比如分集接收技术、信道编解码技术、抗衰落发射/接收技术、快速功率控制或者扩频技术。分集接收技术被认为是明显有效而且经济的抗衰落技术。

我们知道，无线信道中接收的信号是到达接收机的多径分量的合成。如果在接收端同时获得几个不同路径的信号，将这些信号适当合并成总的接收信号，就能够大大减少衰落的影响。这就是分集的基本思路。分集的字面含义就是分散得到几个合成信号并集中这些信号。只要几个信号之间是统计独立的，那么经适当合并后就能使系统性能大为改善。

3.6.2 常用的分集接收技术

互相独立或者基本独立的一些接收信号，一般可以利用不同路径或者不同频率、不同角度、不同极化等接收手段来获取。

1. 信号分集

➢ 空间分集：在接收端采用两根接收天线，接收天线之间要求有足够的间距（一般水平间距要求在 10 个信号波长以上），以保证各天线上接收的信号基本相互独立，从而增加接收机获得的独立接收路径，取得合并增益。

➢ 极化分集：在接收端安装双极化天线，就可以利用两路衰落特性不相关的信号进行极化分集。

➢ 时间分集：是利用不同时间上传播的信号的不相关性进行合并。

➢ 频率分集：用多个不同的载频传送同样的信息，如果各载频的频差间隔比较远，其频差超过信道相关带宽，则各载频传输的信号也相互不相关。频率分集与空间分集相比，其优点是减少了接收天线与相应设备的数目，缺点是占用更多的频率资源，并且在发送端有可能需要多部发射机。WCDMA 系统本身就是宽带系统，就具有频率分集作用。

2. 分集信号的合并

分集信号的合并可以采用以下几种方法。

➢ 选择合并：从几个分散信号中选取信噪比最好的一个作为接收信号。

➢ 等增益合并：将几个分散信号以相同的支路增益进行直接相加，相加后的信号作为接收信号。

➢ 最大比合并：控制各合并支路增益，使它们分别与本支路的信噪比成正比，然后再相加获得接收信号。

以上方法对合并后的信噪比的改善（分集增益）各不相同，但总的说来，分集接收方法对无线信道接收效果的改善是非常明显的。

图 3-9 给出了不同合并方法的接收效果改善情况，可以看出当分集数 k 较大时，选择

合并的改善效果比较差，而等增益合并和最大比合并的效果相差不大。

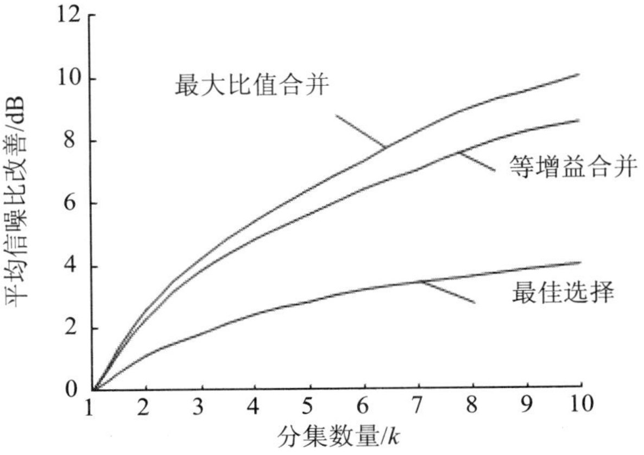

图 3-9　不同合并方式效果图

我们可以采用发射分集来提高用户数据传输的性能，常见的发射分集有开环发射分集和闭环发射分集，网络端对此没有强行规定，而终端必须支持。

开环发射分集包括 STTD（空间时间块编码的发射天线分集）和 TSTD（时间切换发射分集）。

闭环发射分集使用两副天线发送用户信息，这两副天线发射的信号需要根据 UE 反馈的信息来进行调整。其具体有两种工作模式：模式一只调整相位信息；模式二既调整相位信息，又调整幅度信息。

3.6.3　RAKE 接收机

在多径信号中含有可以利用的信息，所以 CDMA 接收机可以通过合并多径信号来改善接收信号的信噪比。其实 RAKE 接收机所做的就是：通过多个相关检测器接收多径信号中的各路信号，并把它们合并在一起。RAKE 接收机是专为 CDMA 系统设计的经典的分集接收器，其理论基础就是：当传播时延超过一个码片周期时，多径信号实际上可被看作是互不相关的。

一个包含 3 个指峰 RAKE 接收机的结构框图。每个指峰输入的数字化信号在 RAKE 接收机经过一系列的处理。首先，每一径信号分别进行解扩、积分处理，得到用户数据符号；然后进行相位调整，最后进行延迟补偿。每一个指峰中的信号经过相位的偏转和延迟补偿两步调整后，到达信号合成器，在这里进行最大比合并，然后输出最终的合并信号，由此提供了抵抗快衰落的多径分集。

RAKE 接收机实现了多径分集接收，能够很好地抵抗快衰落。多径分集的径数越多，抵抗衰落的效果越好，如图 3-10 所示。

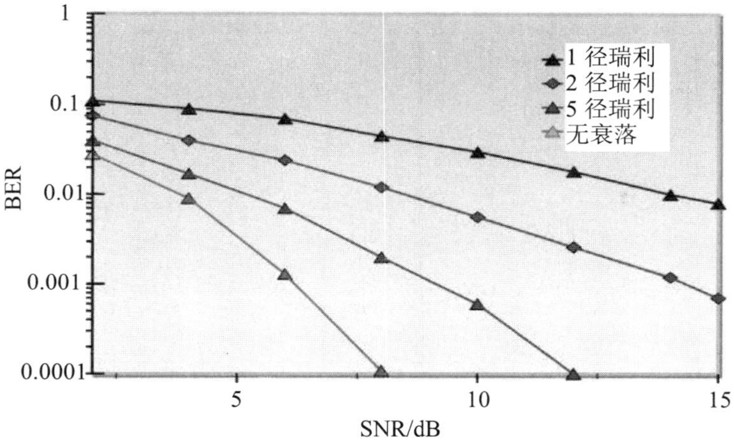

图 3-10　多径分集接收效果

3.7　快速功率控制

快速、准确的功率控制是保证 WCDMA 系统性能的基本要求，尤其是在上行链路中，如果没有它，就会由于远近效应导致超功率发射的移动台阻塞整个小区的通信。

WCDMA 中采用的功率控制方案有开环功率控制和闭环功率控制，开环功率控制主要用于 UE 的初始接入。闭环功率控制主要用于 UE 进行业务的过程中。闭环功率控制又分为内环功率控制和外环功率控制。

内环功率控制就是快速功率控制，是 WCDMA 所特有的一种技术。下面以上行内环功率控制过程来说明内环功率控制的原理。

上行内环功率控制是在上行链路中，基站频繁估计接收到的信干比（SIR）值，并把它同目标 SIR 值比较。如果测得的 SIR 值高于目标 SIR 值，基站就命令移动台降低功率；如果测得的 SIR 值要比目标 SIR 值低，基站就命令移动台提高功率。对每一个移动台，这个“测量—指示—反应”循环的频率为 1500 次/秒，比任何明显的路径损耗变化都要快，甚至比以低速到中速运动的移动台产生的快衰落速度还快。因此，快速内环功率控制是一种很好的抵抗衰落的技术。

3.8　软　切　换

在移动通信系统中，当处于连接状态的移动台从一个小区移动到另一个小区时，为了使通信不中断，网络侧通常会启动切换过程来保证移动台的业务传输。根据切换发生时移动台与原基站和目标基站连接的不同，切换可分为硬切换、软切换和更软切换等几种。

硬切换采用先断后连的方式，先切断移动台与原小区之间的通信信道，再接通与目的小区之间的通信信道。移动台在硬切换过程中的任何时刻都只与一个小区有业务信道通信。因此，在通话过程中会产生“缝隙”，容易掉话。

软切换是 CDMA 系统所特有的。它采用了先连后断的方式，先接通移动台与目的小区之间的通信信道，再断开与原小区之间的通信，原小区与目的小区在一定的时间内同时为移动台提供服务。移动台在软切换过程中可以同时与多个小区进行通信。因此，软切换可以避免通话“缝隙”。但是软切换比硬切换占用更多的系统资源。软切换只发生在同频小区之间。

更软切换是指发生切换的两个小区处于同一个基站下，它是软切换的特例。

3.9 增强技术

3.9.1 智能天线

智能天线是近几年来得到广泛研究和应用的无线技术。由于智能天线能有效地消除同信道干扰、多址干扰，对抗多径衰落，并能有效地增加覆盖范围和增大系统容量，所以在现代移动通信中得到了较多的应用。

智能天线包括多波束天线阵列和自适应天线阵列。智能天线技术主要基于自适应天线阵列原理，天线阵收到信号后，通过由处理器和权值调整算法组成的反馈控制系统，根据一定的算法分析该信号，判断信号及干扰到达的方向角度，将计算分析所得的信号作为天线阵元的激励信号，调整天线阵列单元的辐射方向图、频率响应及其他参数。利用天线阵列的波束合成和指向，产生多个独立的波束，自适应地调整其方向图，跟踪信号变化，调零干扰方向，减弱甚至消除干扰，从而提高接收信号的载干比，改善无线网络基站覆盖质量，增加系统容量。

自适应天线如图 3-11 所示，系统采用数字信号处理技术识别用户信号到达方向，并在此方向形成天线主波束。自适应天线根据用户信号的不同空间传播方向提供不同的空间信道，等同于信号的有线传输的线缆，有效克服了干扰对系统的影响。

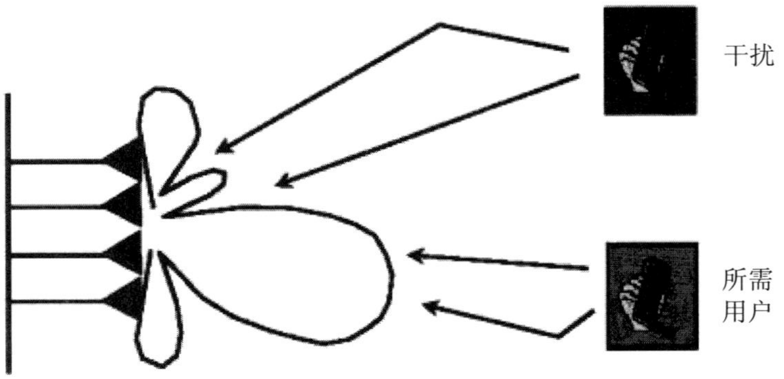

图 3-11 自适应智能天线

多波束天线利用多个并行波束覆盖整个用户区，每个波束的指向是固定的，波束宽度随阵元数目的确定而确定，随着用户在小区中移动，基站选择相应的不同波束，使接收信号最强。因为用户信号并不一定在固定波束的中心处，当用户位于波束边缘，干扰信号位于波束中央时，接收效果最差，所以多波束天线不能实现信号的最佳接收，一般只用作接收天线。

智能天线可以对高速率用户进行波束跟踪，起到空间隔离、消除干扰的作用；能够大大增加系统容量，增加覆盖范围，改善建筑物中和高速运动时的信号接收质量，降低掉话率，减少发射功率，延长移动台电池寿命，并且可以提高系统设计时的灵活性。

3.9.2 多用户检测技术

由于信道的非正交性和不同用户的扩频码字的非正交性，导致用户间存在相互干扰，多用户检测的作用就是去除多用户之间的相互干扰。

多用户检测（MUD，Multi-User Detection）称为联合检测和干扰对消，在检测过程中可以把所有用户的信号都当作有用信号，考虑到其他用户的信息在一定程度上是可预知的，因而可综合利用包括干扰用户在内的各种信息及信号处理手段，充分利用CDMA用户特征波形的内在结构信息，对接收信号进行联合处理，最大可能地抑制甚至消除多址干扰，从而达到更准确检测目标用户信号，改善系统接收性能的目的。

一般而言，对于上行的多用户检测，只能去除小区内各用户之间的干扰，而小区间的干扰由于缺乏必要的信息（比如相邻小区的用户情况），是难以消除的。对于下行的多用户检测，只能去除公共信道（比如导频、广播信道等）的干扰。

思　考　题

1．WCDMA中采用什么信道编码？各自的误码率要求为多少？

2．已知 k=1，n=2，N=4 的卷积码，其基本生成矩阵为 $\boldsymbol{g}$=[1 1 0 1 0 0 0 1]。试求该卷积码的生成矩阵。

3．列举WCDMA系统中各个常用业务所采用的扩频因子。

4．已知3级线性反馈移存器的原始状态为111，试写出两种m序列的输出序列。

5．什么叫软切换？试举例说明。

6．简述WCDMA系统中所使用的扩频码和扰码及其特点。

7．什么是正交调制？画出16QAM星座图。

第 4 章　WCDMA 无线接口

4.1　概　　述

在 WCDMA 系统中，UE 通过无线接口上的无线信道与 UTRAN 相连，该无线接口称为 Uu 接口，它是 WCDMA 系统中最重要的接口之一。无线接口技术是 WCDMA 系统的核心技术，各种 3G 移动通信体制的核心技术与主要区别也主要存在于无线接口上。

通过对 WCDMA 无线接口的学习，可以理解 UE 与 WCDMA 网络系统之间的工作原理与通信过程。这部分内容也是学习 WCDMA 无线网络规划的前提。

4.1.1　无线接口协议结构

图 4-1 显示了 UTRAN 无线接口（Uu 接口）在接入层的有关协议结构。图中自上而下是发射路径，自下而上是接收路径。从协议结构上看，WCDMA 无线接口水平分为三层，垂直分为两面。

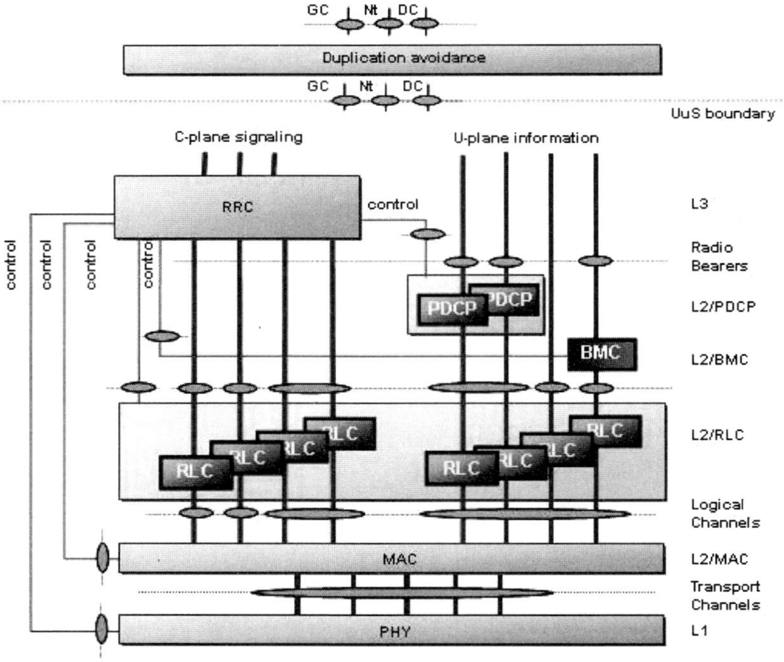

图 4-1　无线接口协议结构

从水平来看，整个接口由层 1、层 2、层 3 组成。层 1 即物理层（Physical Layer，PHY）；层 2 即数据链路层，包括 MAC（Medium Access Control，媒体接入控制）、RLC（Radio Link Control，无线链路控制）、BMC（Broadcast/Multicast Control protocol，广播/组播控制）、PDCP（Packet Data Convergence Protocol，分组数据汇聚协议）等子层；层 3 即网络层，包括 RRC（Radio Resource Control，无线资源管理）。图中的各个方块代表各自协议子层的一个实体，不同层/子层间的圆圈部分为它们之间的业务接入点（Service Access Point，SAP）。

从协议层次的角度看，WCDMA 无线接口上存在三种信道：物理信道、传输信道、逻辑信道。RLC 与 MAC 之间的 SAP 提供逻辑信道，MAC 与物理层之间的 SAP 提供传输信道，物理层上承载的就是物理信道。物理层通过传输信道向 MAC 层提供业务，而传输数据本身的属性决定了传输信道的种类和如何传输；MAC 层通过逻辑信道向 RRC 层提供业务，而发送数据本身的属性决定了逻辑信道的种类。Node B 实现层 1 即物理层的功能，RNC 实现层 2 和层 3 的功能（引入 HSDPA 后，层 2 的部分功能被放到了 Node B 侧），因此可以认为 Uu 接口是 UE 和 RNS 之间的接口。

从垂直来看，整个接口分为两个面，即控制面（C-plane）和用户面（U-plane）。PDCP 和 BMC 这两个子层只存在于用户面。控制面主要用来承载信令和系统广播消息，用户面主要用来承载用户的业务数据。一般来说，Iu-CS 接口的业务数据是直接传到 RLC 层的；Iu-PS 接口的业务数据通过 PDCP 层处理后，传到 RLC 层；多媒体广播/组播业务数据是通过 BMC 层处理后，传到 RLC 层的。

RRC 层是整个 Uu 接口的核心，与其他层/子层都有 SAP 连接。RRC 层负责管理 Uu 接口的各项内容，特别是层 1 和层 2 的行为。同时，系统广播消息和高层信令通过 RRC 层处理之后，向下传到 RLC 层。

PDCP 子层负责对 IP 包的报头进行压缩和解压缩，以提高空中接口无线资源的利用率。

BMC 子层负责控制广播/组播业务。

RLC 子层不仅承载控制面的数据，而且也承载用户面的数据。RLC 子层有三种工作模式，分别是透明模式（TM，Transparent Mode）、非确认模式（UM，Unacknowledged Mode）和确认模式（AM，Acknowledged Mode），针对不同的业务采用不同的模式。

MAC 子层的主要功能是调度，把逻辑信道映射到传输信道，负责根据逻辑信道的瞬时源速率为各个传输信道选择适当的传输格式（TF，Transport Format）。MAC 层主要有三类逻辑实体：第一类是 MAC-b，负责处理广播信道数据；第二类是 MAC-c，负责处理公共信道数据；第三类是 MAC-d，负责处理专用信道数据。

从物理层技术实现的角度来看，在发射端，来自 MAC 层的高层数据流在无线接口进行发射前，要经过信道编码和复用、传输信道到物理信道的映射以及物理信道的扩频和调制等操作，形成适合在无线接口上传输的数据流发射到空中。在接收端，则是一个逆向过程，如图 4-2 所示。

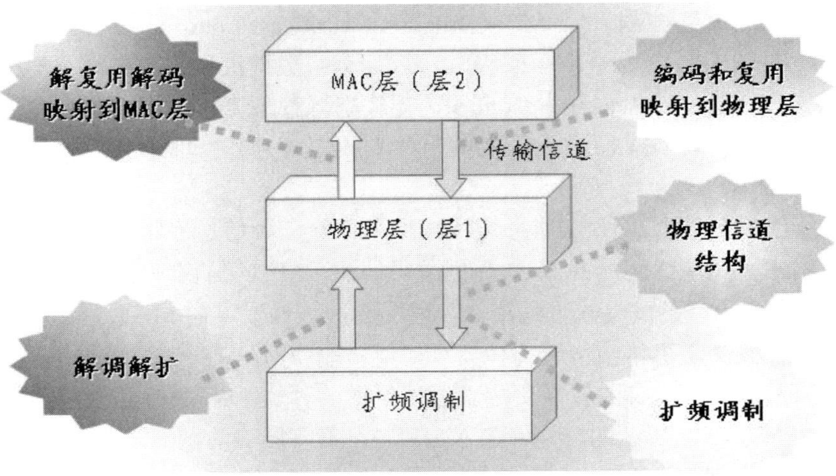

图 4-2　物理层技术实现

4.1.2　主扰码与扰码组定义

WCDMA 系统中，上行使用扰码来区分用户，下行使用扰码来区分小区，也就是说，扰码用来区分不同信源的信号。

对于上行物理信道，可用的扰码有长扰码和短扰码两种。长扰码和短扰码的数量均为 2^{24} 个。长扰码和短扰码的区别：首先是长度的不同，长扰码是从 Gold 序列中截取的，长度为 38400 chips，周期正好为 10 ms，也就是一个无线帧的长度，短扰码是从 S（2）码族中选出的，长度是 256 chips；其次，产生长扰码和短扰码的序列生成器的构成不同。目前在上行主要采用长扰码来区分用户。在同一个 RNC 之内，不同用户的上行扰码是不同的。短扰码用在多用户检测（MUD，Multi-User Detection）技术当中，目前暂时不使用。

对于下行物理信道，共有 262 143（$2^{18}-1$）个扰码，但是只使用其中的 0～8191 号这 8192 个扰码。下行扰码也是从 Gold 序列中截取的，长度为 38 400 chips，周期为 10 ms，即一个无线帧的长度。

如图 4-3 所示，这 8192 个扰码被分为 512 个集，每个集中有 16 个扰码，其中第一个扰码称为主扰码，后面其他 15 个扰码称为从扰码。从图中可以看出，主扰码的编号为 $16\times i$，从扰码的编号为 $(16\times i+1)$～$(16\times i+15)$，i 为扰码集的序号。目前系统主要采用这 512 个主扰码来区分小区，从扰码暂时未用。

如图 4-4 所示，512 个主扰码被进一步分为 64 个组，每组 8 个主扰码。第 j 个主扰码组包括的主扰码的扰码号为 $16\times(8\times j+k)$，其中 j=0～63，k=0～7。主扰码分组的目的是为了简化小区搜索的过程，加快 UE 识别小区的速度。

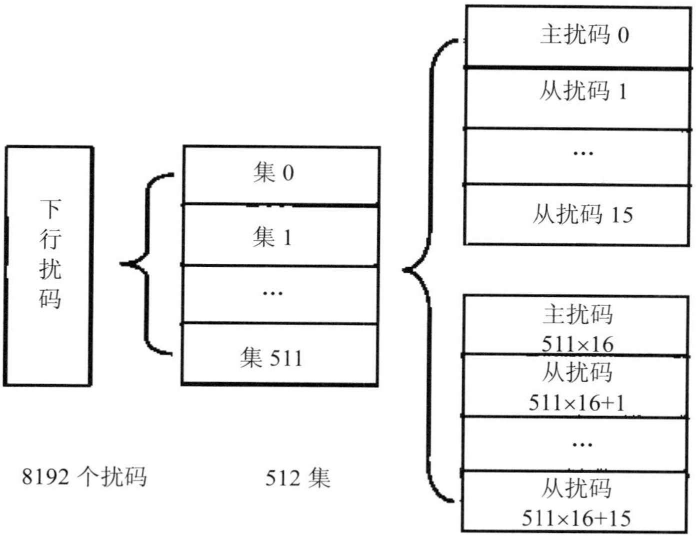

图 4-3 主扰码和从扰码

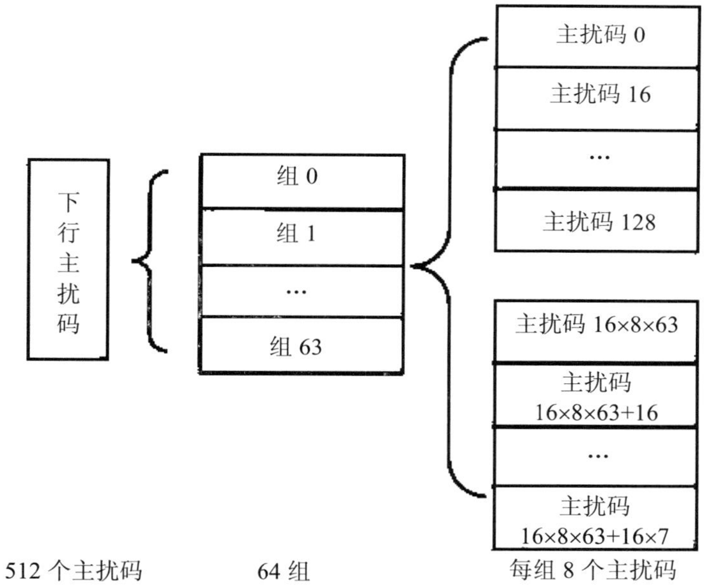

图 4-4 扰码组

4.2 逻辑信道

逻辑信道位于 RLC 层和 MAC 层之间，是 MAC 层向 RLC 层提供的服务，直接承载用户业务。根据承载的是控制面业务还是用户面业务，逻辑信道分为两大类，即控制信道（Control Channel，CCH）和业务信道（Traffic Channel，TCH），如图 4-5 所示。逻辑信道关注的是传输的内容。

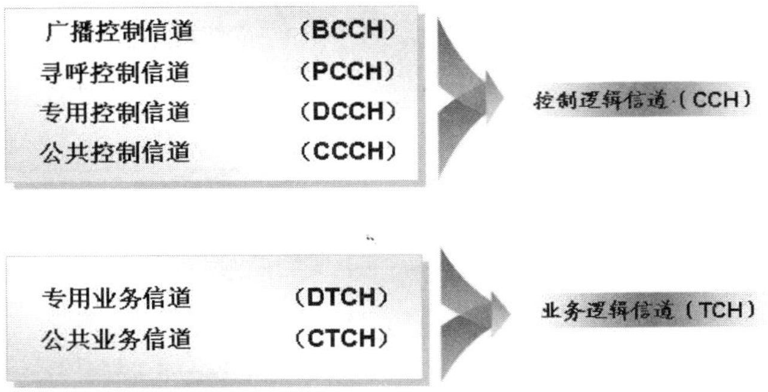

图 4-5 逻辑信道的分类

1. 控制逻辑信道（CCH）

控制逻辑信道只用于控制面信息的传送，主要包括以下信道。

（1）广播控制信道（Broadcast Control Channel，BCCH）：广播系统消息的下行逻辑信道。

（2）寻呼控制信道（Paging Control Channel，PCCH）：传送寻呼消息的下行逻辑信道。

（3）专用控制信道（Dedicated Control Channel，DCCH）：在网络和 UE 之间发送专用控制信息的上下行双向逻辑信道，该信道在 RRC 建立的时候由网络分配给 UE，是点对点的专用信道。

（4）公共控制信道（Common Control Channel，CCCH）：在网络和 UE 之间发送控制信息的上下行双向逻辑信道，该信道映射到 RACH/FACH 传输信道。

2. 业务逻辑信道（TCH）

业务逻辑信道只用于用户面信息的传送，主要包括以下信道。

（1）专用业务信道（Dedicated Traffic Channel，DTCH）：是专用于与一个 UE 传输用户信息的点对点上下行双向逻辑信道。

（2）公共业务信道（Common Traffic Channel，CTCH）：向全部或者一组特定 UE 传输专用用户信息的点对多点的下行逻辑信道。

4.3 传输信道

4.3.1 传输信道的分类

传输信道位于 MAC 层和物理层之间，是物理层向 MAC 层提供的服务。传输信道定义了空中接口上数据传输的方式和特性。传输信道分为公共信道和专用信道两大类，它们的主要区别在于公共信道可以由小区内的所有用户或一组用户共同分配使用，而专用信道则只能是单个用户所专用的，如图 4-6 所示。

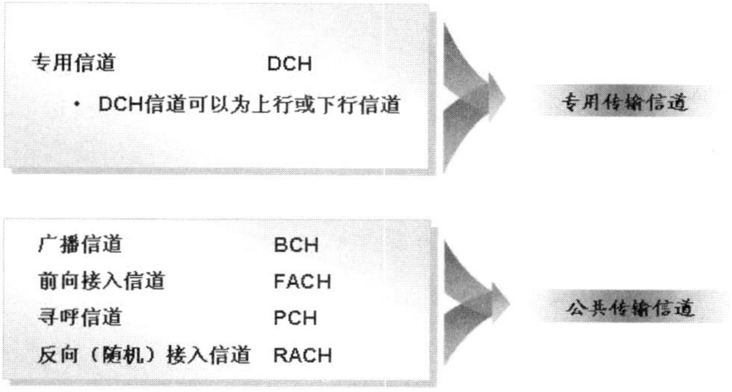

图 4-6　传输信道的分类

1. 专用传输信道

仅存在一种专用传输信道，即专用信道（Dedicated Channel，DCH）。DCH 是一个上行或下行传输信道，用于传送用户的专用信息，包括业务数据以及高层信令。DCH 在整个小区或小区内的某一部分使用波束赋形的天线进行发射。

2. 公共传输信道

公共传输信道分为以下四类。

（1）广播信道（Broadcast Channel，BCH）：BCH 是一个下行传输信道，用于广播系统或小区特定的信息。BCH 总是在整个小区内发射，并且有一个单独的传输格式。

（2）前向接入信道（Forward Access Channel，FACH）：FACH 是一个下行传输信道，用于传输下行的少量数据和下行信令。FACH 在整个小区或小区内某一部分使用波束赋形的天线进行发射。FACH 不使用快速功率控制。

（3）寻呼信道（Paging Channel，PCH）：PCH 是一个下行传输信道，用于传输寻呼消息。PCH 总是在整个小区内进行发送。PCH 的发射与物理层产生的寻呼指示的发射是相随的，以支持 UE 的睡眠模式，减小功耗，增加 UE 的待机时间。

（4）随机接入信道（Random Access Channel，RACH）：RACH 是一个上行传输信道，用于传输上行的少量数据和上行信令。RACH 总是在整个小区内进行接收。RACH 的特性是带有碰撞冒险，使用开环功率控制。

表 4-1 列出了各种传输信道可以采用的信道编码的方法以及编码速率。

表 4-1　传输信道可采用的信道编码

传输信道类型	信道编码技术	编码速率
BCH	卷积编码	1/2
PCH		
RACH		
DCH/FACH		1/2 或 1/3
	Turbo 编码	1/3

4.3.2 指示符

WCDMA 协议中为传输信道定义了一系列的指示符功能，但是实际上指示符是一种快速的低层信令实体，不需要传输信道信息的介入，没有在传输信道上占用任何的实体信息块，而是由物理信道在物理层直接完成的。发射指示符的物理信道叫作指示信道（Indicator Channel，ICH）。

相关的指示符有：捕获指示（Acquisition Indicator，AI），寻呼指示（Paging Indicator，PI）。指示符可以是二进制的，也可以是三进制的，它们到指示信道的映射是由物理信道决定的。

4.3.3 逻辑信道到传输信道的映射

传输信道是用来承载逻辑信道中的信息的，是为逻辑信道服务的。图 4-7 显示了逻辑信道和传输信道之间的映射关系。

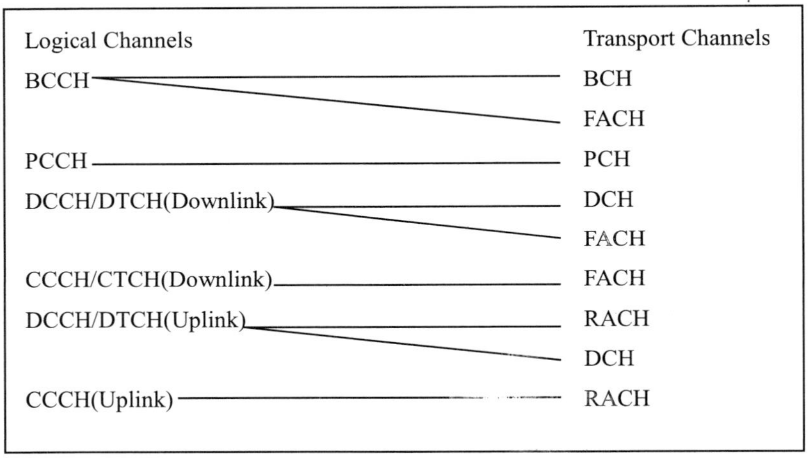

图 4-7　逻辑信道到传输信道的映射关系

4.4 物 理 信 道

4.4.1 物理信道相关概念

物理信道是各种信息在无线接口传输时的最终体现形式。每一种使用特定的载波频率、扰码、信道化码（可选）、开始和结束的时间段（有一段持续的时间）、上行信道中载波的相对相位（I 或 Q）的物理信道都可以理解为一类特定的信道。也就是说，以上任何一个因素的不同，就可以用来区分两条不同的物理信道。

大多数物理信道是由无线帧和时隙所组成的，每一个无线帧的长度是 10 ms，即 38 400 chips。每个无线帧包含 15 个时隙，每个时隙的长度是 2560 chips，如图 4-8 所示。

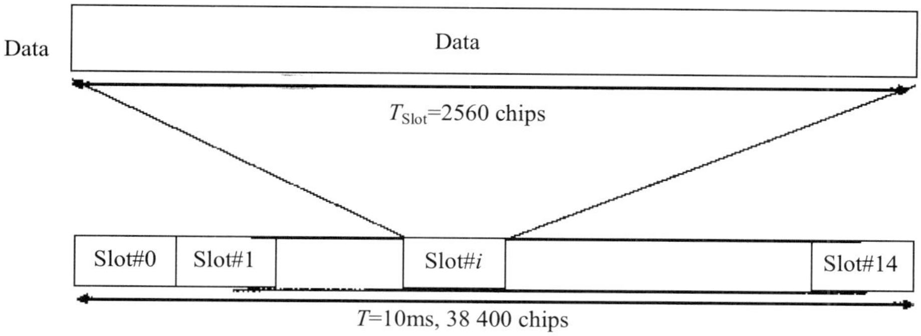

图 4-8 物理信道结构

一个物理信道缺省的持续时间是从它的开始时刻到结束时刻这一段连续的时间。个别不连续的物理信道将会明确说明。

4.4.2 物理信道分类和功能简介

物理信道按传输方向分，可以分为上行物理信道和下行物理信道；根据信道是针对单个用户还是针对多个用户，物理信道可进一步分为专用物理信道和公共物理信道，如图 4-9 和图 4-10 所示。图 4-11 从使用功能的角度对物理信道做了归纳，下面对于这些物理信道的功能做简要介绍。

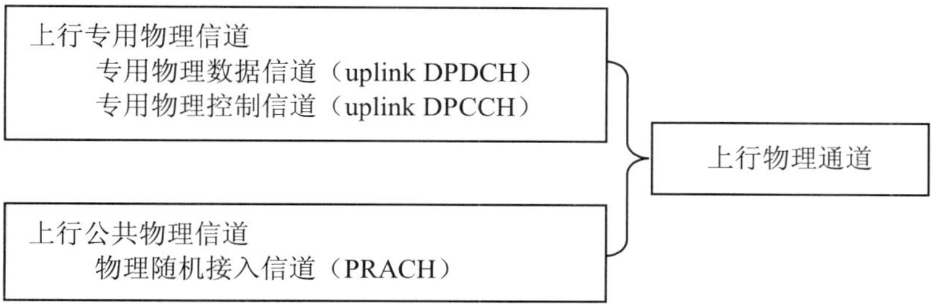

图 4-9 上行物理信道分类

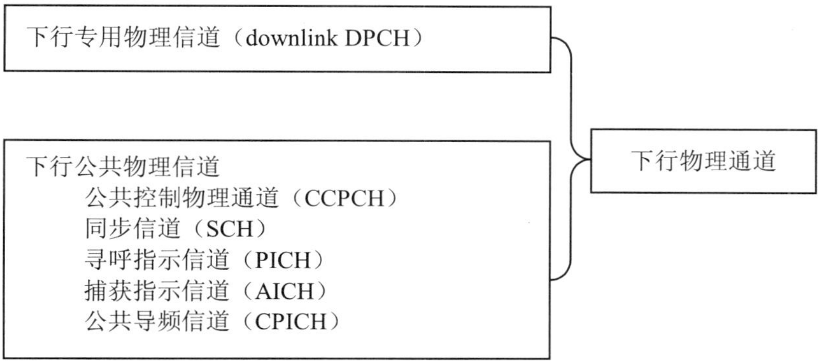

图 4-10 下行物理信道分类

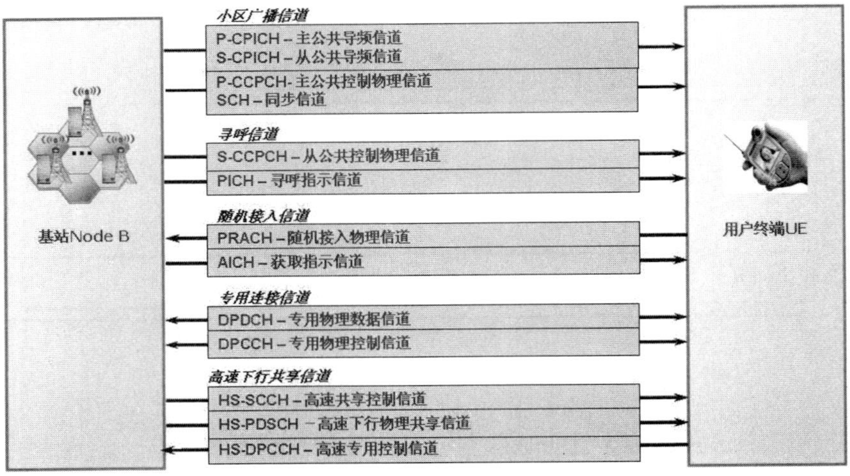

图 4-11　物理信道的功能

（1）同步信道（Synchronisation Channel，SCH）：是下行物理信道。SCH 分为主同步信道（Primary SCH，P-SCH）和从同步信道（Secondary SCH S-SCH）。主要用于 UE 在开机后与系统进行时隙同步和帧同步的过程，以完成物理层同步。

（2）公共导频信道（Common Pilot Channel，CPICH）：是下行物理信道。CPICH 分为主公共导频信道（Primary CPICH，P-CPICH）和从公共导频信道（Secondary SCH，S-CPICH）。CPICH 提供其他物理信道的信道估计参考。P-CPICH 在整个小区的覆盖范围中不间断地发射，并承载着小区主扰码的信息。同时，P-CPICH 也是其他物理信道的功率基准，其发射功率决定了小区的覆盖范围。S-CPICH 是可以用在智能天线系统当中的一个解决方案，目前暂未使用。

（3）主公共控制物理信道（Primary Common Control Physical Channel，P-CCPCH）：是下行物理信道，用于承载 BCH 上的系统广播消息，UE 通过读取该信道的内容来获取各种系统下发的参数。

（4）寻呼指示信道（Paging Indicator Channel，PICH）：是下行物理信道，用于发送寻呼指示，以支持 UE 的睡眠模式。用户以一定的时间间隔解调 PICH 信道，查看是否有针对自己所属寻呼组的寻呼消息，若有，则在一定时间间隔后，读取相应的 S-CCPCH 信道（PCH 传输信道），查看是否有针对自己的寻呼内容。

（5）从公共控制物理信道（Secondary Common Control Physical Channel，S-CCPCH）：是下行物理信道，用于承载两个传输信道，一个是 PCH 信道，一个是 FACH 信道。这两个传输信道都映射到 S-CCPCH 信道上。PCH 信道承载的是系统的寻呼消息，FACH 信道可以承载少量的下行数据以及公共信令。

（6）物理随机接入信道（Physical Random Access Channel，PRACH）：是上行物理信道，用于承载 RACH 传输信道。PRACH 信道分为前缀部分和消息部分。PRACH 信道的一个重要使用场景是当用户在初始发起呼叫的时候，由于没有分配任何专用信道，因此在上行通过此公共信道联系网络侧，向网络侧申请建立连接。同时该信道也可以用来承载少量的上行数据以及其他公共信令。

（7）捕获指示信道（Acquisition Indicator Channel，AICH）：是下行物理信道。网络侧在接收到 UE 发送的 PRACH 信道的前缀部分后，在 AICH 信道上回一个应答消息，指示是否允许 UE 接入。

（8）专用物理数据信道（Dedicated Physical Data Channel，DPDCH）：是上下行双向物理信道，用于承载 DCH 传输信道上的用户业务数据。

（9）专用物理控制信道（Dedicated Physical Control Channel，DPCCH）：是上下行双向物理信道。DPCCH 是物理层产生的信道，不承载高层的任何信息，是为了配合 DPDCH 的传输和解调所附加的信道。DPDCH 和 DPCCH 统称为专用物理信道（Dedicated Physical Channel，DPCH）。

后面三个信道是在 HSDPA 系统中所采用的信道。

（10）高速共享控制信道（High Speed Shared Control Channel，HS-SCCH）：是下行物理信道。由于 HSDPA 的用户数据是承载在被多个用户所共享的信道上的，因此 UE 需要先检测 HS-SCCH 信道，看当前是否有针对自己的数据包，然后再确定是否解调共享信道的信息。从这个角度看，HS-SCCH 信道的功能类似于 PICH 信道。HS-SCCH 还包括其他有助于解调共享信道的必要信息。

（11）高速物理下行共享信道（High Speed Physical Downlink Shared Channel，HS-PDSCH）：是下行物理信道，用于承载用户的高速数据。该信道被本小区的 HSDPA 用户所共享。

（12）高速专用物理控制信道（High Speed Dedicated Physical Control Channel，HS-DPCCH）：是上行物理信道，用于 UE 反馈下行数据接收是否成功，以及反馈下行链路质量信息。

本章主要讨论前 9 个物理信道。

4.4.3 物理信道的结构

本小节按照 UE 从开机到发起业务使用物理信道的顺序来对各个物理信道的结构及其功能做简要介绍。其中涉及的具体的物理层过程将在 4.5 节详细介绍。

UE 开机时首先要进行小区搜索过程，通过小区搜索过程，UE 能够完成与网络侧的同步，获得某个小区的下行主扰码信息，读取该小区的系统广播消息，并且驻留在该小区中。在小区搜索过程中，需要用到的物理信道有 SCH（同步信道）、CPICH（公共导频信道）和 P-CCPCH（主公共控制物理信道）。

当 UE 完成小区搜索并驻留在某个小区中之后，可以接收系统的寻呼消息。最普通的寻呼是指当 UE 处于空闲模式时，通过 UTRAN 接收来自 CN 的寻呼消息，通常这是一次被叫的起始。在寻呼过程中，需要用到的物理信道有 PICH（寻呼指示信道）和 S-CCPCH（从公共控制物理信道）。

在 UE 要进行主叫或者被叫业务之前，需要完成随机接入过程，以使得 UE 和 UTRAN 之间建立起一条连接，为后续的业务通信打下基础。在随机接入过程中，需要用到的物理信道有 PRACH（物理随机接入信道）和 AICH（捕获指示信道）。

在 UE 完成随机接入过程之后，就可以和网络侧进行业务了。在业务过程中，主要需要用到的物理信道就是 DPCH（专用物理信道）。

1. SCH（同步信道）

SCH 是一个用于在小区搜索过程中 UE 与网络进行时隙同步和帧同步的下行物理信道。SCH 包括两个子信道，一个是主同步信道（P-SCH），另一个是从同步信道（S-SCH）。SCH 的每个无线帧长度为 10 ms（38 400 chips），分为 15 个时隙，每个时隙的长度为 2560 chips。SCH 的无线帧结构如图 4-12 所示。

P-SCH 上发送的是基本同步码（Primary Synchronization Code，PSC），长为 256 chips。PSC 在每一个时隙的前 256 个码片的位置发射一次，在图中用 c_{p} 表示。系统中每个小区的 PSC 都是相同的。

S-SCH 上发送的是辅助同步码（Secondary Synchronization Code，SSC），长为 256 chips。S-SCH 与 P-SCH 在时间上并行传输。SSC 在图中用 $c_{\mathrm{s}}^{i,k}$ 来表示，其中 i（0～63）表示主扰码组的组号，k（0～14）表示时隙号。S-SCH 的每一个无线帧重复发射这 15 个 SSC。每个 SSC 是从长为 256 chips 的 16 个不同的码片序列中选取的。在 S-SCH 上发送的 SSC 序列共有 64 种确定的组合，对应 64 个主扰码组，用于指示小区的下行扰码是属于哪一个扰码组的。也就是说如果两个小区的主扰码不同，那么这两个小区的 S-SCH 信道上发送的 SSC 序列就不同。

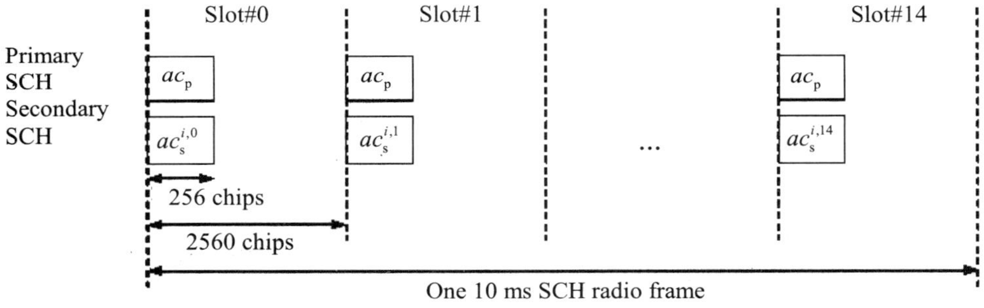

图 4-12 SCH 的帧结构

图中的参数 a 用于指示 P-CCPCH 是否进行了发射分集，a=+1，表示 P-CCPCH 进行了 STTD 发射分集，a=−1，表示 P-CCPCH 未进行 STTD 发射分集。

SCH 信道不进行扩频和加扰。当小区的任意一个下行物理信道上使用发射分集（开环或闭环）时，SCH 也将使用发射分集。SCH 采用的是时间切换发射分集（TSTD）方式。

2. CPICH（公共导频信道）

CPICH 为固定速率的下行物理信道，速率为 30 Kbps，SF 为 256，用于传输预定义的比特/符号序列。CPICH 主要用来辅助终端对其他物理信道进行信道估计。CPICH 的无线帧结构如图 4-13 所示。CPICH 的每个无线帧长为 10 ms，分成 15 个时隙，每个时隙的长度为 2560 chips。

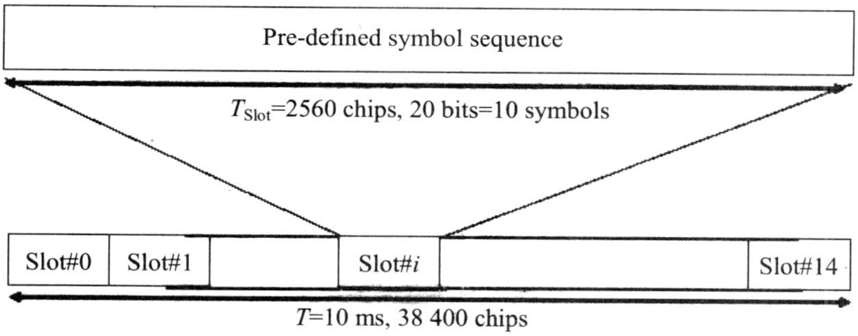

图 4-13　CPICH 的帧结构

当小区的任意一个下行物理信道上使用发射分集（开环或闭环）时，两根发射天线使用相同的信道化码和扰码来发射 CPICH。在这种情况下，对天线 1 和天线 2 来说，预定义的符号序列图样是不同的，如图 4-14 所示。在没有发射分集时，则使用图中天线 1 的符号序列图样。

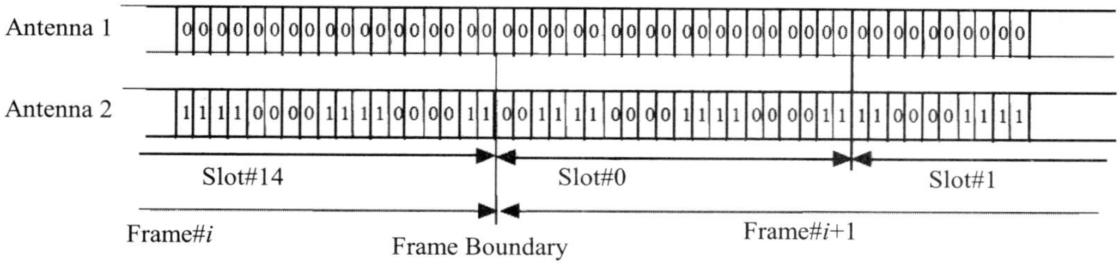

图 4-14　CPICH 的调制模式

CPICH 分为主公共导频信道（P-CPICH）和从公共导频信道（S-CPICH）两类。它们的用途不同，其区别仅限于物理特性不同。

➢　P-CPICH 有以下特性

✧　信道化码固定为 $c_{ch,256,0}$；

✧　扰码为小区主扰码；

✧　每个小区有且仅有一个 P-CPICH；

✧　在整个小区内进行广播；

✧　是 SCH、P-CCPCH、AICH 和 PICH 的相位基准，也是所有其他下行物理信道的缺省相位基准；

✧　是所有下行物理信道的功率基准。

➢　S-CPICH 有以下特征

✧　可使用 SF 为 256 的信道化码中的任意一个；

✧　可使用主扰码或者从扰码进行加扰；

✧　每个小区可以不配置 S-CPICH，也可以配置零个或者多个 S-CPICH；

✧　可以覆盖整个小区或者小区的一部分；

✧ 可以通过上层信令配置，成为 S-CCPCH 和下行 DPCH 的相位基准。

3. P-CCPCH（主公共控制物理信道）

P-CCPCH 为固定速率的下行物理信道，速率为 30 Kbps，SF 为 256。P-CCPCH 用于承载 BCH 传输信道，发送系统广播消息。P-CCPCH 的无线帧结构如图 4-15 所示。P-CCPCH 的每个无线帧长为 10 ms，分成 15 个时隙，每个时隙的长度为 2560 chips

在每个时隙的前 256 chips 内，P-CCPCH 不进行发射。在此段时间内，将发射 P-SCH 和 S-SCH。因此可以认为 SCH 和 P-CCPCH 是时分复用的。

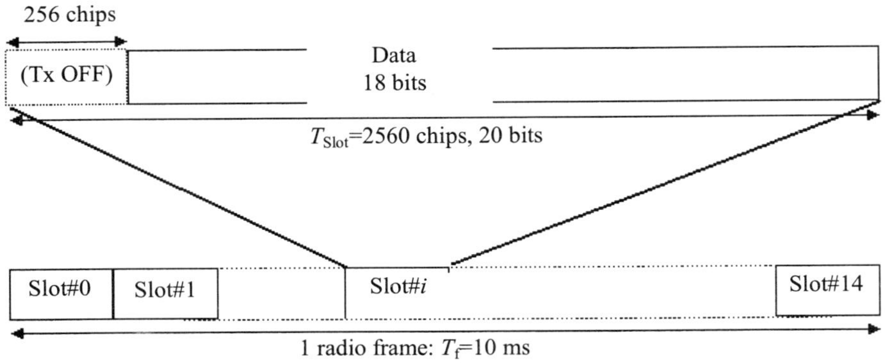

图 4-15　P-CCPCH 的帧结构

如果系统采用开环发射分集传送 P-CCPCH，那么 P-CCPCH 需要使用基于空间时间块编码的开环发射分集（STTD），详见 4.5.4 节。P-CCPCH 的 STTD 编码模式如图 4-16 所示。除了时隙#14 外，每帧的其他偶数编号的时隙的最后两个数据符号与下一个时隙的最前两个数据符号一起进行 STTD 编码。时隙#14 的最后两个符号不进行 STTD 编码，而是以相同的功率在两根发射天线上发射。P-CCPCH 是否进行 STTD 编码由高层信令决定，UE 通过 SCH 的调制方式获知 P-CCPCH 是否采用了 STTD 编码。因此 UE 在开机注册和小区切换时可以通过接收高层消息、解调 SCH 或者这两种方式的组合，来确定是否在 P-CCPCH 上采用了 STTD。

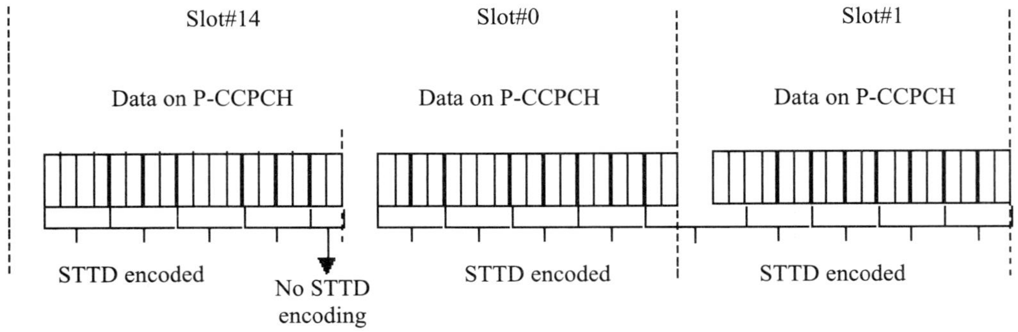

图 4-16　P-CCPCH 数据符号的 STTD 编码

4. PICH（寻呼指示信道）

PICH 为固定速率的下行物理信道，SF 为 256，用于传输寻呼指示（PI）。PICH 的无线帧结构如图 4-17 所示。PICH 的每个无线帧长为 10 ms。PICH 总是与一个 S-CCPCH（从公共控制物理信道）随路以配合使用，以支持 UE 的休眠工作模式，S-CCPCH 用于承载 PCH 传输信道。

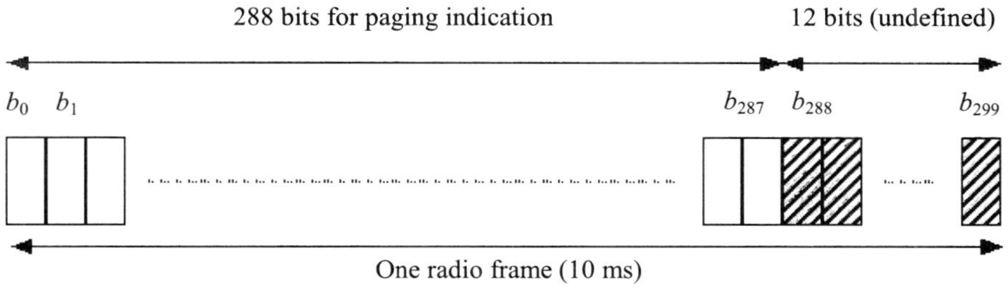

图 4-17　PICH 的帧结构

一个 PICH 无线帧长为 10 ms，包括 300 个比特（b_0，b_1，…，b_{299}）。其中，288 个比特（b_0，b_1，…，b_{287}）用于传输寻呼指示。余下的 12 个比特未定义，不发送。一帧内可以有 n（n=18，36，72，144）个寻呼指示，不同个寻呼指示的配置对应不同的寻呼指示长度，如当一帧中配置 36 个寻呼指示时，单个寻呼指示的长度为 8 bits。如果某个寻呼指示被置为“1”，则表示与这个寻呼指示相对应的寻呼组中的某个 UE 被寻呼了，该寻呼组下的 UE 就要读取相应的 S-CCPCH 中具体的寻呼消息。

PICH 可以采用 STTD 发射分集。

5. S-CCPCH（从公共控制物理信道）

S-CCPCH 为可变速率的下行物理信道，其无线帧结构如图 4-18 所示。S-CCPCH 的每个无线帧长为 10 ms，分成 15 个时隙，每个时隙的长度为 2560 chips。图中的参数 k 确定了每个 S-CCPCH 时隙的总比特数，它与该信道的扩频因子 SF 有关，SF=256/2^k（k=0～6）。S-CCPCH 的速率可为 30×2^k Kbps，SF 为 256～4。S-CCPCH 用于承载 FACH 和 PCH 传输信道。

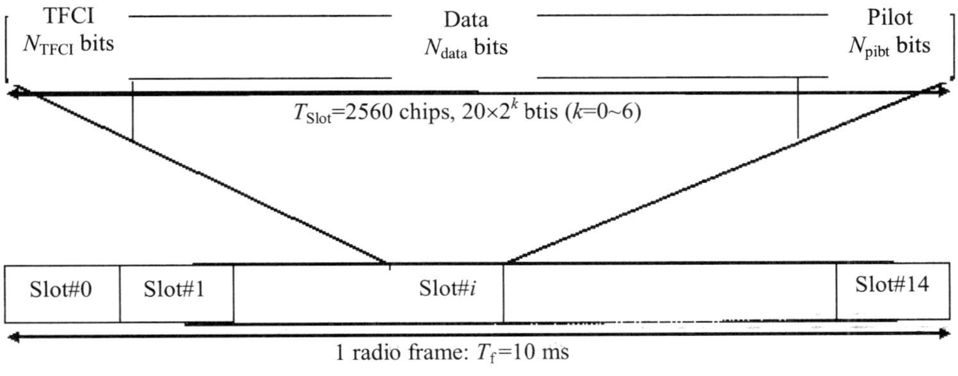

图 4-18　S-CCPCH 的帧结构

有两种类型的 S-CCPCH：包括 TFCI（传输格式组合指示）的和不包括 TFCI 的。是否传输 TFCI 是由 UTRAN 来决定的，因此对所有的 UE 来说，支持 TFCI 的使用是必需的。

一个小区可以有多条 S-CCPCH。FACH 和 PCH 可以映射到相同的或不同的 S-CCPCH。如果 FACH 和 PCH 映射到相同的 S-CCPCH，它们可以映射到同一帧。P-CCPCH 和 S-CCPCH 的主要的区别在于 P-CCPCH 是一个固定速率的物理信道而 S-CCPCH 可以通过包含 TFCI 来支持可变速率。另外，P-CCPCH 是在整个小区内连续发射的，而 S-CCPCH 可以采用与专用物理信道（DPCH）相同的方式以一个窄瓣波束的形式来发射（仅对承载 FACH 的 S-CCPCH 有效）。

6. PRACH（物理随机接入信道）

PRACH 用来承载 RACH 传输信道。PRACH 的传输是在快速捕获指示（AI）配合下的时隙 ALOHA 方式。UE 可以在一个预先定义的时间偏置尝试随机接入传输，表示为接入时隙。图 4-19 显示了无线帧中接入时隙的数量和它们之间的相互间隔。

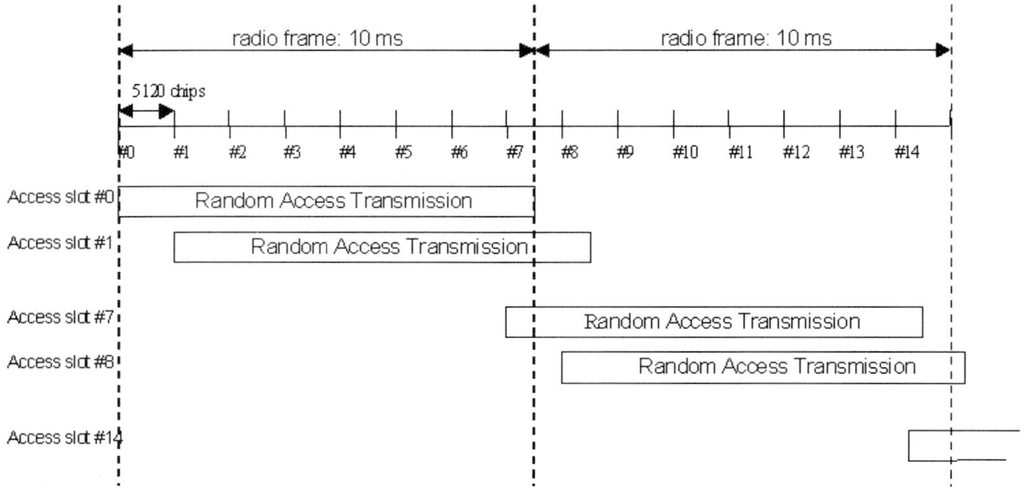

图 4-19　RACH 接入时隙数量和间隔

每两个无线帧有 15 个接入时隙，接入时隙之间的间隔为 5120 chips。当前小区中哪个接入时隙的信息可用，是由高层信息给出的。

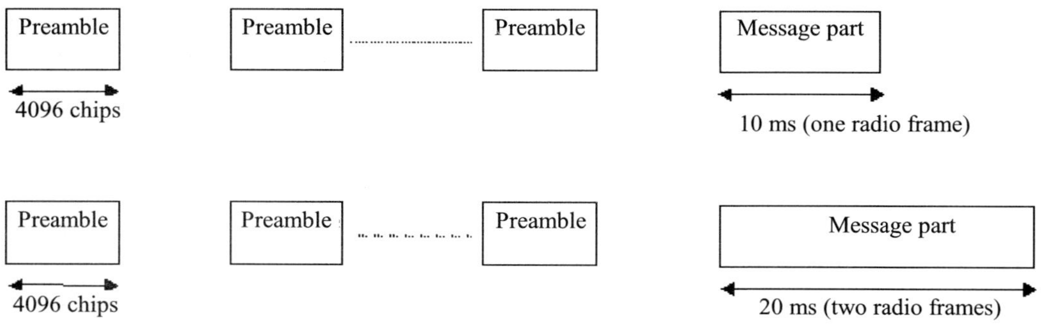

图 4-20　随机接入发射的结构

随机接入发射的结构如图 4-20 所示。随机接入发射由两部分组成，首先是一个或多个长为 4096 chips 的接入前缀，然后是一个长为 10 ms 或 20 ms 的消息部分。

➢ RACH 前缀部分

每个随机接入的前缀部分长为 4096 chips，是对长度为 16 chips 的一个签名序列（signature）的 256 次重复。总共有 16 个不同的签名序列可供选择使用，这些签名序列之间相互正交。

➢ RACH 消息部分

图 4-21 显示了随机接入消息部分的帧结构。10 ms 的消息部分由 15 个时隙组成，每个时隙的长度为 2560 chips。每个时隙包括两部分，一个是数据部分，RACH 传输信道映射到这部分；另一个是控制部分，用来传输物理层控制信息。从时间上看，数据部分和控制部分是并行发射传输的。一个 10 ms 的消息部分由一个无线帧组成，而一个 20 ms 的消息部分则是由两个连续的 10 ms 无线帧组成的。

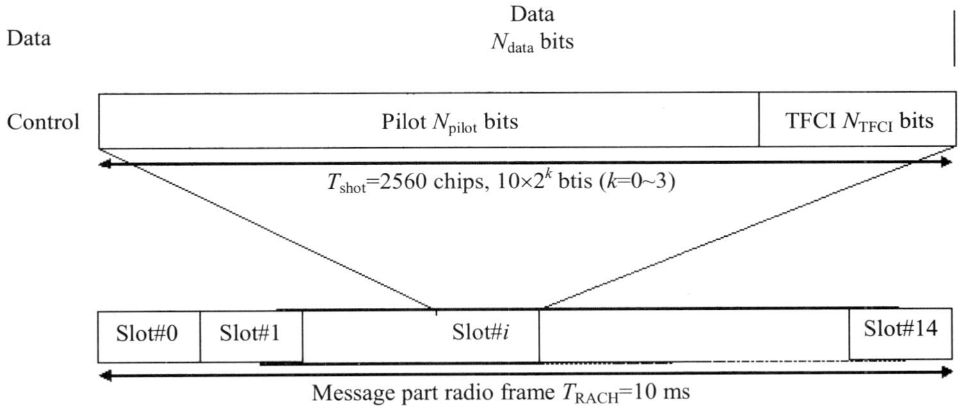

图 4-21 随机接入消息部分的无线帧结构

图中的参数 k 确定了数据部分每个时隙的总比特数，它与该信道的扩频因子 SF 有关，$SF=256/2^k$（k=0～3）。数据部分的速率可为 15×2^k Kbps，SF 为 256～32。

控制部分的 SF 为 256，每一个时隙共有 10 个比特，其中包括 8 个已知的 Pilot 导频比特，用来支持用于相干检测的信道估计，以及 2 个 TFCI 比特。在 10 ms 的一个随机接入帧中 TFCI 比特的总数为 15×2=30 比特。TFCI 值对应于当前随机接入消息的一个特定的传输格式。在 PRACH 消息部分长度为 20 ms 的情况下，TFCI 将在第 2 个无线帧中重复。

7. AICH（捕获指示信道）

AICH 为固定速率的下行物理信道，SF 为 256，用于传输捕获指示（AI）。AICH 的无线帧结构如图 4-22 所示。捕获指示 AI 对应于 PRACH 上的签名序列。

AICH 的每个无线帧长为 20 ms，由重复的 15 个连续的接入时隙（AS，Access Slot）组成，每个接入时隙长为 5120 chips。每个接入时隙由两部分组成，一个是捕获指示（AI）部分，由 32 个实数值符号（a_0，⋯，a_{31}）组成，另一部分是持续 8 个符号位的 1024 chips 的空闲部分。

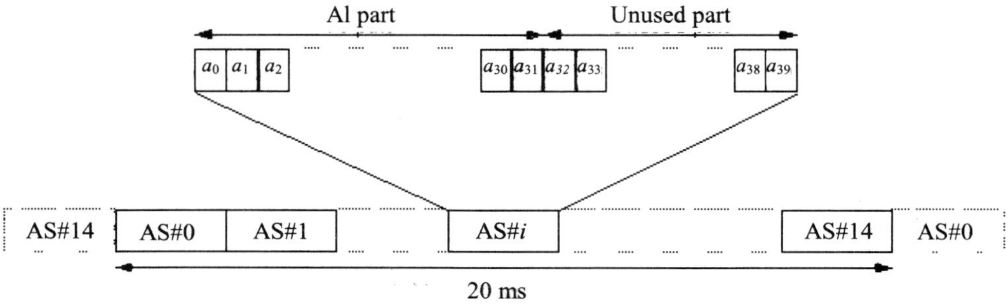

图 4-22　AICH 的帧结构

8. 上行 DPCH（专用物理信道）

上行 DPCH 分为两部分，分别是上行 DPDCH（专用物理数据信道）和上行 DPCCH（专用物理控制信道）。上行 DPCH 的无线帧结构如图 4-23 所示。

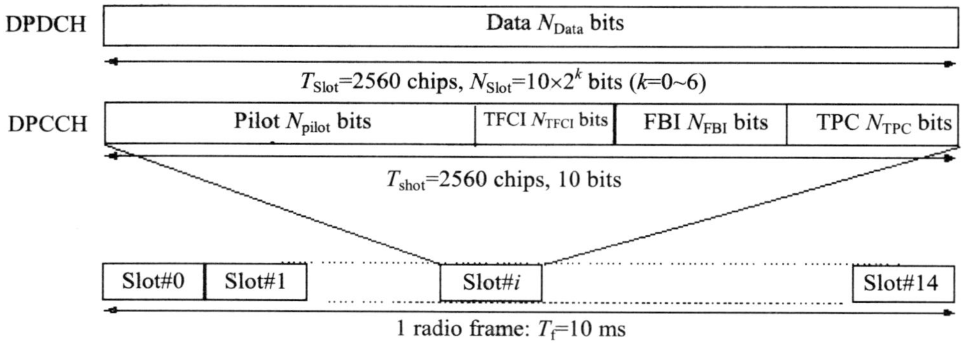

图 4-23　上行 DPCH 的帧结构

上行 DPCH 的每个无线帧长为 10 ms，分成 15 个时隙，每个时隙的长度为 2560 chips，对应于一个功率控制周期。从时间上看，上行 DPDCH 和上行 DPCCH 是并行发射传输的。

DPDCH 用于承载 DCH 传输信道。图中的参数 k 确定了 DPDCH 每个时隙的总比特数，它与该信道的扩频因子 SF 有关，SF=256/2^k（k=0～6）。DPDCH 的速率可为 15×2^k Kbps，SF 为 256～4。在每条无线链路中可以有 0 个、1 个或多个（最多 6 个）上行 DPDCH。

DPCCH 用来传输物理层控制信息，以配合 DPDCH 的正确传输。上行 DPCCH 的扩频因子一直等于 256，即每个上行 DPCCH 时隙有 10 个比特，其中包括支持信道估计以进行相干检测的已知导频比特（Pilot），可选的传输格式组合指示（TFCI），反馈信息（Feedback Information，FBI），以及发射功率控制指令（Transmission Power Control，TPC）。FBI 是 UE 反馈给 UTRAN 的分集信息域，包括两个部分，一个是 S 部分，用于承载 SSDT（Site Selection Diversity Transmission，站点选择分集发射）信令；另一个是 D 部分，用于承载闭环模式发射分集的反馈信息。每条无线链路中只有 1 个 DPCCH。

9. 下行 DPCH（专用物理信道）

和上行 DPCH 一样，下行 DPCH 也分为两部分，分别是下行 DPDCH（专用物理数据信道）和下行 DPCCH（专用物理控制信道）。下行 DPCH 的无线帧结构如图 4-24 所示。下行 DPCH 的每个无线帧长为 10 ms，分成 15 个时隙，每个时隙的长度为 2560 chips，对应于一个功率控制周期。从时间上看，DPDCH 和 DPCCH 是串行发射的，也就是说，两个物理信道是时分复用的。

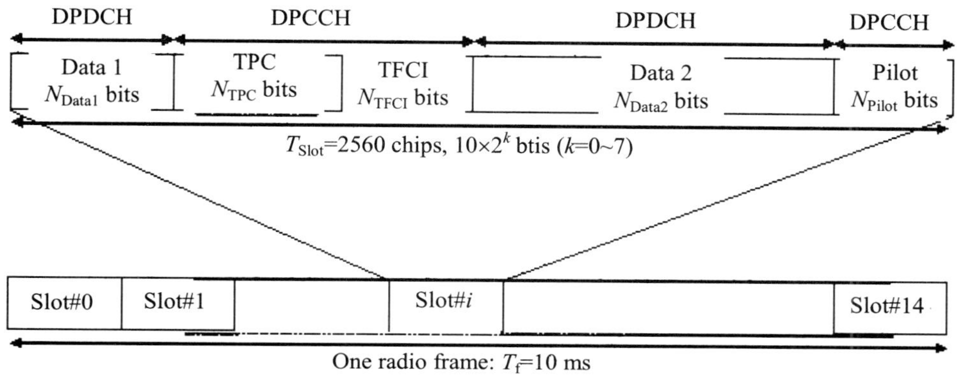

图 4-24　下行 DPCH 的帧结构

DPDCH 用于承载 DCH 传输信道。图中的参数 k 确定了 DPDCH 每个时隙的总比特数，它与该信道的扩频因子 SF 有关，SF=$512/2^k$（k=0,1,…,7）。DPDCH 的速率可为 15×2^k Kbps，SF 为 512～4。在每条无线链路中可以有 0 个、1 个或多个下行 DPDCH。

DPCCH 用来传输物理层控制信息，以配合 DPDCH 的正确传输。下行 DPCCH 包括发射功率控制指令（TPC）、可选的传输格式组合指示（TFCI），以及支持信道估计以进行相干检测的已知导频比特（Pilot）。每条无线链路中只有 1 个 DPCCH。

4.4.4　传输信道到物理信道的映射

在 UTRAN 中，高层生成的数据由传输信道承载，传输信道需要映射到物理层中不同物理信道在空中传送，这就要求物理层具有支持可变速率的传输信道来提供宽带业务，并且还能够把几种业务复用到同一个连接上。

不同的传输信道经过复用操作可以复用成为一条编码组合传输信道（CCTrCH），然后再映射到物理信道上。

物理信道是用来承载传输信道中的信息的，是为传输信道服务的。图 4-25 显示了传输信道和物理信道之间的映射关系。传输信道可以映射到相应的物理信道上。在物理层来看，传输信道是映射到物理信道的数据部分的。除了数据部分，物理信道还有自己的物理信道控制部分，如 DPCCH、PICH、AICH 等，传输信道不会映射到物理信道控制部分。物理信道控制部分用来配合物理信道的使用，协助完成物理信道的功能。

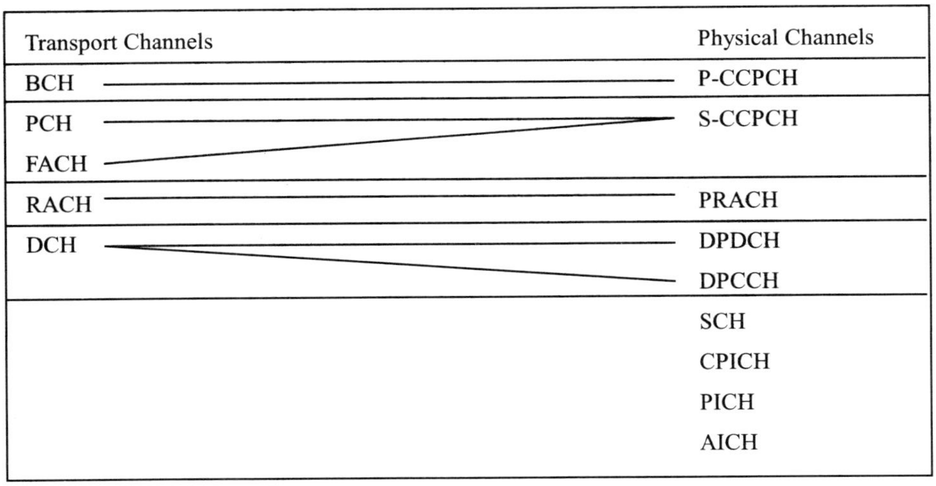

图 4-25　传输信道到物理信道的映射关系

4.4.5　物理信道的扩频与调制

扩频包括信道化操作和扰码操作两个步骤，如图 4-26 所示。信道化操作使用 OVSF 码（信道化码）与输入的数据符号相乘，将每一个数据符号转换成若干个码片，每个符号所对应的码片数称为扩频因子 SF。信道化操作提高了信道的速率至 3.84 Mcps，增加了信号的带宽。扰码操作将经过信道化操作输出的码片与扰码相乘，信道带宽保持不变。

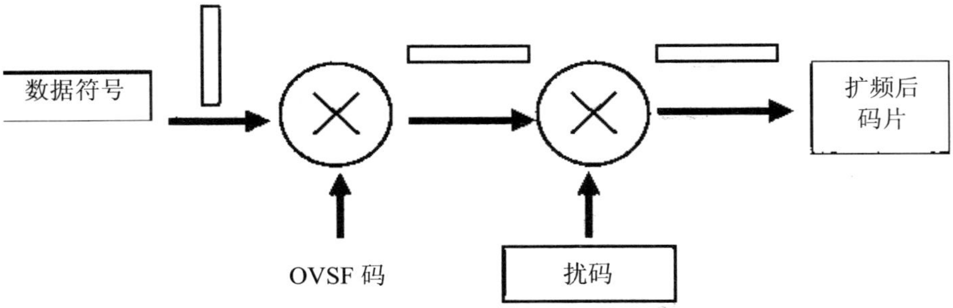

图 4-26　扩频的步骤

在信道化操作时，I 路和 Q 路的数据符号分别和 OVSF 码相乘。在扰码操作时，I 路和 Q 路的信号合并后再乘以复数值的扰码序列，在此处，I 和 Q 分别代表复数序列的实部和虚部。

1. 上行物理信道的扩频

1）DPCH（专用物理信道）

上行同时可以并行传输 1 个 DPCCH 和 0～6 个 DPDCH。

DPCH 信道的数据用实数序列表示，即二进制的“0”映射为实数+1，二进制的“1”映射为实数–1。DPCCH 信道通过信道化码 c_c 扩频到指定的码片速率，第 n 个 DPDCH 信

道 $DPDCH_n$ 通过信道化码 $c_{d,n}$ 扩频到指定的码片速率。1 个 DPCCH 信道和 6 个并行的 DPDCH 信道可以同时发射。

信道化操作之后，扩频信号需要进行加权处理。对 DPCCH 信道用增益因子 c 进行加权处理，对 DPDCH 信道用增益因子 d 进行加权处理。每个时刻的 c 和 d 中至少有一个取值为 1。通过加权处理，可以调整 DPCCH 和 DPDCH 的功率配比。

加权之后，I、Q 支路的码片序列分别作为复序列的实部和虚部，由复扰码序列（长扰码或短扰码）进行扰码操作。复扰码序列（$S_{long,n}$ 或 $S_{short,n}$）与输入的无线帧数据定时同步，即两者的边界一致。

上行 DPCH 信道化码的配置规则如下：

➢ 上行 DPCCH 的信道化码 c_c 固定为 $c_{ch,256,0}$。

➢ 如果只有 1 个 DPDCH，那么其信道化码 $c_{d,1}$ 为 $c_{ch,SF,k}$，其中 $k=SF/4$，SF 为 $DPDCH_1$ 的扩频因子。

➢ 如果有多个 DPDCH，所有 DPDCH 的扩频因子 SF 为 4，$DPDCH_n$ 的扩频序列 $c_{d,n}$ 为 $C_{ch,4,k}$，其中 n 和 k 的关系为：当 n 为 1，2 时，k=1；当 n 为 3、4 时，k=3；当 n 为 5，6 时，k=2。

上行 DPCH 扰码的配置规则如下：

➢ 如果使用长扰码，$S_{long,n}(i)=C_{long,n}(i)$，$i=0,1,\cdots,38399$。

➢ 如果使用短扰码，$S_{short,n}(i)=C_{short,n}(i)$，$i=0,1,\cdots,38399$。

2）PRACH（物理随机接入信道）

➢ PRACH 前缀部分

PRACH 前缀部分是一个复值序列，由前缀签名序列和前缀扰码序列构成。组成 PRACH 前缀部分的签名序列长为 16 chips，共有 16 个，它们之间相互正交，重复 256 次以构成长为 4096 chips 的前缀签名序列。PRACH 前缀部分的扰码序列是长扰码序列，共有 8192 个，它只采用扰码序列的前 4096 chips。和主扰码序列一样，这 8192 个前缀扰码也分为 512 组，每组 16 个码字。前缀扰码组和小区的下行主扰码一一对应。

➢ PRACH 消息部分

图 4-27 描述了 PRACH 消息部分的信道化操作和扰码操作的原理。PRACH 消息部分包括数据部分和控制部分，都是用实数序列来表示的。控制部分通过信道化码 c_c 扩频到指定的码片速率，数据部分通过信道化码 c_d 扩频到指定的码片速率。

信道化操作之后，实数值的扩频信号进行加权处理，对数据部分用增益因子 d 进行加权处理，对控制部分用增益因子 c 进行加权处理。每个时刻的 c 和 d 中至少有一个取值为 1。

加权处理后，I 路和 Q 路的码流合并成为复数值的码流，这个复数值的信号再通过复数值的 $S_{r\text{-}msg,n}$ 码进行扰码操作。消息部分的扰码序列与消息部分的无线帧数据定时同步，即两者的边界一致。

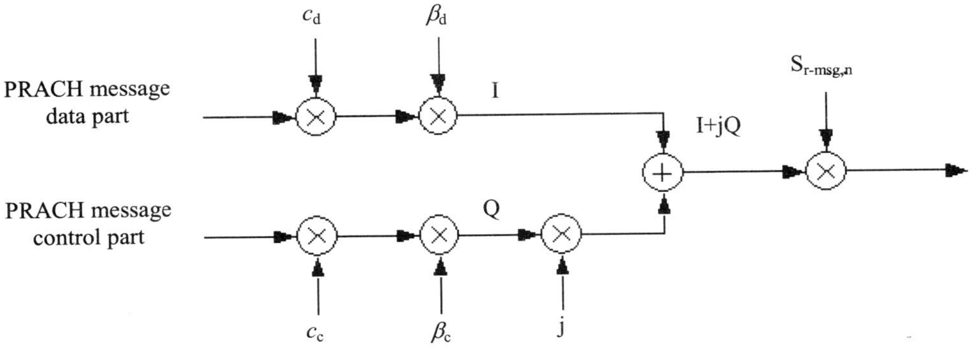

图 4-27　PRACH 消息部分的扩频

PRACH 消息部分信道化码的配置规则如下：

➢　控制部分的信道化码 c_c 为 $c_{ch,256,m}$，其中 $m=16\times s+15$，s 为前缀部分签名序列的编号，$s=0\sim15$。

➢　数据部分的信道化码 c_d 为 $c_{ch,SF,m}$，其中 SF 可以为 32~256，$m=SF\times s/16$，s 为前缀部分签名序列的编号，$s=0\sim15$。

PRACH 消息部分扰码的配置规则如下：

➢　消息部分的复扰码序列长为 10 ms，共有 8192 个序列可用，与前缀部分的扰码序列一一对应:

➢　固定采用长扰码，$S_{r\text{-}msg,n}(i)=C_{long,n}(i+4096)$，$i=0,1,\cdots,38\ 399$。

2.　下行物理信道的扩频

图 4-28 描述了除 SCH 以外所有其他下行物理信道的扩频过程，包括 CPICH、P-CCPCH、S-CCPCH、PICH、AICH 以及下行 DPCH。扩频之前的物理信道包含一个实数值符号的序列。除承载签名序列的捕获指示信道 AICH 外，其他信道的符号取值均可以为+1、−1 或 0。这里 0 代表 DTX（非连续发射）比特。

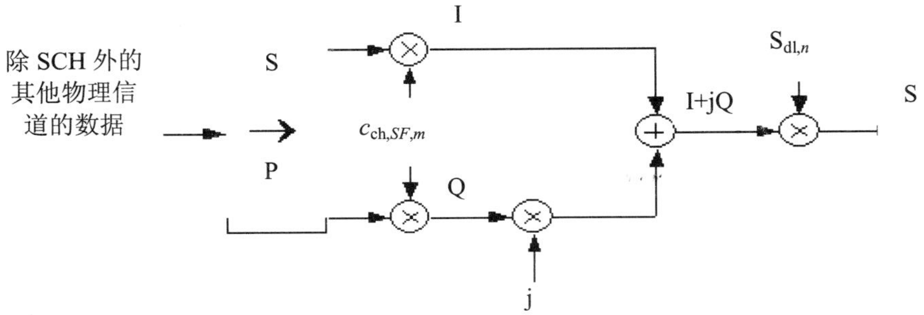

图 4-28　除 SCH 外的所有下行物理信道的扩频

每一对连续的两个符号在经过串并转换后分成 I 路和 Q 路。分路原则是偶数编号的符号分到 I 路，奇数编号的符号分到 Q 路。串并转换后，传输速率减半，这就是为什么同样速率的物理信道下行的扩频因子 SF 是上行的 2 倍。实数值的 I 路和 Q 路采用同一个

信道化码 $c_{ch,SF,m}$ 进行扩频，然后经过相位调整、相加合并后，就变为复数值的序列。这个序列经过复数值的扰码 $S_{dl,n}$ 进行加扰处理。信道化码序列的定时必须与符号序列的边界对齐。扰码序列的定时必须与 P-CCPCH 的帧边界对齐。

图 4-29 描述了不同的下行物理信道经过扩频后如何进行组合。经过扩频以后的各个物理信道的复数值信号（图 4-28 中的箭头 S）分别用加权因子 G_i 进行加权。复数值序列的 P-SCH 和 S-SCH 信道，分别用加权因子 G_p 和 G_s 进行加权。最后，所有下行物理信道进行复数加组合在一起。

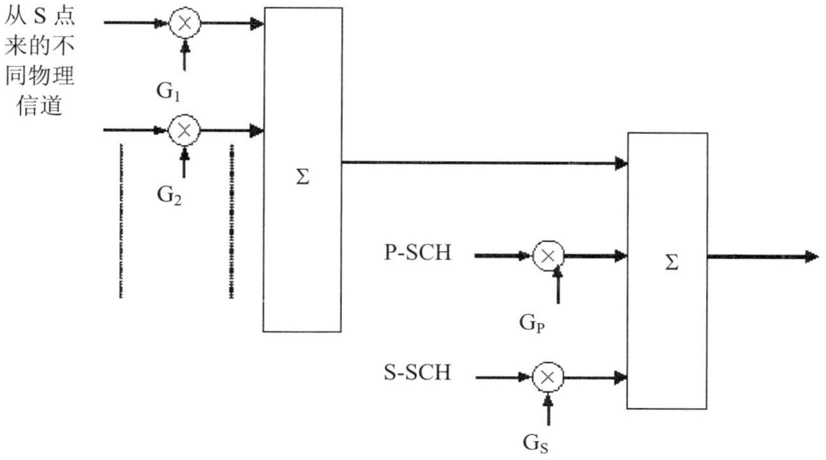

图 4-29　下行物理信道扩频后的组合

下行物理信道的信道化码的配置规则如下：

- P-CPICH 的信道化码固定为 $c_{ch,256,0}$；
- P-CCPCH 的信道化码固定为 $c_{ch,256,1}$；
- 其他下行物理信道的信道化码由 UTRAN 动态分配。

下行物理信道的扰码的配置规则如下：

- 每个小区只配置一个主扰码；
- P-CPICH、P-CCPCH、PICH、AICH、承载 PCH 的 S-CCPCH 必须采用主扰码进行扰码操作；
- 其他下行物理信道既可以采用主扰码进行扰码操作，也可以采用与主扰码同集的从扰码进行扰码操作。

3. 上、下行物理信道的调制

调制码片速率为 3.84 Mcps。上、下行物理信道的调制过程基本相同，都是对通过扩频后的复数值的码片序列进行 QPSK（四进制相移键控）调制，如图 4-30 所示。

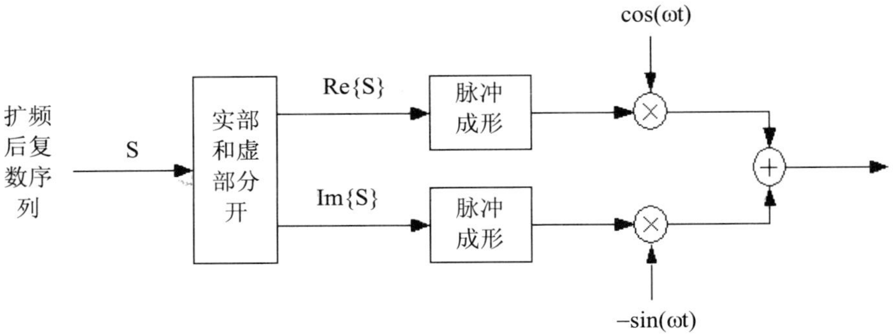

图 4-30　上、下行物理信道的调制

4.5　物理层过程

4.5.1　同步过程

同步是实现通信的最基本要素之一。本小节主要介绍 UE 与网络同步的一般过程。

1. 小区搜索

在小区搜索过程中，UE 搜索到一个小区并且确定该小区的下行扰码和公共物理信道的帧同步。小区搜索一般包括以下三个步骤。

第一步，时隙同步。UE 使用 P-SCH 上的主同步码 PSC 去获得该小区的时隙同步。典型的方法是使用一个匹配滤波器（或任何相似的设备）来匹配对所有小区都相同的主同步码。小区的时隙定时可由检测匹配滤波器输出的波峰值得到。

第二步，帧同步和码组识别。UE 使用 S-SCH 的从同步码 SSC 去确定帧同步，并对第一步中找到的小区的码组进行识别。在一个 S-SCH 无线帧上发送的 SSC 序列共有 64 种确定的组合，对应 64 个主扰码组，每一个序列的循环位移都是唯一的。通过对接收的信号与所有可能的从同步码序列进行相关，并标识出最大相关值，可以得到小区的扰码组。这样，帧同步和码组识别就可以同时完成了。

第三步，也是最后一步，扰码识别。UE 确定搜索到的小区所使用的确切的主扰码。主扰码是通过在 CPICH 上对在第二步所识别到的码组内的所有的码按符号相关而得到的。在主扰码被识别后，就可以检测到 P-CCPCH 了。系统和小区特定的 BCH 信息也就可以读取出来了。

如果 UE 已经收到了扰码的有关信息，那么步骤二和步骤三可以被简化。

2. 公共信道同步

所有公共物理信道的无线帧定时都可以在小区搜索完成之后确定。在小区搜索过程中可以得到 P-CCPCH 的无线帧定时，然后根据给出的其他公共物理信道与 P-CCPCH 的相对定时关系确定这些信道的定时。

P-SCH、S-SCH、CPICH、P-CCPCH 具有相同的帧定时。

不同S-CCPCH的同步定时可以不同，但其与P-CCPCH的帧定时的偏置将是256 chips的整数倍（0～149 倍）。

PICH 帧定时对应于承载相应的传输信道 PCH 的 S-CCPCH 帧定时提前 7680 chips。

不同下行专用信道 DPCH 的同步定时也可以不同，但其与 P-CCPCH 的帧定时的偏置也将是 256 chips 的整数倍（0～149 倍）。

AICH 的 0 号接入时隙的起始时间与 SFN mod 2 =0 的 P-CCPCH 帧的起始时间相同。

3. 专用信道同步

在公共信道同步完成后，在业务建立及其他相关过程中，UE 可以根据相应的协议规则（25.214），完成上行和下行专用信道的同步。

4.5.2 寻呼过程

当 UE 完成同步过程，并驻留在某个小区下之后，会被分配到一个寻呼组中，如果有寻呼消息需要发送到任何属于该寻呼组的 UE 时，寻呼指示（PI）就会周期性地在寻呼指示信道（PICH）中出现。

UE 非连续地在自己所属的寻呼时刻检测 PICH，如果发现相应的 PI 被置为“1”，则说明有针对自己所属寻呼组中 UE 的寻呼消息，就会在一定的时间间隔（7680 chips）后对在 S-CCPCH 中发送的 PCH 帧进行译码以查看是否有发送给自己的寻呼信息，如图 4-31 所示。当 PI 接收指示判决可靠性较低时，UE 也需要对随后的 PCH 进行译码。

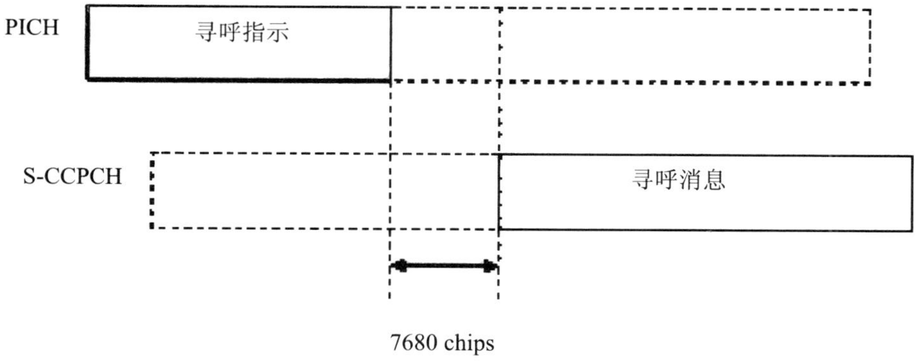

图 4-31 PICH 和承载 PCH 的 S-CCPCH 之间的定时关系

PI 出现的频率越低，UE 的 DRX（非连续接收）周期就越长，将 UE 唤醒以检测 PICH 的次数就越少，电池的寿命就越长，但是对于寻呼消息响应的及时性就会越差。需要设置合理的 DRX 周期来对这两个方面进行折中。

4.5.3 随机接入过程

PRACH 信道的随机接入过程如图 4-32 所示。

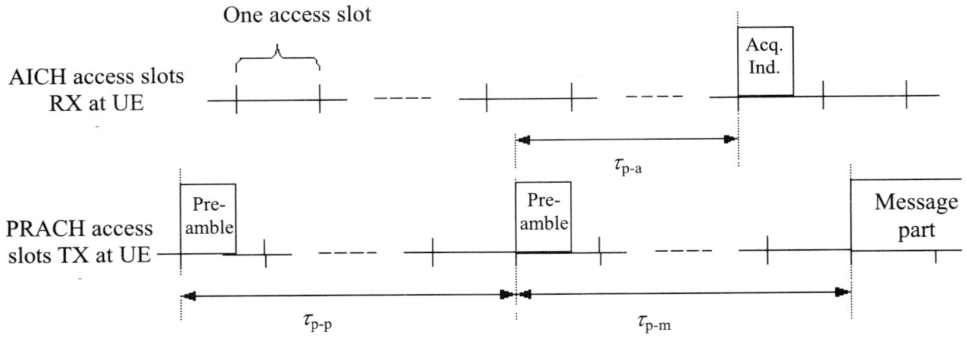

图 4-32　PRACH 的随机接入过程

（1）UE 读取系统广播消息，得到可用的 RACH 子信道组以及前缀签名序列。

（2）UE 从可用的 RACH 子信道组中随机地选择一个空闲的 RACH 子信道（接入时隙），从可用的前缀签名序列中随机地选择一个空闲的签名序列。

（3）设置前缀重传计数器初值为 Preamble_Retrans_Max。

（4）根据 PRACH 开环功率控制算法计算出前缀的初始传输功率为 Preamble_Initial_Power。

（5）UE 在所选择的上行接入时隙上发送所选择的签名序列，发射功率为 Preamble_Initial_Power。

（6）在 $\tau_{p\text{-}a}$（7680 chips 或者 12 800 chips）之后，在对应上行链路接入时隙的下行链路接入时隙中，UE 对 AICH 进行解码。如果 UE 没有检测到与选择的签名序列相关的捕获指示正负值（AI 的取值非“1”即“−1”）：

①在可用的 RACH 子信道组中选择一个新的上行链路接入时隙作为下一个可用的接入时隙；

②在可用的前缀签名序列中选择一个新的签名序列；

③以一定的步长增加前缀的传输功率，如果前缀的传输功率比最大允许功率大 6 dB，那么 UE 的物理层上报“No ack on AICH”给 MAC 层，然后退出随机接入过程；

④前缀重传计数器 Preamble_Retrans_Max 减 1；

⑤如果 Preamble_Retrans_Max>0，则在大于或等于 $\tau_{p\text{-}p,min}$（3 个或 4 个接入时隙）之后重复步骤 5，否则 UE 的物理层上报“No ack on AICH”给 MAC 层，并退出随机接入过程。

（7）如果在对应上行链路接入时隙的下行链路接入时隙中检测到 AI 的值为“−1”，则说明网络拒绝 UE 接入，UE 的物理层上报“No ack on AICH received”给 MAC 层，并退出随机接入过程。

（8）如果在对应上行链路接入时隙的下行链路接入时隙中检测到 AI 的值为“+1”，则说明网络允许 UE 接入。UE 根据一定的定时关系，在 $\tau_{p\text{-}m}$（3 个或 4 个接入时隙）之后传输 PRACH 的消息部分。

（9）UE 的物理层上报“RACH message transmitted”给 MAC 层，然后退出随机接入过程。

表 4-2 列出了由系统参数 AICH_Transmission_Timing 所决定的在随机接入过程中 PRACH 和 AICH 的定时关系。

表 4-2 PRACH 和 AICH 的定时关系

	AICH_Transmission_Timing＝0	AICH_Transmission_Timing＝1
$\tau_{p\text{-}p,min}$	15360 chips（3Slots）	20480 chips（4Slots）
$\tau_{p\text{-}a}$	7680 chips	12800 chips
$\tau_{p\text{-}m}$	15 360 chips（3Slots）	20480 chips（4Slots）

其中，$\tau_{p\text{-}p,min}$ 为两个 PRACH 前缀之间的最小时间差，$\tau_{p\text{-}a}$ 为 PRACH 的最后一个前缀与 AICH 之间的时间差，$\tau_{p\text{-}m}$ 为 PRACH 的最后一个前缀与 PRACH 消息部分的时间差。

4.5.4 下行发射分集

下行发射分集是 WCDMA 系统的一项重要增强技术。

1. 基于空间时间块编码的发射分集（Space Time Transmit Diversity，STTD）

STTD 发射分集是一种开环发射分集。在 UTRAN 中，STTD 是可选项，在 UE 中，对 STTD 的支持是必选项。

STTD 是在信道编码和交织之后，扩频之前进行的。STTD 对无线帧的每 4 个连续的信道符号为单位进行编码，天线 1 发送原始顺序的符号，天线 2 发送的是经过一定规则编码后的符号。

两根天线发射的是相同的数据信息，这样就有一个空间分集的效果。同时对第二根天线发射的数据进行了块编码，从而产生一种时间分集的效果。因此 STTD 被称为基于时间空间块编码的发射分集。

2. 用于 SCH 的时间切换发射分集（Time Switched Transmit Diversity，TSTD）

TSTD 发射分集也是一种开环发射分集，只用于 SCH 信道。在 UTRAN 中，TSTD 是可选项，在 UE 中，对 TSTD 的支持是必选项。在偶数时隙，P-SCH 和 S-SCH 都在天线 1 上发射，在奇数时隙，P-SCH 和 S-SCH 都在天线 2 上发射。

3. 闭环模式发射分集

闭环模式发射分集主要用于 DPCH 信道。信道编码、交织和扩频过程与非分集时相同。扩频后的复信号被特定的复数加权因子 w_1 和 w_2 加权后送到两根发射天线。加权因子由 UE 决定，并利用上行 DPCCH 的 FBI 字段中的 D 域通知小区。

闭环模式发射分集的关键是加权因子的计算，按加权因子计算方法不同分为两种模式：

模式 1 调整天线的相位，两根天线发射 DPCCH 的专用导频符号不同（正交）；

模式 2 调整天线的相位和幅度，两根天线发射 DPCCH 的专用导频符号相同。

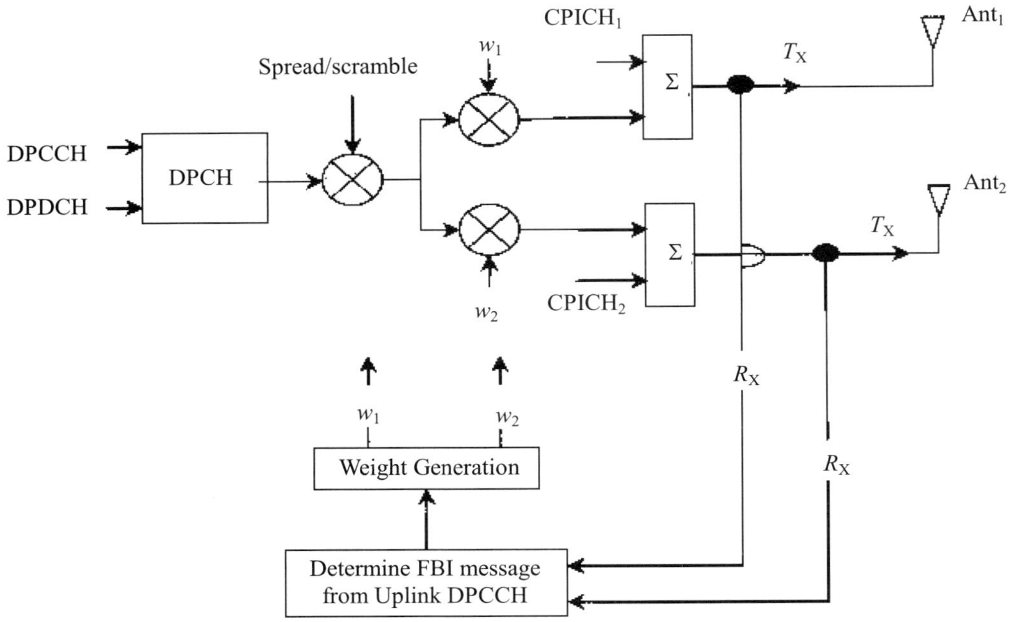

图 4-37　闭环模式发射分集的一般结构

UE 利用 CPICH 估计来自每根天线的信道特征。在每一个时隙，UE 计算相位调整量，在模式 2 还要计算幅度调整量，这些调整量用于 UTRAN 调整发射功率，使得 UE 的接收功率达到最大。UE 向 UTRAN 反馈相位/功率设置信息，利用分配给闭环模式发射分集的上行 DPCCH 中的 FBI 的 D 域发送。UTRAN 在下行 DPCCH 导频域（Pilot）开始处进行相位和幅度调整。

表 4-3 总结了在不同的下行物理信道上可能应用的开环和闭环发射分集模式，“√”表示可以应用，“×”表示不可以应用。

表 4-3　不同物理信道所采用的发射分集模式

物理信道类型	开环发射分集模式		闭环发射分集模式
	TSTD	STTD	
P-CCPCH	×	√	×
SCH	√	×	×
S-CCPCH	×	√	×
DPCH	×	√	√
PICH	×	√	×
AICH	×	√	×

不允许在同一个物理信道上同时使用 STTD 和闭环模式发射分集。并且，如果在任何一个下行物理信道上使用了发射分集，那么在 P-CCPCH 和 SCH 上也将使用发射分集。

思 考 题

1．简述逻辑信道和传输信道的分类。
2．物理信道的结构是怎样的？画出业务流程。
3．画图说明传输信道到物理信道的映射关系。
4．从水平和垂直方向分析 WCDMA 无线接口协议。

第5章　UTRAN基本信令流程

5.1　基 本 概 念

下面简要介绍信令流程涉及的几个基本概念。

1. RNS（Radio Network Subsystem，无线网络子系统）

RNS包含一个RNC和多个所属的Node B，负责管理一个小区集内的资源，及其数据的发射和接收。RNS可以是一个UTRAN或者只是UTRAN的一部分，它通过分配、释放特定无线资源，建立UE和UTRAN之间的连接。

2. SRNC（Serving RNC，服务RNC）

SRNC是负责维护UE和UTRAN之间某个连接的RNC。对于UE，若与UTRAN之间存在一条RRC连接，则存在一个SRNC管理UE和UTRAN之间的这条RRC连接。

3. DRNC（Drift RNC，漂移RNC）

DRNC是负责维持UE和UTRAN之间某个连接的RNC。当UTRAN和UE之间的连接需要使用由非SRNC控制的小区时，这种能够向SRNC提供无线资源的RNC称为DRNC。

4. CRNC（Controlling RNC，控制RNC）

CRNC是负责控制特定UTRAN接入点的RNC。任何UTRAN接入点都存在且只存在一个控制RNC，控制RNC对UTRAN接入点的逻辑资源进行总体控制。

说明：SRNC与DRNC之间一个很重要的区别是，SRNC与CN之间存在Iu连接，而DRNC与CN之间没有。

SRNC、DRNC和CRNC都是逻辑的概念。其中SRNC、DRNC是针对UE而言的，CRNC是针对Node B或小区而言的。

5. RNTI（Radio Network Temporary Identifier，无线网络临时标识）

当存在RRC连接时，用RNTI标识UE。例如，MAC协议在公共传输信道（RACH、FACH、PCH）上采用RNTI来标识UE。有以下几种RNTI。

✧　小区无线网络临时标识（C-RNTI），用于在小区内唯一标识有RRC信令连接的UE。

✧　UTRAN无线网络临时标识（U-RNTI），分配给与UTRAN之间具有一条RRC连接的UE。目的是在UTRAN内唯一确定一个UE。

✧　SRNC无线网络临时标识（S-RNTI），是由SRNC分配的标识。目的是在SRNC

中唯一确定一个 UE。

✧ DRNC 无线网络临时标识（D-RNTI），是由 DRNC 为 UE 分配的标识，目的是在 DRNC 中唯一确认一个 UE。D-RNTI 一定不会在 Uu 口使用。

6. RAB（Radio Access Bearer，无线接入承载）

RAB 是 UE 和 CN 之间用户面的承载。

7. RB（Radio Bearer，无线承载）

RB 是 UE 和 SRNC 在 L2 之间用户面或控制面的承载。

8. RL（Radio Link，无线链路）

RL 是 UE 和一个小区在 L1 之间的连接。

说明：RAB、RB、RL 都是逻辑的概念。从学习信令的角度理解，我们可以把它们分别认为是网络的非接入层、L2 和 L1 与 UE 相应实体间一套参数的集合。

5.2 UTRAN 协议结构

5.2.1 UMTS 通用接口

1. UMTS 通用接口

图 5-1 是 UMTS 简单化的结构和主要接口。

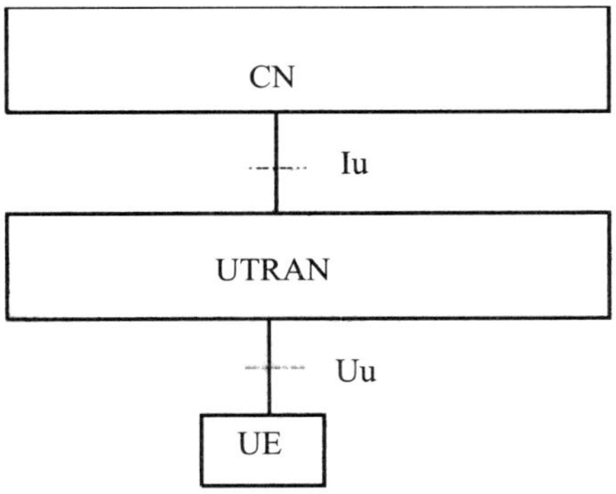

图 5-1 UMTS 结构

Uu 接口和 Iu 接口由以下两个总体结构组成。

①用户面协议（User Plane Protocols）。用户面协议执行用户数据在无线接入承载（RAB）上的传送。

②控制面协议（Control Plane Protocols）。控制面协议有三个主要作用。第一，控制无线接入承载；第二，根据不同的需要（比如切换、不同业务的需求和流业务控制等）控制 UE 和网络的连接；第三，传送非接入层（NAS）的消息。

2. UTRAN 结构图

UTRAN 结构如图 5-2 所示。

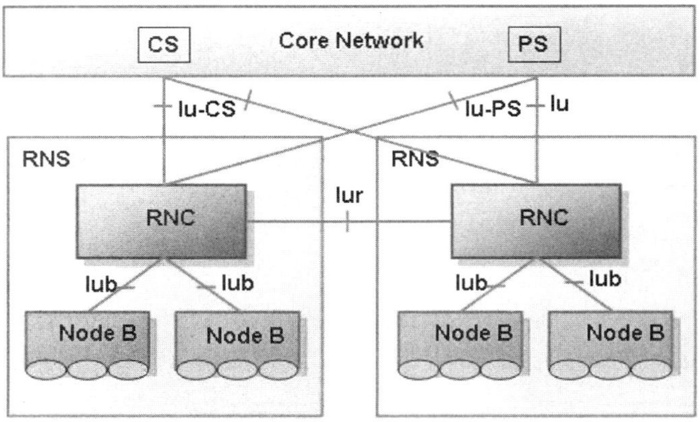

图 5-2 UTRAN 结构

UTRAN 由一组无线网络子系统（Radio Network Subsystem）组成。UTRAN 通过 Iu 接口与核心网（Core Network）相连。其中 UTRAN 与核心网 CS 域连接的是 Iu_CS 接口，与 PS 域连接的是 Iu_PS 接口。

一个RNS由一个RNC和一个或多个所属的Node B组成。RNC通过Iub接口与Node B相连。

在 UTRAN 内部，RNC 之间用 Iur 接口互通。

5.2.2 UTRAN 接口

1. UTRAN 地面接口一般模型

UTRAN 地面接口的一般协议模型如图 5-3 所示。

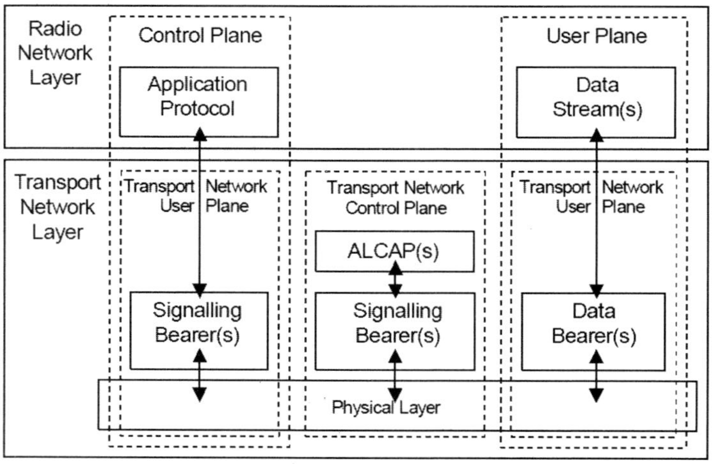

图 5-3 UTRAN 地面接口一般模型

接口协议结构的原则是层与平面在逻辑上相互独立。因此，当未来技术发展需要时，一个协议实体、一个层或一个平面都可以改变，而其余部分保持不变。

从水平看，协议结构主要由两个层组成：无线网络层（Radio Network Layer）、传输网络层（Transport Network Layer）。所有和 UTRAN 有关的事件（比如信令和业务）都只体现在无线网络层。而传输网络层中的协议栈只是被 UTRAN 选择用来做承载的。传输网络层中的协议不是由 3GPP 制定的。

从垂直看，协议结构主要由三个面组成：控制面（Control Plane）、用户面（User Plane）和传输网络控制面（Transport Network Control Plane）。

1）控制面

控制面包括位于无线网络层的应用协议（Application Protocol）（比如 RANAP、RNSAP 或 NBAP）和位于传输网络层的信令承载（Signalling Bearer）。应用协议的主要功能是建立无线网络层的承载（比如 RAB、RB）。就三面结构的接口协议而言，在应用协议中的承载参数并不是和用户面的技术直接相关，它们更多的是一些通用参数。应用协议的信令承载有可能和传输网络控制面中的 ALCAP 的信令承载一样，也可能不一样。信令承载更多的是在网元的操作维护台人为配置建立的。

2）用户面

用户发送和接收的所有信息，比如语音业务中的语音编码或 Internet 连接的分组数据包，都经过用户面传输。用户面包括数据流（Data Stream）和数据流的数据承载（Data Bear）。数据流的特征是由一个或多个帧协议（Frame Protocol）体现的。在用户面的数据承载（Data Bear）位于传输网络层。CS 域的数据承载是由传输网络控制面直接实时配置的。

3）传输网络控制面

传输网络控制面只可能出现在传输网络层。传输网络控制面由 ALCAP（Access Link Control Application Protocol）协议和 ALCAP 的信令承载（Signalling Bearer）组成。ALCAP 的作用是建立、拆除用户面的数据承载。

传输网络控制面位于控制面和用户面之间。它的引入可以使无线网络层中的应用协议（Application Protocol）完全独立地选择用户面中的数据承载（Data Bearer）。当有传输网络控制面时用户面的数据承载按以下步骤建立：控制面中应用协议的信令交互触发 ALCAP 控制下的数据承载建立。

2. Iu-CS 协议结构

1）Iu-CS 接口协议结构图

Iu-CS 接口协议结构如图 5-4 所示。

在 Iu-CS 接口控制面有位于宽带（BB）7 号信令系统（SS7）协议上层的 RANAP（Radio Access Network Application Part）协议和在传输网络层中的信令连接控制部分（SCCP）、消息传输部分（MTP3-b）和网络与网络接口的信令 ATM 适配层（SAAL-NNI）。SAAL-NNI 又划分为业务特定对等功能（SSCF）、业务特定面向连接协议（SSCOP）和 ATM 适配层 5（AAL5）。SSCF 和 SSCOP 是特别为在 ATM 网络中传输信令而设计的，承担信令连接管理等功能；AAL5 用于将数据分成 ATM 信元。

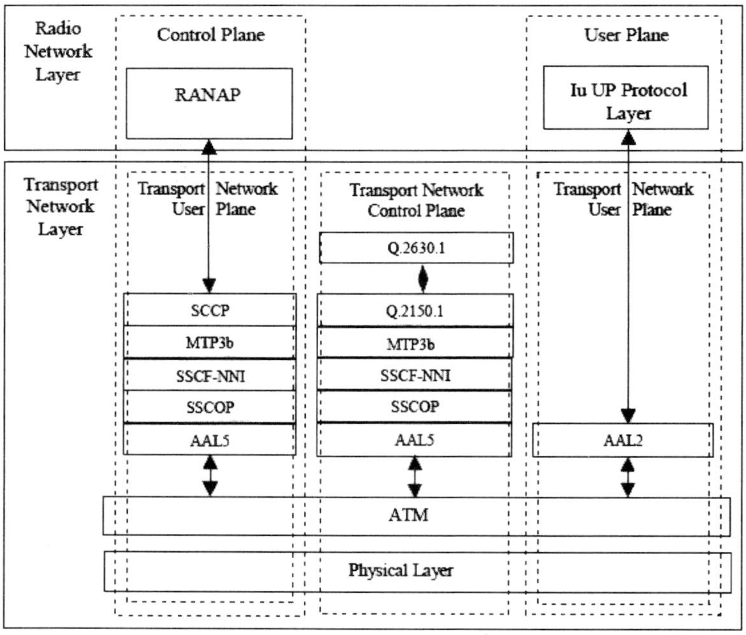

图 5-4　Iu_CS 接口协议结构

RANAP 协议处理 CN 和 UTRAN 之间的信令，同时它具有透明转发 UE 和 CN 之间消息的能力。

RANAP 的主要功能有以下几点：

✧ RAB 管理，包括 RAB 的建立、修改、释放和排队；

✧ 重定位，该功能负责处理 SRNS 重定位和硬切换，包括与 GSM 系统互通的情况；

✧ UE 与 CN 信令传输；

✧ 寻呼；

✧ 位置报告。

2）Iu-CS 传输网络控制面协议栈

传输网络控制面协议栈由建立 AAL2 连接（Q.2630.1 和适配层 Q.2150.1）的信令协议组成。它们都位于宽带 7 号信令系统协议（BBSS7）的顶层。可应用的宽带 7 号信令系统正如前面所描述的，只是没有 SCCP 层。

3）Iu-CS 用户面协议栈

Iu-CS 用户面由 Iu 用户面协议（Iu UP Protocol）、ATM 适配层 2（AAL2）、ATM 层和物理层组成。每个 CS 业务都必须预留一个专用的 AAL2 连接。

Iu 用户面协议位于用户面的无线网络层中，该协议尽可能地与 CN 域彼此独立，且尽少依赖传输网络层。该协议的作用是承载 Iu 接口上用户的业务数据。Iu 用户面协议的实体是与 RAB 一一对应的。如果一个 UE 同时有多个 RAB，那这些 RAB 就使用着多个 Iu 用户面实体。该协议或者完成完全透明的操作，或者完成对用户数据段和基本控制信令的成帧操作（这个基本控制信令指用于初始化及在线控制的信令），于是该协议有两种模式。

✧ 透明模式（Transparent Mode，TrM）。该模式下，该协议不做任何成帧或控制操作，适用需要完全透明传输的 RAB。比如传送 GTP_U 的数据就可以采用透明模式。

✧ 预定义 SDU 长度的支持模式（Support Mode for predefined SDU size，SMpSDU）。该模式下，用户平面把用户数据按照预先定义的长度分段成帧。经过处理的业务数据单元（Service Data Unit，SDU）长度一般对应于 AMR 语音帧的长度，或从 CS 数据呼叫的数据速率中推算而得的帧长。此外，还定义了初始化过程和速率控制过程，以及指示帧质量的特定功能，此功能的实现基于诸如无线接口的 CRC 校验结果。

3. Iu-PS 协议结构

1）Iu-PS 接口协议结构图

Iu-PS 接口协议结构如图 5-5 所示。

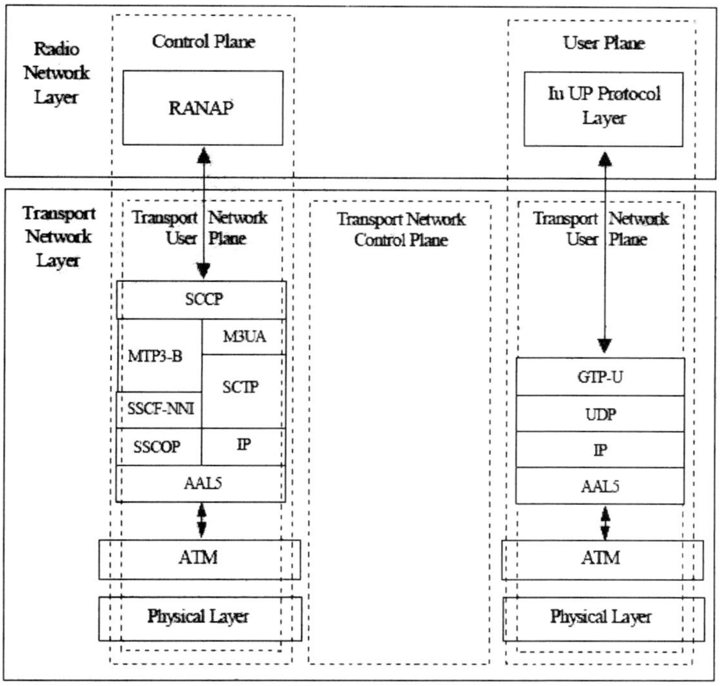

图 5-5 Iu-PS 接口协议结构

和 Iu-CS 协议结构相比较，用户面和控制面采用共同的 ATM 传输相同，且物理层与 Iu-CS 中所规定的相同。控制面协议栈也包括 RANAP 和同样基于宽带 7 号信令系统协议的信令承载。

2）Iu-PS 控制面协议栈

与 Iu-CS 接口不同的是，在控制面对于 RANAP 还定义了基于 IP 的信令承载。基于 IP 的信令承载包括 M2UA（SS7MTP3-用户适配层）、SCTP（简单控制传输协议）、IP（因特网协议）和 AAL5。SCTP 层是为因特网中的信令传输而特别设计的，SCTP 协议比 TCP 协议更具安全性。不同的适配层分别对应不同种类的信令协议，例如，M3UA 对应于基于 SS7 的信令协议。

3）Iu-PS 传输网络控制面协议栈

Iu-PS 没有采用传输网络控制面，这是因为建立 GTP 隧道只需要隧道标识、源和目的 IP 地址即可，而这些消息已经包含在 RANAP RAB 分配消息中。在 Iu-CS 用户面中，需要使用到这样的信息，它们与在 Iu-CS 中寻址和识别 AAL2 信令使用的信息相同。

4）Iu-PS 用户面协议栈

在 Iu-PS 用户面中，多种分组数据流在一个或多个 AAL5 PVC（AAL5 预定义虚连接）上复用。GTP-U（GPRS 隧道协议-用户面部分）指的是标识各个分组数据流的复用层，每个数据流使用 UDP 无连接传输和 IP 寻址。

4. Iub 接口

1）Iub 接口协议结构图

Iub 接口协议结构如图 5-6 所示。

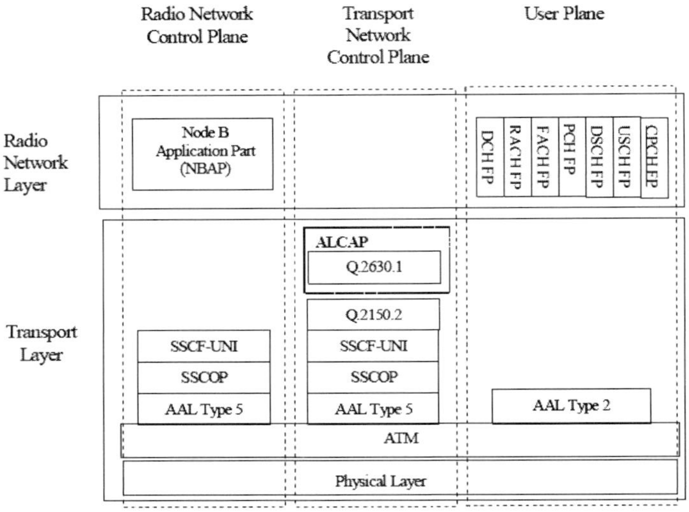

图 5-6　Iub 接口协议结构

Iub 接口是 UTRAN 内部的逻辑接口。它是开放的接口，这就意味着不同厂家的 RNC 和 Node B 之间可以通过 Iub 接口互通。Iub 接口遵循两层三面的结构。

2）Iub 控制面协议栈

Iub 控制面由无线网络层的 NBAP（Node B Application Part）协议和传输网络层的信令承载协议组成。信令承载协议由业务特定对等功能（SSCF）、业务特定面向连接协议（SSCOP）、ATM 适配层 5（AAL5）、ATM 和物理层组成。信令承载对于 NBAP 而言是一个点到点的协议，所以在 RNC 和 Node B 之间会有一个或多个点到点的连接。

NBAP 协议作用是完成 RNC 对 Node B 或小区的控制。它可分为两个基本部分：公共 NBAP 和专用 NBAP。

公共 NBAP 定义了通过公共信令链路的信令过程。它主要负责对 UTRAN 中公共资源的管理，其主要功能有以下几点：

✧　小区配置：指 CRNC 管理 Node B 中小区的配置信息，主要是配置小区中 CPICH、

SCH 和 P-CCPCH；

✧ 公共传输信道配置：指 CRNC 配置小区的公共传输信道，比如 RACH 和 FACH；

✧ 系统消息管理：指 CRNC 调度在小区广播的系统消息；

✧ 初始化、汇报小区或 Node B 的具体测量：指 CRNC 控制相应小区或 Node B 资源的测量。

专用 NBAP 应用于专用信令链路中，其主要功能有以下几点：

✧ 为 UE 对无线链路（RL）进行增加、释放和重配置；

✧ 无线链路的状态监控；

✧ 初始化和报告无线链路的测量；

✧ 压缩模式控制；

✧ 下行功率控制平衡校正。

3）Iub 用户面协议栈

在 Iub 接口用户面里无线网络层的帧协议（FP）用于传送 RNC 和 Node B 之间的数据。该数据是 UE 在连接模式时 CN 和 RNC 两个实体与 UE 之间的业务数据和信令数据。从另一个角度而言，帧协议封装了 Uu 接口中传输信道中的数据包后在 Iub 接口的用户面传送，BCH 传输信道除外，它通过 NBAP 协议传输。

完整的传输信道配置由 SRNC 设置后通过 Iub 口用 NBAP 信令消息告诉 Node B。下行时传输信道在 Node B 复用成物理信道，上行由 Node B 解复用成传输信道。

在 Iub 接口用户面由 AAL2、ATM 及物理层给帧协议提供业务承载。

5．Iur 接口

1）Iur 接口协议结构图

Iur 接口协议结构如图 5-7 所示。

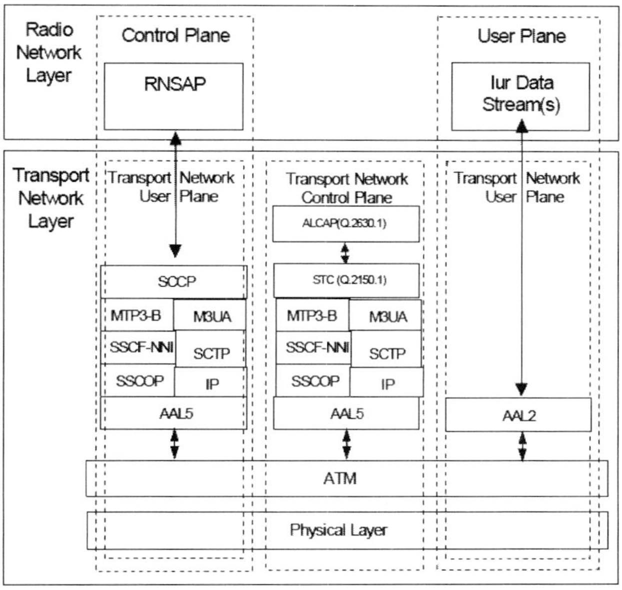

图 5-7　Iur 接口协议结构

Iur 由两个层组成，分别是无线网络层和传输网络层。

无线网络层定义了在一个 PLMN 中的两个 RNC 之间的交互进程。无线网络层由无线网络控制面和无线网络用户面组成。

传输网络层定义了一个 PLMN 中的两个 RNC 为建立物理连接的进程。

2）Iur 的 RNSAP 的进程及其主要功能

位于无线网络层的 RNSAP（Radio Network Subsystem Application Part）协议负责在 Iur 接口传送信令消息。

尽管 Iur 接口最初设计只是为了支持 RNC 之间的软切换，但随着标准的发展，更多的特征被考虑进去。目前 Iur 的 RNSAP 的进程分成四个模块，即基本移动性进程、DCH 进程、公共传输信道进程以及全局进程。其功能如下。

➢ 基本移动性进程（Basic Mobility Procedures）

✧ 支持 SRNC 重定位；

✧ 支持 RNC 之间小区和 UTRAN 注册区域更新；

✧ 支持 RNC 之间分组寻呼；

✧ 报告协议错误。

➢ DCH 进程（DCH Procedures）

✧ 当在专用信道状态下发生切换时，在 DRNC 中建立、修改和释放专用信道和共享信道；

✧ 建立和释放通过 Iur 接口的专用传输连接；

✧ 在 SRNC 和 DRNC 之间传输 DCH 传输块；

✧ 通过专用测量报告过程、功率设置过程和压缩模式控制过程，对 DRNS 中的无线链路进行管理。

➢ 公共传输信道进程（Common Transport Channel Procedures）

✧ 为公共信道数据流建立和释放通过 Iur 的连接；

✧ 分解 SRNC（MAC-d）和（MAC-c）之间的 MAC 层，下行数据传输的调度在 DRNC 中进行；

✧ MAC-d 和 MAC-c 之间的流控制。

➢ 全局进程（Global Procedures）

✧ 两个 RNC 之间的小区信息和测量消息的传递；

✧ 控制器间定位参数的传递；

✧ 两个 RNC 之间的 Node B 定时信息的传递。

5.3 UTRAN 信令概述

5.3.1 信令流程分类

在 WCDMA 系统中具有的各种各样的信令流程中，从协议栈的层面来说，可以分为接入层的信令流程和非接入层的信令流程。

所谓接入层的流程和非接入层的流程，实际是从协议栈的角度出发的。在协议栈中，RRC 和 RANAP 层及其以下的协议层称为接入层，它们之上为非接入层。简单地说，接入层的流程，也就是指无线接入层的设备 RNC、Node B 需要参与处理的流程。非接入层的流程，就是指只有 UE 和 CN 需要处理的信令流程，无线接入网络 RNC、Node B 只是透传，是不需要处理的。举个形象的比喻，接入层的信令是为非接入层的信令交互铺路搭桥的。通过接入层的信令交互，在 UE 和 CN 之间建立起了信令通路，从而就能进行非接入层信令流程了。

接入层的流程主要包括 PLMN 选择、小区选择和无线资源管理流程。无线资源管理流程就是 RRC 层面的流程，包括 RRC 连接建立流程、UE 和 CN 之间的信令建立流程、RAB 建立流程、呼叫释放流程、切换流程和 SRNS 重定位流程。其中切换和 SRNS 重定位含有跨 RNC、跨 SGSN/ MSC 的情况，此时还需要 SGSN/ MSC 协助完成。所以从协议栈的层面上来说，接入层的流程都是一些底层的流程，通过它们，为上层的信令流程搭建底层的承载。

非接入层的流程主要包括电路域的移动性管理、电路域的呼叫控制、分组域的移动性管理、分组域的会话管理。本小节重点介绍接入层的信令流程。

5.3.2 基本信令流程总体介绍

接下来我们对基本的信令流程进行简单的总体介绍。

我们首先简单看一下如图 5-8 所示的用户从开机、进行业务到关机的整个业务流程。

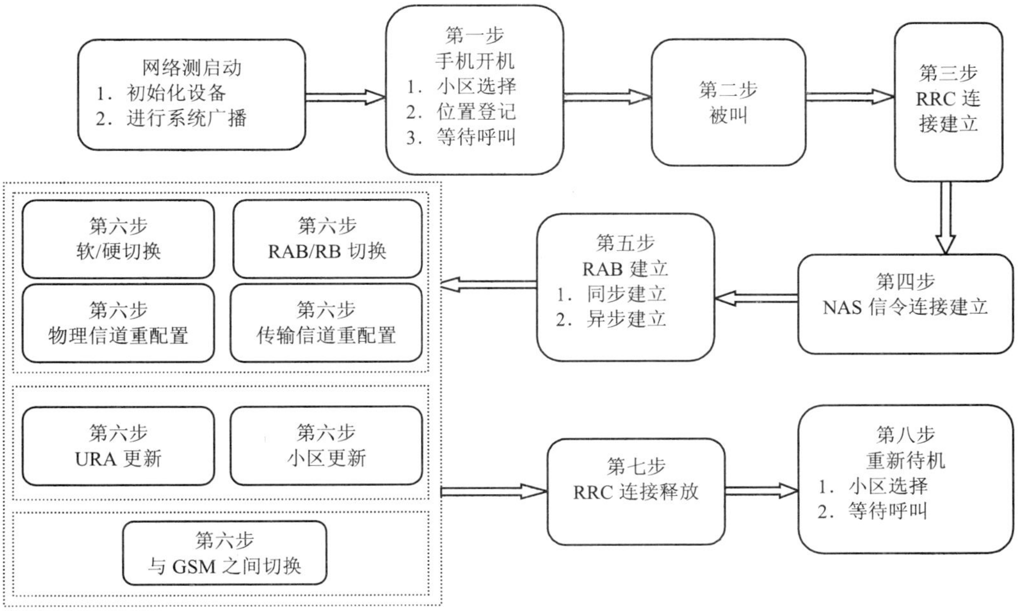

图 5-8 呼叫总体流程

（1）UE 开机，首先进行接入层的信令交互。此时首先进行 PLMN 选择，选择某个运营商的网络；接着进行小区选择，驻留到一个合适的小区；然后进行位置登记，向核心网报告自己所在的位置信息。

（2）UE 处在待机状态，此时从网络侧对其进行寻呼。

（3）然后进行 RRC 连接建立和 Iu 接口的信令连接建立。至此，通过这些接入层的信令流程，在 UE 和 CN 之间搭建起了一条信令通道，为非接入层的信令流程做好了准备。

（4）接着 UE 和 CN 之间便开始进行非接入层的移动性管理流程了，其中包括鉴权、加密等流程。对于 PS 业务，此时用户还可能会进行附着流程。

（5）当通过鉴权等流程后，UE 便进行非接入层的业务相关流程了，包括电路域的呼叫连接流程、分组域的会话管理流程。通过这些流程为进行业务搭建好了业务承载的链路。随后用户就可以开始打电话、上网了。

（6）由于移动通信具有移动性的特点，所以就产生了很多处理移动性相关的流程。比如，当用户不进行业务的时候产生了位置改变，由此便产生了小区更新等移动性管理的流程；当用户进行业务的时候发生了位置变化，由此便产生了切换、SRNS 重定位等流程。另外，由于 WCDMA 是支持可变速率业务的系统，当进行中的业务属性改变时（比如业务带宽改变时），就会触发信道重配置流程。

（7）当用户结束业务后，同样会进行电路域的呼叫连接流程、分组域的会话管理流程、拆除业务承载链路。此时如果用户关机的话，则 UE 和 CN 之间进行非接入层的移动性管理流程，进行电路域、分组域的分离。

（8）等非接入层的信令交互结束后，系统会进行接入层的信令流程，拆除之前建立的 Iu 信令连接，以及 RRC 信令连接。

至此，一个用户从开机，进行业务，到关机的整个流程便结束了。其中可以看到，这个业务过程是需要接入层的信令流程和非接入层的信令流程互相配合完成的。接入层的流程为非接入层的流程搭建信号承载。

5.4 UE 的工作状态

UE 有两种运行模式：空闲模式和连接模式。

由于 WCDMA 是支持多业务的系统，它不但能支持实时性要求很高的语音业务，也能支持突发性强、速率可变的数据业务。为了提高系统资源利用率，连接模式下有四种状态，分别是 CELL_DCH、CELL_FACH、CELL_PCH 和 URA_PCH 状态。这四种状态下 UE 和 UTRAN 的交互能力是不同的。会话类业务不需要 CELL_FACH、CELL_PCH、和 URA_PCH 状态，而其他三类业务需要使用这三种状态。

当 UE 完成 RRC 连接建立时，UE 从空闲模式转移到连接模式的 CELL_DCH 或 CELL_FACH 状态。RRC 连接是 UE 和 UTRAN 的 RRC 协议实体之间的一个点对点的双向连接。也可以说空闲模式和连接模式重要的区别在于，连接模式有 RRC 连接而空闲模式没有。连接模式下 UE 有且只有一个 RRC 连接。

5.4.1 空闲模式

UE 上电后，处于待机状态，没有业务存在，此时 UE 就处于空闲模式。在空闲模式下 UE 和接入层没有连接，接入层没有任何有关此 UE 的信息。但非接入层可以用非接入层标识如 I MSI、T MSI 或 P-T MSI 等来区分 UE。

5.4.2 CELL_DCH 状态

CELL_DCH 状态有如下特征：

- 在上行和下行给 UE 分配了一个专用物理信道；
- 根据 UE 当前的活动集可以知道 UE 所在的小区；
- UE 可以使用专用传输信道、下行/上行共享传输信道或这些传输信道的组合。

UE 进入 CELL_DCH 状态有如下两种方法：

- UE 在空闲模式下，RRC 连接建立在专用信道上，因此 UE 从空闲模式进入 CELL_DCH 状态；
- UE 处于 CELL_FACH 状态下使用公共传输信道，通过信道切换后使用专用传输信道，UE 从 CELL_FACH 状态进入 CELL_DCH 状态。

5.4.3 CELL_FACH 状态

CELL_FACH 状态具有如下特征：

- 没有给 UE 分配专用传输信道；
- UE 连续监听一个下行 FACH 信道；
- 为 UE 分配了一个默认的上行公共信道（例如 RACH）或上行共享传输信道，使之能够在接入过程中的任何时间内使用；
- UE 的位置在小区级为 UTRAN 所知，具体为 UE 最近一次发起小区更新时报告的小区。

在 CELL_FACH 状态，UE 执行下面的动作：

- 监听一个 FACH；
- 监听当前服务小区的 BCH 传输信道，解码系统消息；
- 在服务小区变为另一个 UTRAN 小区时，发起一个小区更新过程；
- 除非选择了一个新小区，否则使用在当前小区中分配的 C-RNTI 作为公共传输信道上的 UE 标识。
- 在 RACH 上传送上行控制信令和小数据包。

在 CELL_FACH 状态下，如果数据业务在一段时间里未被激活，UE 将进入 CELL_PCH 状态，以减少功率的损耗。并且，当 UE 暂时脱离 CELL_PCH 状态，在 CELL_FACH 状态执行小区更新，更新完成后，如果 UE 和网络侧均无数据传输需求，它将返回 CELL_PCH 状态。

5.4.4 CELL_PCH 状态

CELL_PCH 状态具有如下特征：

- 没有为 UE 分配专用信道；

➢ UE 使用非连续接收（DRX）技术，在某个特定的寻呼时刻监听 PCH 传输信道上的信息；

➢ 不能有任何上行的活动；

➢ UE 的位置在小区级为 UTRAN 所知，具体为 UE 在 CELL_FACH 状态时最近一次发起小区更新时所报告的小区。

在 CELL_PCH 状态，UE 进行以下活动：

➢ 根据 DRX 周期监听寻呼时刻，并接收 PCH 上的寻呼消息；

➢ 监听当前服务小区的 BCH 传输信道，以解码系统消息；

➢ 当小区改变时发起小区更新过程。

在该状态下不能使用 DCCH 逻辑信道。如果网络试图发起任何活动，它需要在 UE 所在小区的 PCCH 逻辑信道上发送一个寻呼请求。

UE 转换到 CELL_FACH 状态的方式有两种：一是通过 UTRAN 寻呼，二是通过任何 UE 发起的上行接入。

在 CELL_PCH 状态，没有资源分配给数据传输用。因此，如果 UE 有数据要传送（比如要进行小区更新流程），需要首先迁移到 CELL_FACH 状态。

5.4.5 URA_PCH 状态

URA（UTRAN Registration Area）是多个小区的集合。一个 URA 包含多个 CELL，一个 CELL 也可以属于多个 URA，两者是多对多的关系。

URA_PCH 状态具有如下特征：

➢ 没有为 UE 分配专用信道；

➢ UE 使用 DRX 技术，在某个特定的寻呼时刻监听 PCH 传输信道上的信息；

➢ 不能有任何上行的活动；

➢ UE 的位置在 URA 级为 UTRAN 所知，具体为 UE 在 CELL_FACH 状态时最近一次发起 URA 更新时所报告的 URA。

在 URA_PCH 状态，UE 进行以下活动：

➢ 根据 DRX 周期监听寻呼时刻，并接收 PCH 上的寻呼消息；

➢ 监听当前服务小区的 BCH 传输信道，以解码系统消息；

➢ 当 URA 改变时发起 URA 更新过程。

在该状态下不能使用 DCCH 逻辑信道。如果网络试图发起任何活动，它需要在 UE 所在 URA 的 PCCH 逻辑信道上发送寻呼请求。

在 URA_PCH 状态，没有资源分配给数据传输用。因此，如果 UE 有数据要传送，需要首先转换到 CELL_FACH 状态。

5.5 空闲模式下的 UE

5.5.1 概述

当 UE 开机后或在漫游中，它的首要任务就是找到网络并和网络取得联系，只有这样，才能获得网络的服务。因此，空闲模式下 UE 的行为对于 UE 是至关重要的。那么，UE 是如何完成这个功能的呢？本节就来介绍这个过程。

UE 在空闲模式下的行为可以细分为 PLMN 选择和重选、小区的选择和重选以及位置登记。这三个过程之间的关系如图 5-9 所示。

当 UE 开机后，首先应该选择一个 PLMN。当选中了一个 PLMN 后，就开始选择属于这个 PLMN 的小区。当找到这样一个小区之后，根据小区选择准则，判断是否是适合驻留的小区，如果符合小区选择准则，则紧接着，UE 就会发起位置登记过程。成功后，UE 就驻留在这个小区中了。驻留的作用有以下四点：

- 使 UE 可以接收 PLMN 广播的系统信息；
- 可以在小区内发起随机接入过程；
- 可以接收网络的寻呼；
- 可以接收小区广播业务。

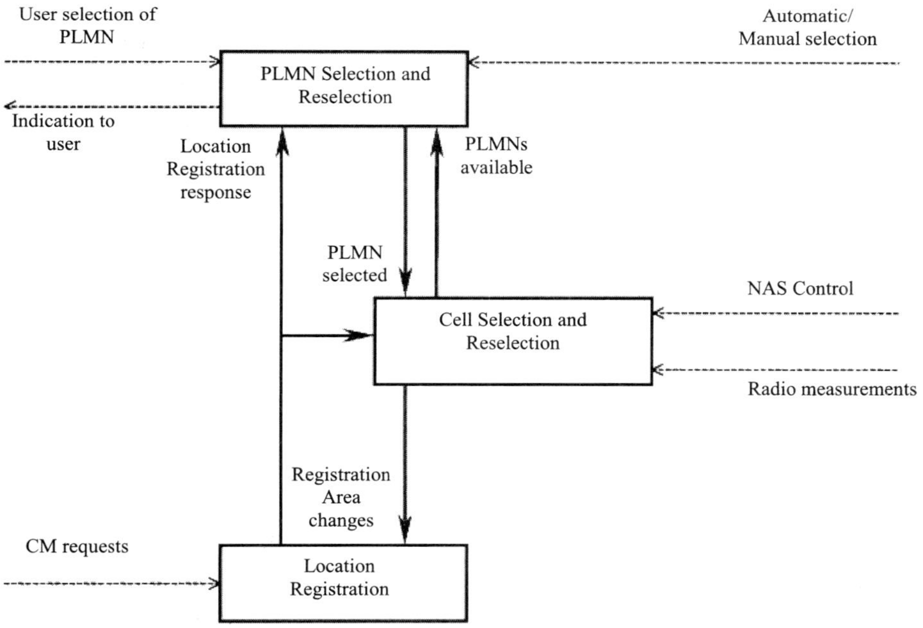

图 5-9 空闲模式下的 UE

当 UE 驻留在小区中，并登记成功后，随着 UE 的移动，当前小区和邻近小区的信号质量都在不断变化，UE 就要选择一个最合适的小区，这就是小区重选过程。

当UE完成小区重选，选择了另外一个小区后，发现这个小区属于另外一个LA或者RA，UE就要发起位置登记过程，使非接入层获得最新的UE的位置信息。UE通过系统广播信息中的SIB1发现LA或者RA的变化。

如果位置登记或者更新不成功，比如当网络拒绝UE时，或者UE超出了当前的PLMN覆盖区时，UE可以进行PLMN重选，以选择另外一个可用的PLMN。

5.5.2 PLMN选择和重选

PLMN选择和重选的目的是选择一个可用的（能提供正常业务的）、最好的PLMN。UE通过什么来达到这一目的呢？UE会维护一个PLMN列表，这些列表将PLMN按照优先级排列，然后从高优先级向下搜索，找到的自然是最高优先级的PLMN。另外，PLMN选择和重选的模式有两种：自动和手动。简而言之，自动选网就是UE按照PLMN的优先级顺序自动地选择一个 PLMN；手动选网，就是将当前的所有可用网络呈现给用户，将权利交给用户，由用户选择一个PLMN。

5.5.3 小区选择和重选

当PLMN选定之后，就要进行小区选择，目的是选择一个属于这个PLMN的合适的小区。

首先，如果UE存有这个PLMN的一些相关信息，比如频率、扰码等，UE就会首先使用这些信息进行小区搜索（Stored Information Cell Selection）。这样就可以较快地找到网络。因为大多数情况下，UE都是在同一个地点关机和开机，比如晚上关机、早晨开机等等。这些信息保存在USIM卡中或者在手机的固定存储器（non-volatile memory）中。

1. 小区选择

小区选择的过程大致如下。

1）小区搜索

小区搜索的目的是找到一个WCDMA的小区，尽管它可能不属于选择的PLMN。小区搜索的步骤如下（当然，首先要锁定一个频率）：

通过P-SCH，UE获得时隙同步。时隙同步后，就要进行帧同步。帧同步是使用S-SCH的同步码实现的。这一过程同时也确定了这个小区的扰码组。然后，UE通过对扰码组中的每一个扰码在CPICH上相关，直到找到相关结果最大的一个，这就确定了主扰码。

显然，如果UE已经知道这个小区的一些信息，比如使用的频率或者主扰码，上述步骤就可以大大加速。

2）读广播信道

UE从小区搜索的步骤中获得了P-CCPCH的扰码，而P-CCPCH的信道码是已知的，在整个UTRAN中是一样的，UE就可以读广播信道的信息了。

读到MIB后，UE就可以判断当前找到的PLMN是否就是要找的PLMN，因为在MIB中有PLMN identity域。如果是，UE就根据MIB中包含的其他SIB的调度信息（Scheduling Information），找到其他的SIB并获得其内容；如果不是，UE只好再找下一个频率，又要从头开始这个过程（从小区搜索开始）。

如果当前 PLMN 是 UE 要找的 PLMN，UE 读 SIB3，取得“小区选择和重选信息（Cell Selection and Re-selection Info）”，通过获取这些信息，UE 计算是否满足小区驻留标准。如果满足，则 UE 认为此小区即为一个合适的小区，然后 UE 驻留下来，并读其他所需要的系统信息，随后 UE 将发起位置登记过程；如果不满足上述条件，UE 读 SIB11，获取邻区消息，这样 UE 就可以算出并判断邻区是否满足小区选择驻留标准。如果 UE 发现了任何一个邻区满足小区驻留标准，UE 就驻留在此小区中，再读其他所需要的系统信息，随后 UE 将发起位置登记过程。

如果 UE 发现没有一个小区满足小区驻留标准，UE 就认为没有覆盖，就会继续 PLMN 选择和重选过程。

2. 小区重选

UE 在非 CELL_DCH 状态下，当满足一定条件后，监测当前小区和邻区的信号质量，以选择一个最好的小区提供服务，这就是小区重选过程（Cell Re-selection）。如果在小区重选定时器时长（Treselection）内，小区重选条件得到满足，UE 就选择这个小区驻留下来，读取它的广播消息，小区重选结束。

3. 离开连接模式的小区选择

当 UE 从连接模式回到空闲模式时，要做小区选择，以找到一个合适的小区（Suitable Cell）。这个选择过程和普通的小区选择过程是一样的。不过此时选的小区就是连接模式时用到的小区。如果在这些小区中找不到合适的小区，应该使用存储信息小区选择（Stored Information Cell Selection）。

5.5.4 系统信息广播

系统信息广播可以由 Node B 发起，用于系统对小区内所有的 UE 进行广播，为 UE 提供接入层和非接入层的公共信息。其中非接入层的信息包括运营商信息、CN 域信息等；接入层信息包括位置区信息、小区信息、信道信息、小区选择/重选信息等。

1. 系统信息结构

系统信息在 BCCH 逻辑信道上发送，BCCH 逻辑信道可以映射到 BCH 或 FACH 传输信道。系统信息包含 MIB（Master Information Block，主信息块）、SB（Scheduling Block，调度块）、SIB（System Information Block，系统信息块）三种。它们的特点和主要内容如下。

MIB 承载一定数目的 SIB 或 SB 的调度信息。此外，MIB 还可能包含小区支持的 PLMN 类型（即 GSM/ANSI-41）和 PLMN ID 信息。MIB 在 BCH 上有规则地发送，发送时刻固定。其他的实际系统信息内容包含在 SIB 中。SB 承载其他 SIB 的调度信息，当 MIB 调度资源不够时采用 SB。

三种系统消息块按照树形结构组织。SIB 的调度信息通过 MIB 或 SB 承载。此外，MIB 还可能承载 1～2 个 SB 的参考信息和时间信息。

由于受到 BCH 或 FACH 传输信道传输格式的限制，一条系统消息（System

Information）可以包含多个 SIB 或者包含一个 SIB 的一部分。系统信息（System Information）需要与 BCH 或 FACH 传输块的大小匹配。

2. 系统信息监听机制

SIB 由性质相近的系统信息单元组合而成，动态参数（即变化频繁的系统参数）和静态参数（即变化很少或不变的系统参数）分别由不同 SIB 承载。

包含动态参数的 SIB，它们的调度时机信息在 MIB 或 SB 的调度信息中描述。在每个重复的调度时机，UE 都将有规律地读取包含这些动态参数的 SIB。

对于其他含静态参数的 SIB 类型，以值标签作为标识。值标签作为调度信息的一部分包含在 MIB 或 SB 中。UE 将某类型 SIB 值标签与最近一次读取的同类型值标签进行比较，若值发生改变，UE 将重读该 SIB。因此，对于包含静态参数的 SIB，UE 通过监视 MIB，便可以了解这些 SIB 是否发生了更新。

此外，当系统信息发生改变时，UTRAN 通过在 PCH 传输信道上发送寻呼消息 Paging Type 1，或在 FACH 传输信道上发送系统信息改变指示消息 System Information Change Indication，通知 UE。通过这种机制，改变后的系统信息可以顺利送达所有需要了解这种信息的 UE（空闲模式，以及 CELL_FACH、CELL_PCH 和 URA_PCH 状态）。

3. SIB 及 SIB 类型

SIB 共有 18 种类型。其中，SIB10 在 FACH 传输信道上广播，其他类型的 SIB 在 BCH 传输信道上广播。

4. 系统信息广播信令流程

系统信息广播过程的信令流程如图 5-10 所示。

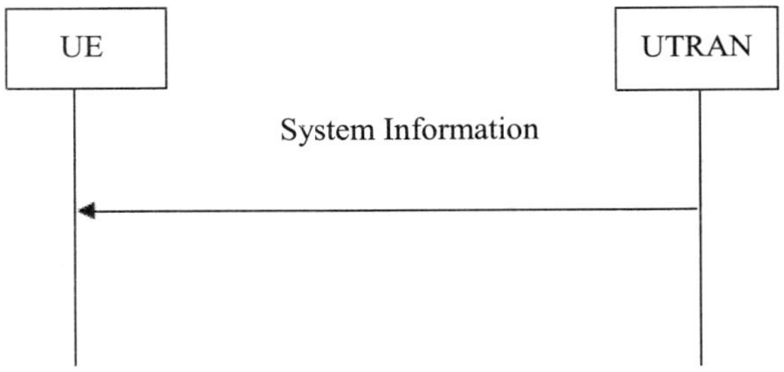

图 5-10　系统消息广播信令流程

UTRAN 向 UE 发送系统信息，内容包含调度信息、系统信息内容等信息。

处于空闲模式，CELL_PCH、CELL_FACH、URA_PCH 状态的 UE，读取 BCH 上广播的系统信息。在空闲模式和连接模式下，多种 SIB 的组合都是合法的，UE 读取认为需要的 SIB 内容，并以小区或 PLMN 为单位存储 SIB，以备重回该小区或 PLMN 之用。

下面是一个系统信息更新的完整实例。信令流程如图 5-11 所示。

该信令流程描述如下。

①RNC 向相关的 Node B 发送 NBAP 系统信息更新请求消息（System Information Update Request），发送系统信息广播请求；

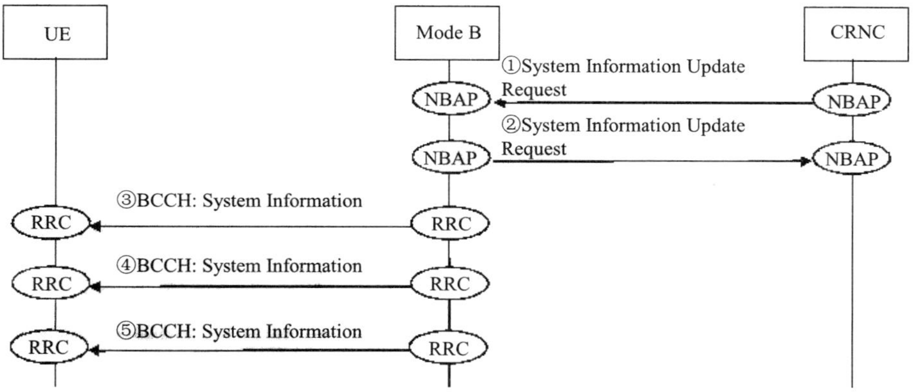

图 5-11　系统信息更新信令流程

②Node B 向 RNC 发送 NBAP 系统信息更新响应消息（System Information Update Response），确认系统信息广播；

③～⑤Node B 在空中接口上发送多条系统信息消息（System Information），进行消息广播。

5. 系统信息修改

系统信息修改有两种方式：值标签方式和定时器方式。

1）采用值标签方式

对于采用值标签方式的 SIB 类型，UTRAN 应向 UE 通告主信息块新的值标签。

对于处于空闲模式，CELL_PCH、URA_PCH 状态的 UE，UTRAN 在小区所有寻呼时机上，通过 PCCH 信道发送寻呼类型 1 消息（Paging Type 1），发送主信息块新的值标签。

对于处于 CELL_FACH 状态下的 UE，UTRAN 通过 BCCH 发送系统信息更新改变指示消息（System Information Change Indication），发送主信息块新的值标签。UE 接收来自 UTRAN 的消息，根据主信息块新的值标签，读取修改后的系统信息。系统信息修改流程如图 5-12、图 5-13 所示。

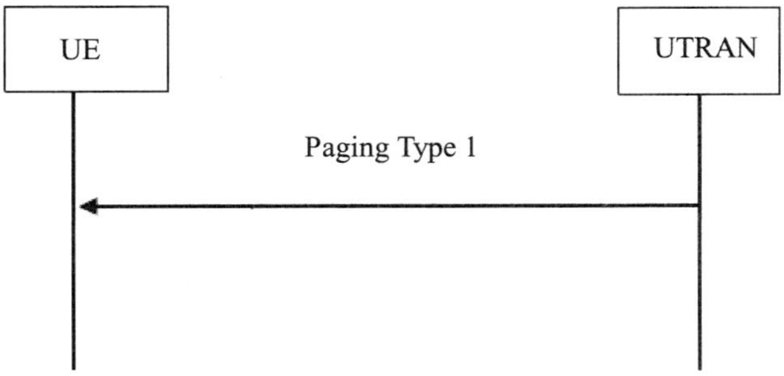

图 5-12　系统信息修改（空闲模式、PCH 状态）信令流程

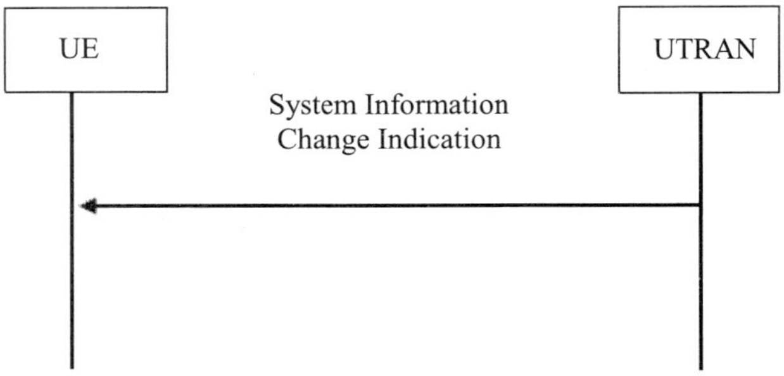

图 5-13　系统信息修改（CELL_FACH 状态）信令流程

2）采用定时器方式

其他的系统信息类型，各自具有定时器。定时器时间到，UE 认为内部存储的系统信息内容不合法，需要重获新的 SIB 内容。

UE 可能会延迟读取 SIB，直到需要使用 SIB 中内容为止。

5.5.5　位置登记

位置区（Location Area）是一个和 CN 相关的区域概念，位置区与多个小区的覆盖区域相对应，与路由区和服务区相关。

位置登记的作用是让非接入层适时掌握 UE 的位置信息。

位置登记过程是由 HLR、MSC/VLR 等实体之间逻辑配合完成的。HLR 记录移动用户当前位置信息和所有用户数据；VLR 记录漫游到由该 VLR 控制位置区的移动用户的相关用户数据；MSC 处理移动用户的位置登记过程，与移动用户对话并与 HLR、VLR 交互信息。由此可知，位置登记主要是由非接入层的网元处理的。接入层的任务就是建立 RRC 连接，为 UE 和非接入层搭建一个位置登记的通道。

引起 UE 发生位置登记的原因有：UE 开机、LA 或 RA 改变和周期性位置登记。

5.6　基本无线信令流程

5.6.1　寻呼流程

与固定通信不同，移动通信中的通信终端的位置不是固定的，为了完成一次被叫，核心网（CN）通过 Iu 接口向 UTRAN 发送寻呼消息，UTRAN 则将 CN 寻呼消息通过 Uu 接口上的寻呼过程发送给 UE，使得被寻呼的 UE 发起与 CN 的信令连接建立过程。

由于 WCDMA 是支持并发业务的系统，所以当 UTRAN 收到某个 CN 域（CS 域或 PS 域）的寻呼消息时，首先需要判断 UE 是否已经和 CN 域建立了信令连接。如果没有建立信令连接，UE 处于空闲模式，那么 UTRAN 只能知道 UE 当前所在的位置区，并通过寻呼控制信道将寻呼消息发送给 UE，这就是 Paging Type 1 消息；如果已经建立信令连接，UE 处于连接模式的 CELL_PCH 或 URA_PCH 状态下，UTRAN 在小区或 URA 区范围内通过寻呼控制信道将寻呼消息发送给 UE，这也是 Paging Type 1 消息。如果已经建立信令连接，UE 处于连接模式的 CELL_DCH 或 CELL_FACH 状态下，UTRAN 就可以知道 UE 当前活动于哪条信道上，并通过专用控制信道将寻呼消息发送给 UE，这就是 Paging Type 2 消息。因此针对 UE 所处的模式和状态，寻呼可以分为以下两种类型。

1. 寻呼空闲模式或 PCH 状态下的 UE

如图 5-14 所示，这一类型的寻呼过程使用 PCCH（寻呼控制信道）寻呼处于空闲模式、CELL_PCH 或 URA_PCH 状态的 UE，用于向被选择的 UE 发送寻呼信息，其作用有如下三点：

- 为了建立一次呼叫或一条信令连接，网络侧的高层发起寻呼过程；
- 为了将 UE 的状态从 CELL_PCH 或 URA_PCH 状态迁移到 CELL_FACH 状态，UTRAN 发起寻呼以触发 UE 状态的迁移；
- 当系统消息发生改变时，UTRAN 发起空闲模式、CELL_PCH 和 URA_PCH 状态下的寻呼，以触发 UE 读取更新后的系统信息。

图 5-14 寻呼空闲模式和 PCH 状态下的 UE

UTRAN 通过在 PCCH 上一个适当的寻呼时刻发送一条 Paging Type 1 消息来启动寻呼过程，该寻呼时刻和 UE 的 I MSI 有关。UTRAN 可以选择在几个寻呼时机重复寻呼一个 UE，以增加 UE 正确接收寻呼消息的可能。

2. 寻呼 CELL_DCH 或 CELL_FACH 状态下的 UE

如图 5-15 所示，这一类型的寻呼过程用于向处于连接模式、CELL_DCH 或 CELL_FACH 状态的某个 UE 发送专用寻呼信息。

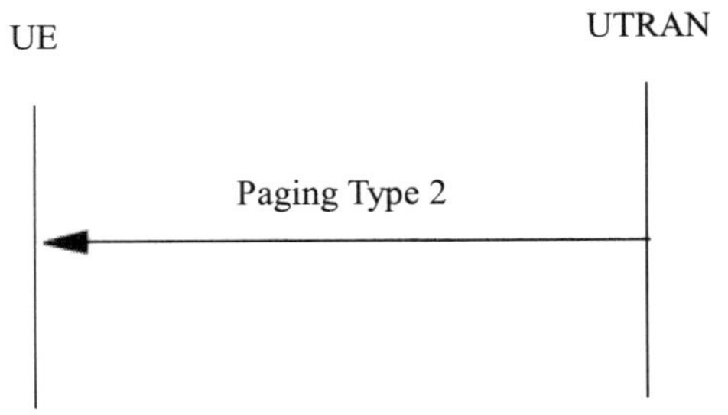

图 5-15 寻呼 CELL_DCH 或 CELL_FACH 状态下的 UE

对于处于连接模式 CELL_DCH 或 CELL_FACH 状态的 UE，UTRAN 通过在 DCCH（专用控制信道）上发送一条 Paging Type 2 消息来发起寻呼过程。这种寻呼也叫作专用寻呼过程。

5.6.2 RRC 连接建立流程

UE 处于空闲模式下，当 UE 的非接入层请求建立信令连接时，UE 将发起 RRC 连接建立过程。每个 UE 最多只能有一个 RRC 连接。

当 SRNC 接收到 UE 的 RRC Connection Request 消息后，由其无线资源管理模块（RRM）根据特定的算法确定是接受还是拒绝该 RRC 连接建立请求，如果接受，则再判决是建立在专用信道还是公共信道。对于 RRC 连接建立使用不同的信道，RRC 连接建立流程也不一样。

1. RRC 连接建立在专用信道上

RRC 连接建立在专用信道上的流程如图 5-16 所示。

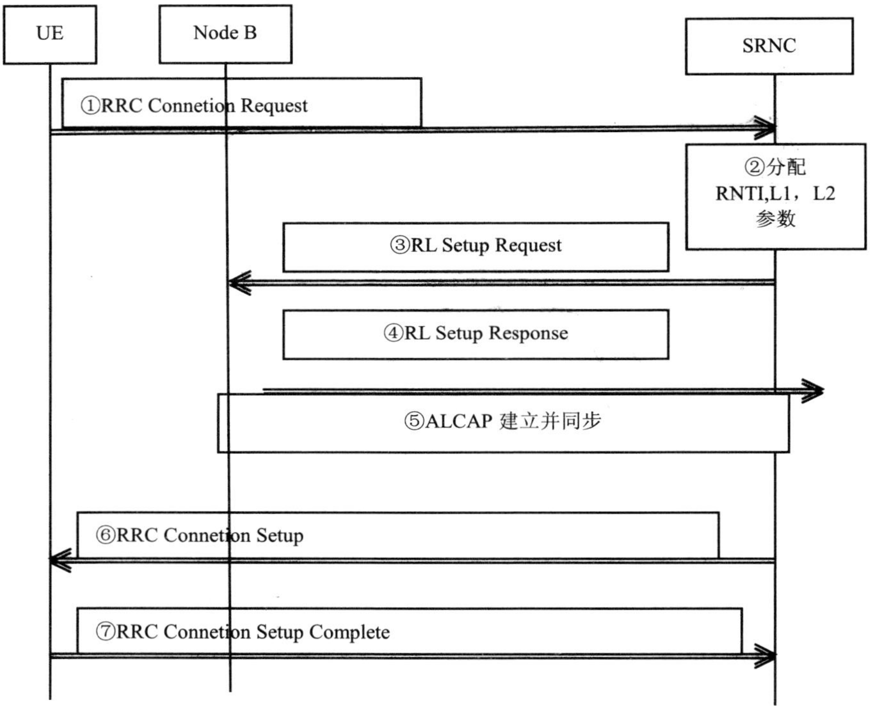

图 5-16 RRC 连接建立在专用信道上

该信令流程描述如下。

①UE 在上行 CCCH/RACH 上发送一个 RRC Connection Request 消息，请求建立一条 RRC 连接。该消息中带有 UE 发起 RRC 连接的原因（比如是会话类业务的主叫、被叫或位置登记等），以及 UE 的标识（如 IMSI、TMSI、P-TMSI 等）；

②SRNC 根据 RRC 连接请求的原因以及系统资源状态，决定 UE 建立在专用信道上，并分配 RNTI 和 L1、L2 资源；

③SRNC 通过 Iub 接口控制面向 Node B 发送 Radio Link Setup Request 消息，请求 Node B 分配 RRC 连接所需的特定 L1 的无线链路资源（比如下行信道化码、上行扰码、下行初始发射功率等）；

④Node B 资源准备成功后，向 SRNC 应答 Radio Link Setup Response 消息；

⑤SRNC 使用 ALCAP 协议发起 Iub 接口用户面传输承载的建立，并完成 RNC 与 Node B 之间的传输信道同步过程；

⑥SRNC 在下行 CCCH/FACH 向 UE 发送 RRC Connection Setup 消息，告诉 UEUTRAN 给这条 RRC 连接设置的 L1、L2 参数（如 RNTI、RLC 层模式等）；

⑦UE 在上行 DCCH/DCH 向 SRNC 发送 RRC Connection Setup Complete 消息。

至此，RRC 连接建立过程结束。

2. RRC 连接建立在公共信道上

当 RRC 连接建立在公共信道上时，因为用的是已经建立好的小区公共资源，所以这里无须建立无线链路和用户面的数据传输承载，其余过程与 RRC 连接建立在专用信道相似。

5.6.3 NAS 信令建立流程

直传消息指 UE 与 CN 之间的信令交互 NAS 信息，如鉴权、业务请求、连接建立等，由于这些消息在 RNC 透明传输，所以又叫直传消息。

RRC 连接建立的只是 UE 与 RNC 之间的信令连接，因此为了传送直传消息，还需要继续建立 UE 与 CN 之间的信令连接。RNC 在收到第一条直传消息，即初始直传消息（Initial Direct Transfer）时，将建立与 CN 之间的信令连接，该连接建立于 SCCP 之上。

信令连接建立成功后，UE 发送到 CN 的消息，通过上行直传消息（Uplink Direct Transfer）发送到 RNC，RNC 将其转换为直传消息（Direct Transfer）发送到 CN；CN 发送到 UE 的消息，通过直传消息（Direct Transfer）发送到 RNC，RNC 将其转换为下行直传消息（Downlink Direct Transfer）发送到 UE。

1. 初始直传

初始直传过程的基本流程如图 5-17 所示。

该信令流程描述如下。

①RRC 连接建立后，UE 通过 RRC 连接向 RNC 发送初始直传消息（Initial Direct Transfer），消息中携带 UE 发送到 CN 的初始 NAS 信息内容以及 CN 标识等内容。

②RNC 接收到 UE 的初始直传消息，通过 Iu 接口向 CN 发送 SCCP 连接请求消息 CR，消息数据为 RNC 向 CN 发送的初始 UE 消息（Initial UE Message），该消息包含 UE 发送到 CN 的消息内容。

③如果 CN 准备接受连接请求，则向 RNC 回 SCCP 连接证实消息（Connection Confirm），表明 SCCP 连接建立成功。RNC 接收到该消息，确认信令连接建立成功。

④如果 CN 不能接受连接请求，则向 RNC 回 SCCP 连接拒绝消息（Connection Refuse），SCCP 连接建立失败。RNC 接收到该消息，确认信令连接建立失败，则发起 RRC 释放过程。初始直传过程结束。

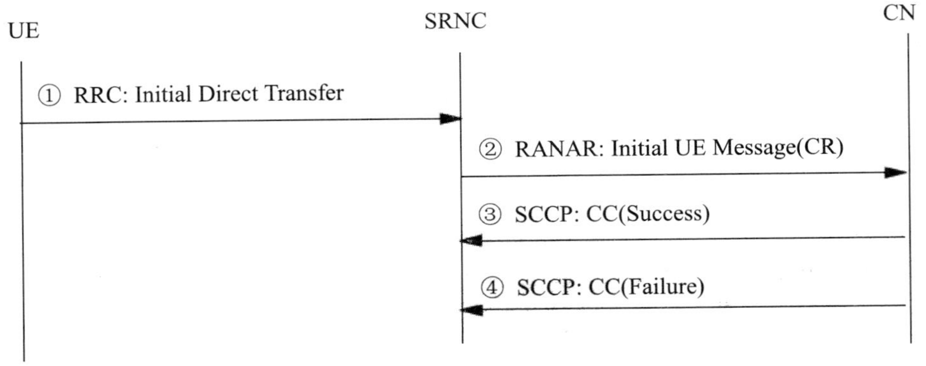

图 5-17　初始信令建立过程

对于初始直传过程中携带的 NAS 内容，CN 将通过下行直传过程把对这种服务的接受或拒绝信息发送给 UE。

2. 上行直传

当 UE 需要在已存在的信令连接上向 CN 发送 NAS 消息时，将发起上行直传过程。上行直传的信令流程如图 5-18 所示。

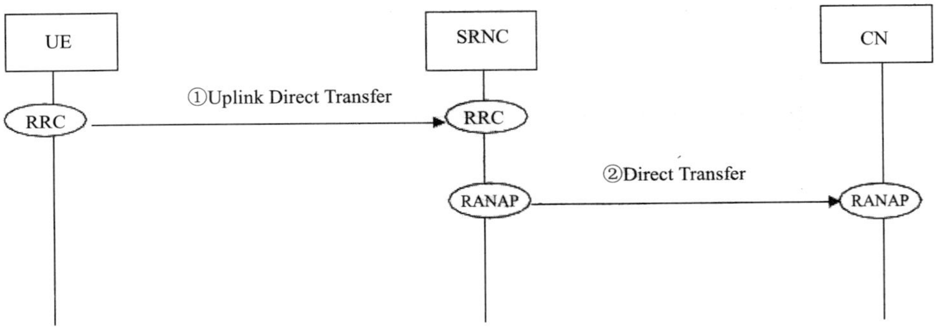

图 5-18　上行直传信令流程

该信令流程描述如下：

①UE 向 RNC 发送上行直传消息（Uplink Direct Transfer），发起上行直传过程。消息中包含 NAS 消息、CN 标识等信息；

②RNC 按照消息中包含的 CN 标识，进行路由，将其中包含的 NAS 信息内容，通过 Iu 接口的直传消息（Direct Transfer）发送到 CN。上行直传过程结束。

3. 下行直传

当 CN 需要在已存在的信令连接上向 UE 发送 NAS 消息时，发起下行直传过程。下行直传的信令流程如图 5-19 所示。

该信令流程描述如下。

①CN 向 RNC 发送直传消息（Direct Transfer），发起下行直传过程。消息中包含 NAS 消息。

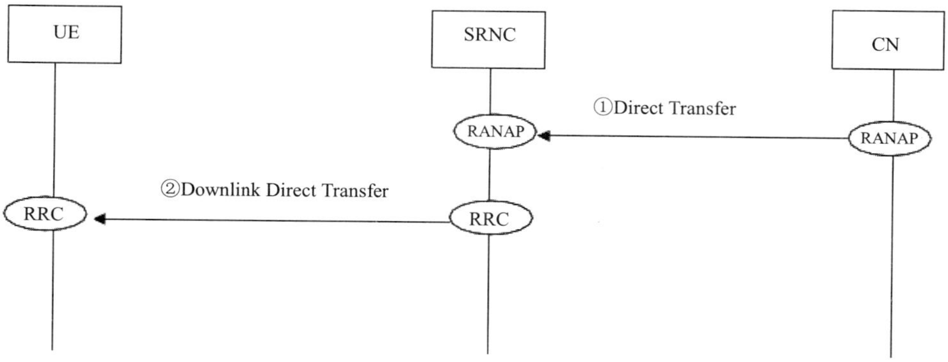

图 5-19 下行直传信令流程

②UTRAN 通过下行 DCCH 信道采用 AMR LC 方式，发送下行直传消息（Downlink Direct Transfer），消息中携带 CN 发送到 UE 的 NAS 信息内容，以及 CN 标识。

③UE 接收并读取下行直传消息（Downlink Direct Transfer）中携带的 NAS 消息内容。若接收到的消息包含协议错误，UE 将在上行 DCCH 上采用 AMR LC 方式发送 RRC 状态消息（RRC Status）。下行直传过程结束。

5.6.4 RAB 建立流程

RAB 是指用户平面的承载，用于 UE 和 CN 之间传送语音、数据及多媒体业务。UE 首先要完成 RRC 连接建立，然后才能建立 RAB。

RAB 建立是由 CN 发起，UTRAN 执行的功能，基本流程如下：

- 首先由 CN 向 UTRAN 发送 RAB 指配请求消息，请求 UTRAN 建立 RAB；
- UTRAN 中的 SRNC 发起建立 Iu 接口与 Iub 接口（Iur 接口）的数据传输承载；
- SRNC 向 UE 发起 RB 建立请求；
- UE 完成 RB 建立，向 SRNC 回应 RB 建立完成消息；
- SRNC 向 CN 应答 RAB 指配响应消息，结束 RAB 建立流程。

当 RAB 建立成功以后，一个基本的呼叫即建立，UE 进入通话过程。

根据无线资源使用情况（RRC 连接建立时的无线资源状态与 RAB 建立时的无线资源状态），可以将 RAB 的建立流程分成以下三种情况：

- DCH-DCH：RRC 使用 DCH，RAB 准备使用 DCH；
- RACH/FACH-RACH/FACH：RRC 使用 CCH，RAB 准备使用 CCH；
- RACH/FACH-DCH：RRC 使用 CCH，而 RAB 准备使用 DCH。

下面给出第一种情况下（DCH-DCH）的 RAB 建立流程的具体过程描述。

UE 当前的 RRC 状态为专用传输信道（DCH）时，指配的 RAB 只能建立在专用传输信道上。根据无线链路（RL）重配置情况，RAB 建立流程可分为同步重配置 RL（DCH-DCH）与异步重配置 RL（DCH-DCH）两种情况，二者的区别在于 Node B 与 UE 接收到 SRNC 下发的配置消息后，能否立即启用新的配置参数。

同步情况下，Node B 与 UE 在接收到 SRNC 下发的配置消息后，不能立即启用新的配置参数，而是从消息中获取 SRNC 规定的同步时间，在同步时刻，同时启用新的配置参数；异步情况下，Node B 与 UE 在接收到 SRNC 下发的配置消息后，将立即启用新的配置参数。

1. 同步重配置 RL

在 DCH-DCH 同步情况下，需要 SRNC、Node B 与 UE 之间同步重配置 RL。

Node B 在接收到 SRNC 下发的重配置 RL 消息后，不能立即启用新的配置参数，而是准备好相应的无线资源，等待接收到 SRNC 下发的重配置执行消息，从消息中获取 SRNC 规定的同步时间；

UE 在接收到 SRNC 下发的配置消息后，也不能立即启用新的配置参数，而是从消息中获取 SRNC 规定的同步时间；

在 SRNC 规定的同步时刻，SRNC、Node B 与 UE 同时启用新的配置参数。

图 5-20 给出 RAB 建立流程中 DCH-DCH 同步重配置 RL 的过程。

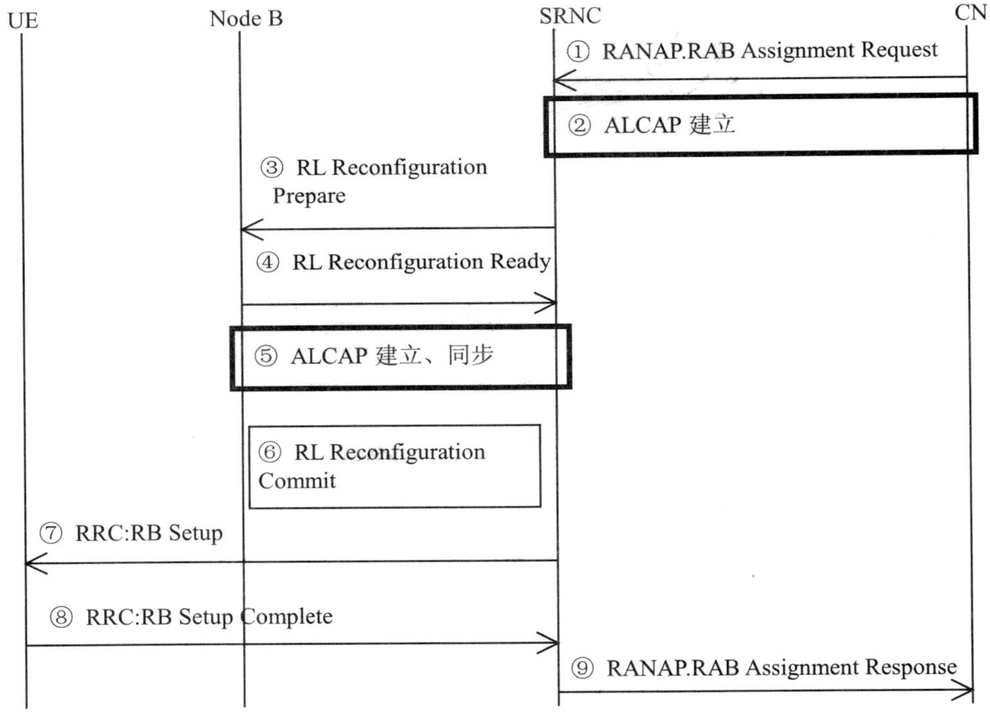

图 5-20 RAB 建立流程（DCH-DCH，同步）

该信令流程说明如下。

①CN 向 UTRAN 发送 RANAP 协议的 RAB 指配请求消息（Radio Access Bearer Assignment Request），发起 RAB 建立请求；

②SRNC 接收到 RAB 建立请求后，将 RAB 的 QoS 参数映射为 AAL2 链路特性参数与无线资源特性参数，Iu 接口的 ALCAP 根据其中的 AAL2 链路特性参数发起 Iu 接口的用户面传输承载建立过程（适用于 Iu-CS 接口），对于 Iu-PS 接口则不存在这个过程；

③SRNC 向下属的 Node B 发送 NBAP 协议的无线链路重配置准备消息（Radio Link Reconfiguration Prepare），请求下属的 Node B 准备在已有的无线链路上增加一条（或多条）承载 RAB 的专用传输信道（DCH）；

④Node B 分配相应的资源，然后向所属的 SRNC 发送无线链路重配置完成消息（Radio Link Reconfiguration Ready），通知 SRNC 无线链路重配置准备完成；

⑤SRNC 中 Iub 接口的 ALCAP 发起 Iub 接口的用户面传输承载建立过程，Node B 与 SRNC 通过交换 DCH 帧协议的上下行同步帧建立同步；

⑥SRNC 向属下的 Node B 发送无线链路重配置执行消息（Radio Link Reconfiguration Commit），其中包含重配置同步执行的时间；

⑦SRNC 向 UE 发送 RRC 协议的 RB 建立（Radio Bearer Setup）消息；

⑧UE 执行 RB 建立后，向 SRNC 发送无线承载建立完成消息（Radio Bearer Setup Complete）；

⑨SRNC 接收到无线承载建立完成的消息后，向 CN 回应 RAB 指配响应消息（Radio Access Bearer Assignment Response），结束 RAB 建立流程。

2. 异步重配置 RL

在 DCH-DCH 异步情况下，不要求 SRNC、Node B 与 UE 之间同步重配置 RL，Node B 与 UE 在接收到 SRNC 下发的配置消息后，将立即起用新的配置参数。

图 5-21 给出 RAB 建立流程中 DCH-DCH 异步重配置 RL 的过程。

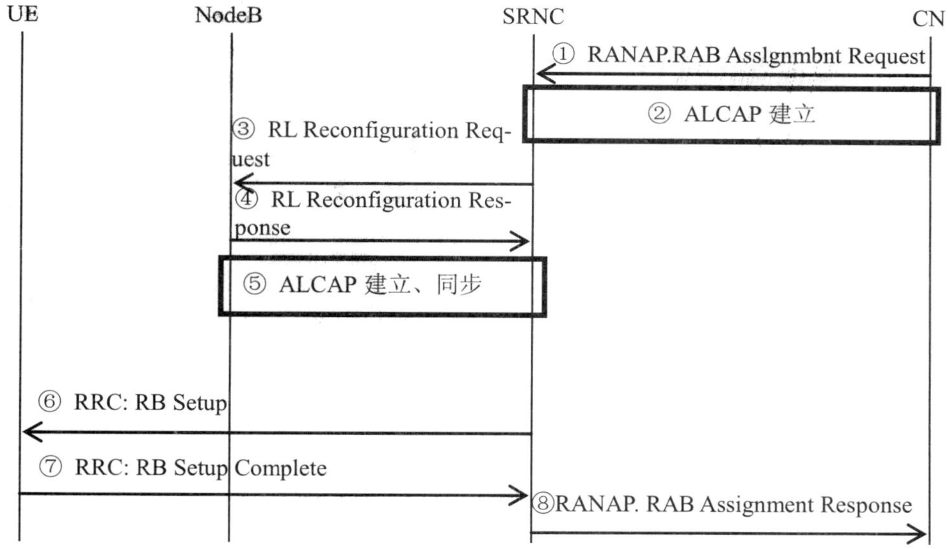

图 5-21 RAB 建立流程（DCHDCH，异步）

该信令流程描述如下。

①CN 向 UTRAN 发送 RANAP 协议的 RAB 指配消息（Radio Access Bearer Assignment Request），发起 RAB 建立请求；

②SRNC 接收到 RAB 建立请求后，将 RAB 的 QoS 参数映射为 AAL2 链路特性参数

与无线资源特性参数，Iu 接口的 ALCAP 根据其中的 AAL2 链路特性参数发起 Iu 接口的用户面传输承载建立过程（适用于 Iu-CS 接口），对于 Iu-PS 接口则不存在这个过程；

③SRNC 向下属的 Node B 发送 NBAP 协议的无线链路重配置请求消息（Radio Link Reconfiguration Request），请求下属的 Node B 在已有的无线链路上建立新的专用传输信道（DCH）；

④Node B 接收到无线链路重配置请求消息后，即分配相应的资源，然后向所属的 SRNC 发送无线链路重配置响应消息（Radio Link Reconfiguration Response），通知 SRNC 无线链路重配置完成；

⑤SRNC 中 Iub 接口的 ALCAP 发起 Iub 接口的用户面传输承载建立过程，Node B 与 SRNC 通过交换 DCH 帧协议的上下行同步帧建立同步；

⑥SRNC 向 UE 发送 RRC 协议的无线承载建立消息（Radio Bearer Setup）；

⑦UE 执行 RB 建立后，向 SRNC 发送无线承载建立完成消息（Radio Bearer Setup Complete）；

⑧SRNC 接收到无线承载建立完成的消息后，向 CN 回应 RAB 指配响应消息（Radio Access Bearer Assignment Response），结束 RAB 建立流程。可以看出，同步重配置和异步重配置从信令流程的角度看，差别在于是否存在无线链路重配置执行（Radio Link Reconfiguration Commit）这条信令。

5.6.5 呼叫释放流程

业务释放流程分为两种类型：高层释放请求由 UE 发起、低层释放请求由 CN 发起。但最终的资源释放过程都是由 CN 发起的。

对于一个 UE，可能存在这样的情况：一条 RRC 连接对应多个 RAB，CS 域和 PS 域各自对应一条 Iu 信令连接。业务释放过程大体分几种情况。

➢当 CS 域进行业务释放时

✧ 如果 CS 域只建立了一个 RAB，那么 CN 发起 Iu 释放命令消息（IU Release Command），RNC 接收到此消息后，将自动释放 Iu 信令连接和 RAB。

✧ 如果 CS 域建立了多个 RAB，那么 CN 将只对需要释放的 RAB 发起 RAB 释放流程，不进行 Iu 信令连接的释放。

业务释放完成后，SRNC 将判断该 RRC 连接是否还有对应的 Iu 信令连接（PS 域），若无，则发起 RRC 连接释放过程。

➢当 PS 域进行业务释放时

✧ 如果 PS 域只建立了一个 RAB，那么 CN 首先对这条 RAB 发起 RAB 释放流程，结束后发送 Iu 释放命令消息（Iu Release Command）再释放 Iu-PS 接口的 Iu 信令连接。

✧ 如果 PS 域建立了多个 RAB，那么 CN 将只对需要释放的 RAB 发起 RAB 释放流程，不进行 Iu 信令连接的释放。

业务释放完成后，SRNC 将判断该 RRC 连接是否还有对应的 Iu 信令连接（CS 域），若无，则发起 RRC 连接释放过程。

1. Iu 信令连接释放

Iu 释放过程用于 CN 释放 Iu 连接，与特定 Iu 连接相关的所有的 UTRAN 资源都要被释放。本过程属于面向连接类型。信令流程如图 5-22 所示。

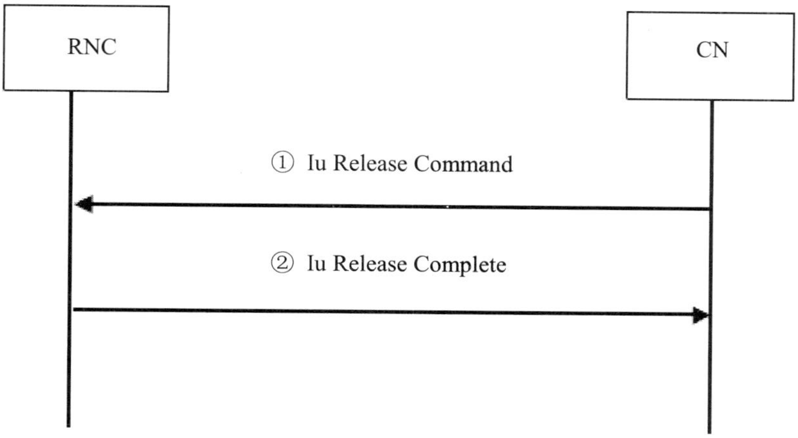

图 5-22 Iu 信令连接释放

①CN 向 UTRAN 发送 Iu 释放命令消息（Iu Release Command），发起信令连接释放过程。消息包含信令连接释放原因（例如“Successful Relocation”“Normal Release”“Release due to UTRAN Generated Reason”“Relocation Cancelled”“No Remaining RAB”）。发送消息后，CN 在这个连接上不再发送任何面向连接的 RANAP 消息。

②当 RNC 接收到消息后，清除 UTRAN 中相关资源，UE 的其他 Iu 信令连接不受影响。RNC 向 CN 发送 Iu 释放完成消息（Iu Release Complete）。Iu 连接释放过程结束。

2. RAB 释放

与 RAB 建立一样，RAB 释放也是 CN 发起由 UTRAN 完成的功能，可以将 RAB 的释放流程分成三种情况：DCH-DCH、CCH-CCH、DCH-CCH。

- DCH-DCH：释放 RAB 前 RRC 使用 DCH，释放后 RRC 使用 DCH；
- CCH-CCH：释放 RAB 前 RRC 使用 CCH，释放后 RRC 使用 CCH；
- DCH-CCH：释放 RAB 前 RRC 使用 DCH，释放后 RRC 使用 CCH。

这里只介绍 DCH-DCH RAB 释放情况，其他情况可以类推。与 RAB 建立过程类似，在无线接口上，DCH-DCH RAB 释放可以分为两种情况：同步重配置无线链路，异步重配置无线链路。

这里只介绍同步重配置无线链路 RAB 释放情况，异步重配置无线链路 RAB 释放情况可以根据 RAB 建立的异步重配置无线链路过程类推。DCH-DCH 同步重配置无线链路 RAB 释放流程如图 5-23 所示。

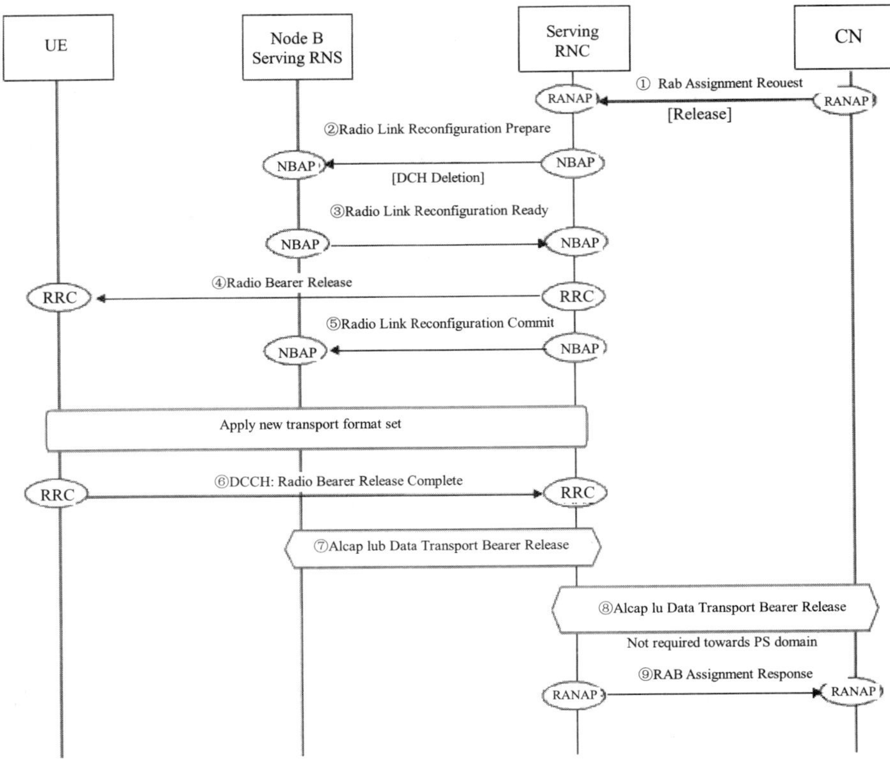

图 5-23　RAB 释放（DCH-DCH，同步）

该信令流程描述如下：

①CN 通过发送 RAB 指配请求消息（RAB Assignment Request）（原因值为 release），启动 RAB 释放过程，消息中指明需要释放的 RAB 的 ID；

②SRNC 向 Node B 发送无线链路重配置准备请求消息（Radio Link Reconfiguration Prepare），请求 Node B 准备释放承载 RAB 的 DCH；

③Node B 向 SRNC 发送无线链路重配置准备完成消息（Radio Link Reconfiguration Ready），通知 SRNC 释放准备已经完成；

④SRNC 向 UE 发送无线承载释放消息（Radio Bearer Release），启动承载释放过程；

⑤SRNC 向 Node B 发送无线链路重配置执行消息（Radio Link Reconfiguration Commit），其中包含重配置同步执行的时间；

⑥SRNC 收到 UE 的无线承载释放完成消息（Radio Bearer Release Complete）；

⑦RNC 通过 ALCAP 协议释放 Iub 接口的数据传输承载；

⑧SRNC 使用 ALCAP 协议，如果是 AAL2 承载，使用 AAL2 释放消息来启动和 CN 之间的 Iu 数据传输承载的释放（对于 PS 域这一步不需要）；

⑨SRNC 向 CN 发送 RANAP 协议 RAB 指配响应消息（RAB Assignment Response），释放过程结束。

需要说明的是，当 RNC 用户面异常时，RNC 将通过 RANAP 协议向 CN 发起 RAB

释放请求消息（RAB Release Request），请求 CN 释放受影响的 RAB。信令流程如图 5-24 所示。

图 5-24 RAB 释放请求

3. CS 域 Iu 信令连接和 RAB 的联合释放

如果 CS 域只建立一种业务，则在进行业务释放时，MSC 将首先向 RNC 发送 Iu 释放命令消息（Iu Release Command），RNC 接收到这条消息后，将同时释放 Iu-CS 接口的 Iu 信令连接和 RAB。

CS 域 Iu 信令连接和 RAB 的联合释放流程如图 5-25 所示。

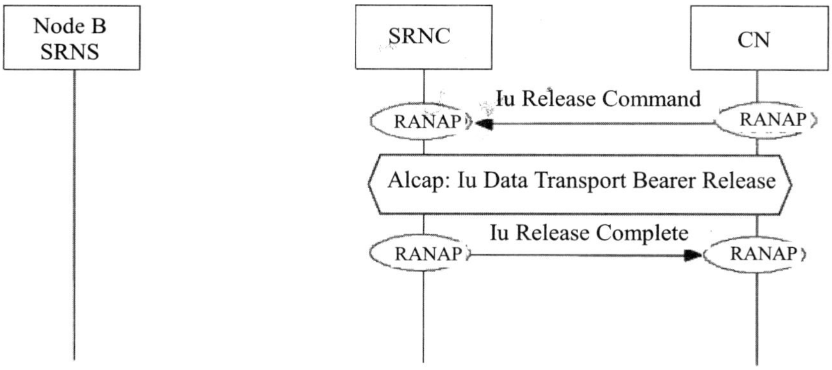

图 5-25 CS 域 Iu 信令连接和 RAB 的联合释放

4. RRC 连接释放

RAB 释放后，SRNC 将判断系统中是否还存在由相同 RRC 承载的 Iu 信令连接。如果 RRC 承载的全部 Iu 信令连接已全部被释放，则释放该 RRC 连接。

RRC 连接释放就是释放 UE 和 UTRAN 之间的信令链路以及全部无线承载，经过 RRC 连接释放过程，无线接口上将释放所有与 UE 相关的信令连接。

根据 RRC 连接所占用的资源情况，RRC 连接释放可进一步划分为两类：释放建立在专用信道上的 RRC 连接、释放建立在公共信道上的 RRC 连接。

RRC 连接释放只能发生在 CELL_DCH 或 CELL_FACH 状态下，如果当前 RRC 连接处于 CELL_PCH 或者 URA_PCH 状态，UTRAN 将先发起寻呼将 UE 状态迁移到 CELL_FACH，再进行 RRC 连接释放。RNC 根据不同情况，在下行 DCCH 或 CCCH 上通过 UMRLC 方式发送 RRC 连接释放消息（RRC Connection Release）。

UTRAN 可能发送多次 RRC 连接释放消息（RRC Connection Release），来提高 UE 正确接收的可靠性。

1）释放建立在专用信道上的 RRC 连接

释放建立在专用信道上的 RRC 连接，信令流程如图 5-26 所示。

该信令流程描述如下。

①SRNC 通过 DCCH 信道向 UE 发送 RRC 连接释放消息(RRC Connection Release)，SRNC 可能发送多次来提高 UE 接收的可靠性；

②UE 向 SRNC 返回 RRC 连接释放完成消息（RRC Connection Release Complete）；

③SRNC 向 Node B 发送无线链路删除请求消息（Radio Link Deletion Request），删除 Node B 中的无线链路资源；

④Node B 资源释放完成后，向 SRNC 返回无线链路删除响应消息(Radio Link Deletion Response）；

⑤RNC 使用 ALCAP 协议发起 Iub 接口用户面传输承载的释放，RRC 释放过程结束。

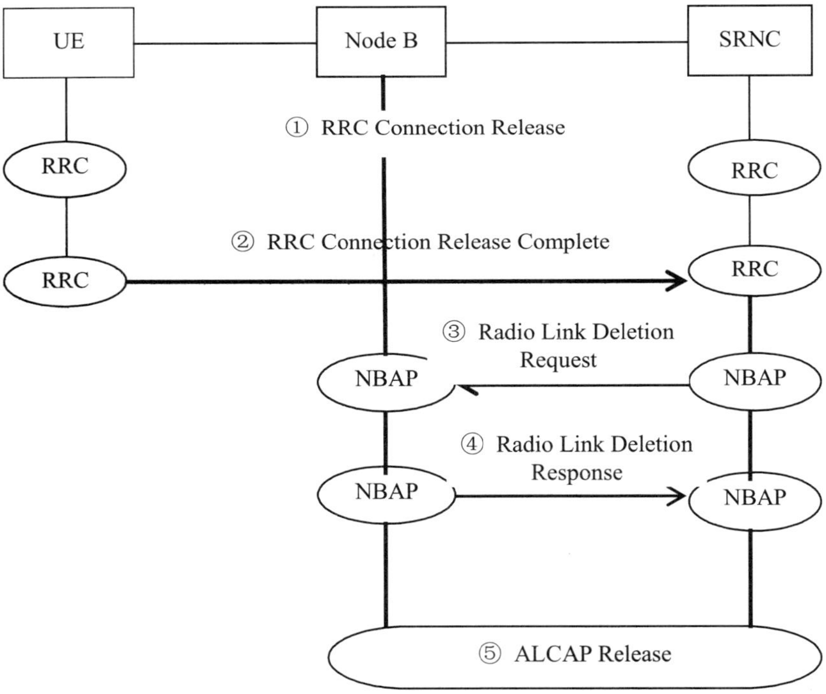

图 5-26 RRC 连接释放（专用信道）

2）释放建立在公用信道上的 RRC 连接

释放建立在公用信道上的 RRC 连接，信令流程如图 5-27 所示。

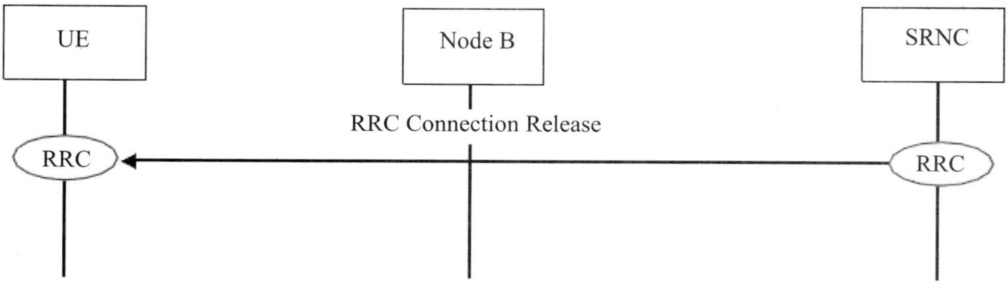

图 5-27 RRC 连接释放（公用信道）

SRNC 通过 CCH 信道向 UE 发送 RRC 连接释放消息（RRC Connection Release），发起 RRC 连接释放过程，UE 释放资源。

释放建立在公用信道上的 RRC 连接时，不需要 RRC 连接释放完成消息（RRC Connection Release Complete）。此外，因为用的是小区公共资源，所以只要直接释放 UE，而不必释放 Node B 资源和数据传输承载。

UTRAN 可能发送多次 RRC 连接释放消息（RRC Connection Release），以提高 UE 正确接收这条消息的可能性，这些消息的 RRC SN（Sequence Number）值相同，重复发送消息数目及发送间隔由网络控制。

5.6.6 切换流程

切换过程是移动通信区别于固定通信的一个显著特征，当 UE 使用的小区或制式（FDD，TDD）发生变化时，我们就说 UE 发生了切换。WCDMA 支持的切换包括软切换、硬切换、前向切换和系统间切换。软切换和硬切换主要是由网络侧发起，前向切换主要是 UE 发起，而系统间切换既有网络侧发起的情况，又有 UE 发起的情况。发生切换的原因包括 UE 的移动、资源的优化配置、人为干预等。

1. 软切换

在 WCDMA 中，由于相邻小区存在同频的情况，UE 可以同时通过多条无线链路与网络进行通信，并通过对多条无线链路进行合并，从而达到优化通信质量的目的。根据小区之间位置的不同，软切换可以分为以下几种情况。第一种情况，切换发生在 Node B 内不同小区之间。这种情况下，无线链路可以在 Node B 内合并，也可以到 SRNC 再进行合并，如果在 Node B 内部就完成了最大比合并，我们称之为更软切换。第二种情况，切换发生在同一 RNC 内不同 Node B 的不同小区之间，无线链路在 SRNC 进行选择性合并。另外还有跨不同 RNC 的切换。

在软切换中，关于邻近小区有以下几个重要的概念。

活动集（Active Set）：指的是 UE 当前正在使用的小区的集合，软切换的执行结果就表现在活动集中小区的增加或减少。

监视集（Monitored Set）：包括那些 UTRAN 下发的邻近小区但不在活动集当中的小区的集合。UE 对监视集中的小区进行测量，当测量结果符合一定的条件时，这些小区可能会被加入活动集，所以有时也称为候选集。

检测集（Detected Set）：UE 已检测到，但既不属于活动集也不属于监视集的小区集合，UTRAN 可以要求 UE 报告检测集小区的测量结果。由于它们不属于邻近小区列表，所以有时也称之为未列出集。

1）软切换过程

软切换的过程可以分为以下几个步骤：

①UE 根据 RNC 给的测量控制信息，对同频的邻近小区进行测量，测量结果经过处理后，上报给 RNC；

②RNC 对上报的测量结果和设定的阈值进行比较，确定哪些小区应该增加，哪些应该删除；

③如果有小区需要增加，先通知 Node B 准备好无线资源；

④RNC 通过活动集更新消息，通知 UE 增加或删除小区；

⑤在 UE 成功进行了活动集更新后，如果删除了小区，则通知 Node B 释放相应的资源。

在进行软切换的过程中，原来的通信不受影响，所以能够完成从一个小区到另一个小区的平滑切换。

2）软切换分类

根据资源使用的不同情况，软切换分为三种类型：无线链路增加、无线链路删除、无线链路替换。

➢ 无线链路增加

无线链路增加信令流程如图 5-28 所示。

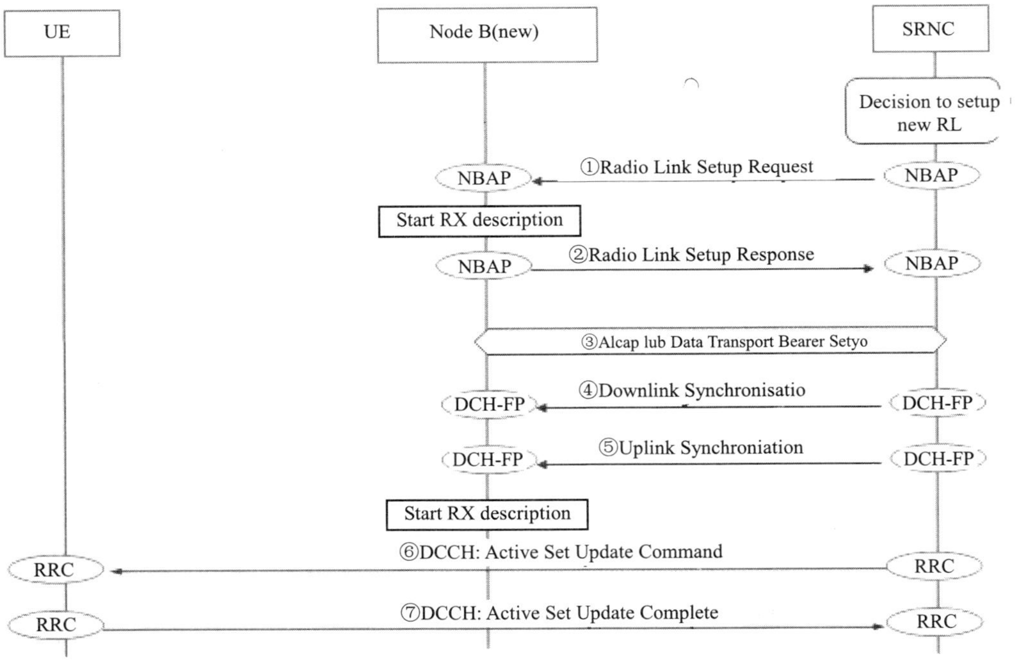

图 5-28　无线链路增加信令流程

该信令流程描述如下。

①收到 UE 发来的要求增加无线链路的测量报告后，RNC 根据资源使用情况在新小区建立一条无线链路。RNC 向该小区的 Node B 发送 Radio Link Setup Request 消息，要求该 Node B 准备相应的 L1 资源，建立一条新的 RL。接着 Node B 启动上行接收。

②新 Node B 根据 RNC 的要求建立了新的 RL 后向 RNC 应答（Radio Link Setup Response）消息，上报资源分配结果。

③SRNC 使用 ALCAP 协议发起 Iub 接口用户面传输承载的建立。

④～⑤完成 RNC 与 Node B 之间的传输信道同步过程，完成同步后，Node B 启动下行发射。

⑥RNC 通过 DCCH 信道向 UE 发送活动集更新消息（无线链路增加）Active Set Update（Radio Link Addition），消息中包含需要增加的 RL 信息。

⑦UE 在活动集中增加相应 RL 信息，通过 DCCH 信道向 RNC 返回活动集更新完成消息（Active Set Update Complete）。无线链路增加的软切换过程结束。

➢ 无线链路删除

无线链路删除信令流程如图 5-29 所示。

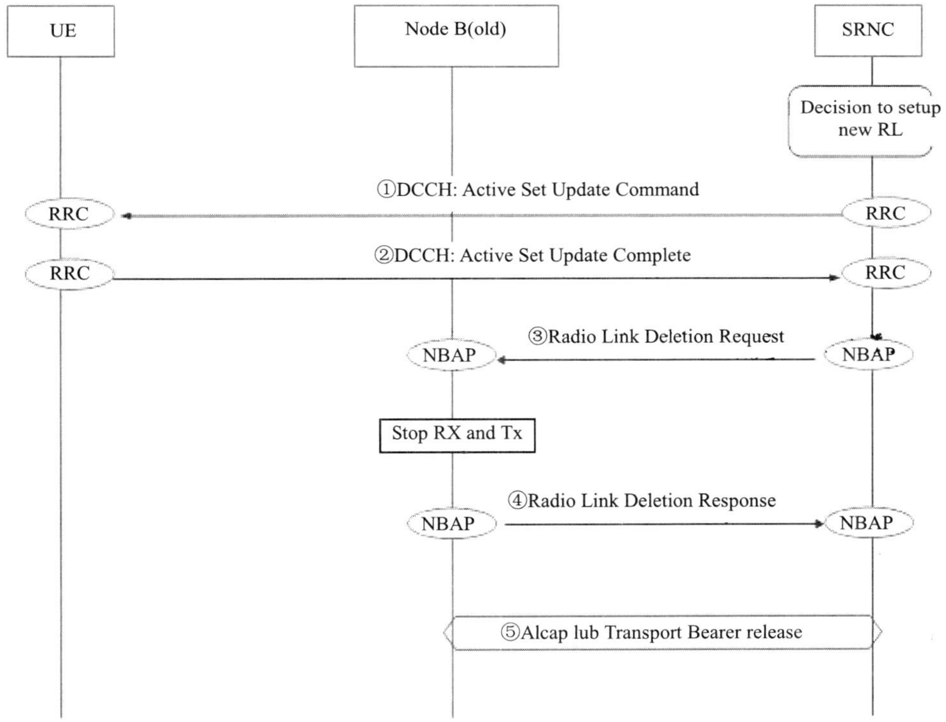

图 5-29 无线链路删除信令流程

该信令流程描述如下。

①收到 UE 发来的要求删除无线链路的测量报告后根据资源使用状况，RNC 决定在

旧 Node B 中删除一条无线链路，于是通过 DCCH 向 UE 发送活动集更新消息（Active Set Update）（Radio Link Deletion），消息中包含需要删除的 RL 内容；

②UE 停止这条无线链路的下行接收，并删除这条无线链路，通过 DCCH 向 RNC 发送活动集更新完成消息（Active Set Update Complete）；

③RNC 向 Node B 发送无线链路删除请求消息（Radio Link Deletion Request），请求 Node B 释放旧的无线链路。Node B 停止该无线链路的发射和接收；

④Node B 释放成功后向 RNC 发送无线链路删除请求消息（Radio Link Deletion Response），报告释放结果；

⑤RNC 采用 ALCAP 协议发起 Iub 数据传输承载释放。

➢ 无线链路替换

当 UE 的活动集中 RL 个数达到最大值且监视集中质量最好的 RL 的质量好于活动集中质量最差的 RL 时，将进行无线链路替换的软切换过程。我们可以把替换事件理解成一个增加事件和一个删除事件的集合。下面以通过由 DRNC 控制的 Node B 的小区替换由 SRNC 控制的 Node B 的小区的过程为例，说明无线链路替换的软切换信令流程。

该信令流程描述如下。

①当收到 UE 上报的请求替换无线链路的测量报告后，根据资源使用状况，SRNC 决定在 DRNC 的新小区建立一条无线链路，于是向 DRNC 发送无线链路建立请求消息（Radio Link Setup Request），申请无线资源。如果这是 DRNC 与 UE 之间的第一条无线链路，还应当在 Iur 接口建立一条信令连接，用于承载与该 UE 相关的 RNSAP 信令。

②DRNC 判断 SRNC 请求资源可用，向目标 Node B 发送 NBAP 协议无线链路建立请求消息（Radio Link Setup Request），Node B 启动上行接收。

③Node B 成功分配 SRNC 请求的资源后，向 DRNC 发送 NBAP 无线链路建立响应消息（Radio Link Setup Response），上报分配结果。

④DRNC 向 SRNC 发送 RNSAP 无线链路建立响应消息(Radio Link Setup Response)。

⑤DRNC 采用 ALCAP 协议发起 Iub 传输承载建立过程。SRNC 采用 ALCAP 协议发起 Iur 传输承载建立过程。

⑥～⑦SRNC 和目标 Node B 之间通过 DCHFP 协议完成 Iub 口和 Iur 口的节点同步。目标 Node B 开始发射。

⑧SRNC 通过 DCCH 向 UE 发送活动集更新消息（无线链路增加&删除）（Active Set Update）（Radio Link Addition & Deletion），消息中包含需要进行替换的两条 RL 的信息。

⑨UE 完成相应 RL 的增加和删除，向 Node B 发送活动集更新完成消息（Active Set Update Complete）。

⑩SRNC 向原 Node B 发送 NBAP 无线链路删除请求消息（Radio Link Deletion Request），请求释放已分配的无线资源。原 Node B 停止接收和发射。

⑪原 Node B 释放无线资源成功后，向 SRNC 发送 NBAP 无线链路删除响应消息（Radio Link Deletion Response），报告释放结果。

⑫SRNC 采用 ALCAP 协议发起 Iub 数据传输承载释放。

2. 硬切换

硬切换就是 UE 先中断跟原来小区的通信，然后再从新小区接入的过程。根据硬切换前后工作频率的变化情况，硬切换分为同频硬切换和异频硬切换。它们的最大特点是 UE 和原通信小区的无线链路先断开，再接入新小区的无线链路。由于它的性能不如软切换，因此一般软切换无法进行时，才会进行硬切换。

当 UE 在不同 RNC 之间发生硬切换时，将同时伴随迁移，一般把这种迁移叫作硬切换伴随迁移。

硬切换的目标小区可以没有经过测量，只适合于紧急情况下的硬切换，但失败率较高。更常见的硬切换同样也要对目标小区先进行测量，但一般 UE 只配一个收发信机，不能同时对两个频点的信号进行通信，所以为了 UE 能进行异频测量，在 WCDMA 中引入了压缩模式技术。压缩模式技术的基本原理如图 5-30 所示，Node B 在发送某些帧（每 10 ms 发送的数据为一帧）的时候，加大发送速率，用少于 10 ms 的时间发送完原来需要 10 ms 时间发送的数据，那么空出来的时间，就让 UE 进行异频测量。具体采用什么方式和在什么时间来加大发送速率，由 RNC 进行控制。

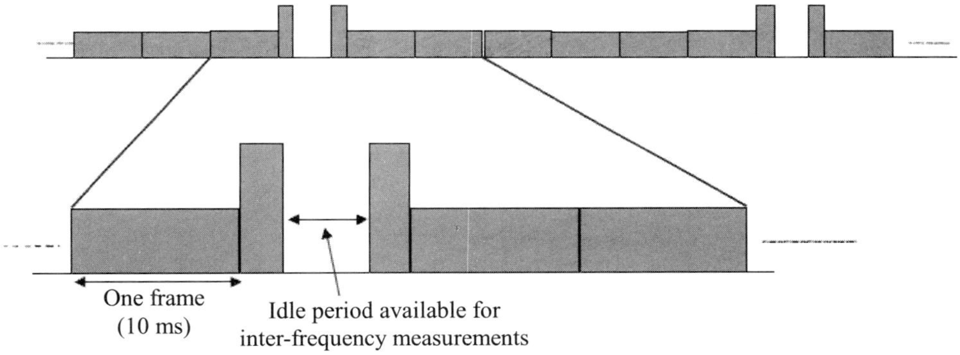

图 5-30 压缩模式原理图

Uu 接口有 5 个信令过程都能够完成硬切换：

（1）物理信道重配置（Physical Channel Reconfiguration）；

（2）传输信道重配置（Transport Channel Reconfiguration）；

（3）RB 建立过程（Radio Bear Setup）；

（4）RB 释放过程（Radio Bear Release）；

（5）RB 重配置过程（Radio Bear Reconfiguration）。

目前绝大多数情况下用物理信道重配置过程完成硬切换。

图 5-31 以物理信道重配置为例给出不同 Node B 之间小区硬切换的信令过程。

该信令流程描述如下。

①SRNC 向目标小区所在的 Node B 发送消息（Radio Link Setup Request），要求其建立一条无线链路。目标小区启动接收。

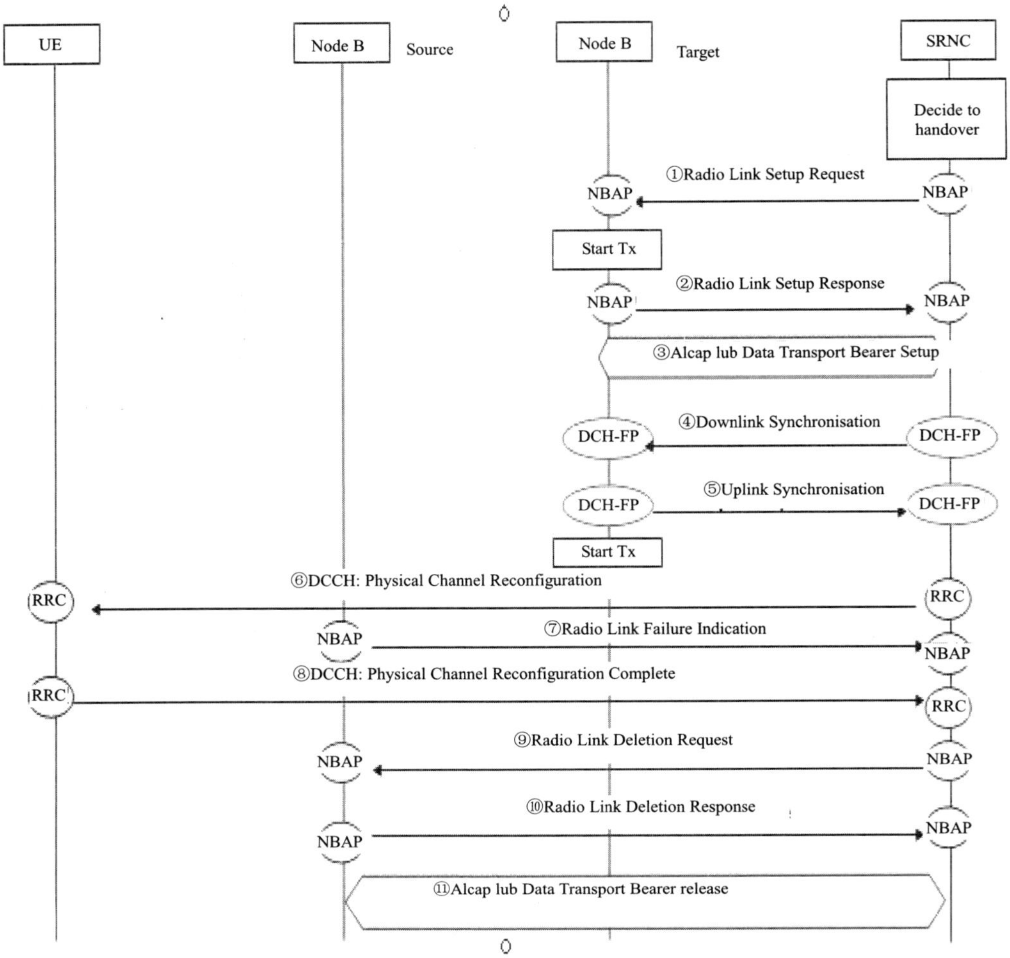

图 5-31　硬切换流程图

②目标小区所在的 Node B 向 SRNC 应答消息（Radio Link Setup Response），表明无线链路建立成功。

③SRNC 采用 ALCAP 协议建立 SRNC 和目标 Node B 的 Iub 接口传输承载。

④～⑤SRNC 和目标 Node B 完成传输信道同步过程，完成同步后，Node B 启动下行发射。

⑥SRNC 通过 Uu 接口下行 DCCH 信道向 UE 发送消息（Physical Channel Reconfiguration），消息中给出目标小区的信息。

⑦在 UE 从原小区切换到目标小区后，原小区 Node B 会检测到无线链路中断，于是向 SRNC 发消息（Radio Link Failure Indication），指示无线链路失败。

⑧UE 在成功切换到目标小区后，通过 DCCH 向 SRNC 发送消息（Physical Channel Reconfiguration Complete），通知 SRNC 物理信道重配置完成。

⑨SRNC 向原小区所在的 Node B 发送消息（Radio Link Deletion Request），删除原

小区的无线链路。

⑩原小区所在的 Node B 完成无线链路资源删除后，向 SRNC 应答消息（Radio Link Deletion Response）。

⑪SRNC 采用 ALCAP 协议释放 SRNC 和原小区所在 Node B 的 Iub 接口的传输承载。

3. 前向切换

前向切换是 RRC 连接移动性管理中的一部分。前向切换分为小区更新和 URA 更新，主要用于当 UE 位置发生改变时及时更新 UTRAN 侧关于 UE 的位置信息，还可以监视 RRC 的连接、切换 RRC 的连接状态，另外还有错误通报和传递信息的作用。不管是小区更新还是 URA 更新，更新过程均是由 UE 主动发起的。

➢ 小区更新

UE 发起小区更新的可能原因有：小区重选，上行数据传输，寻呼响应，周期性小区更新，无线链路失败（CELL_DCH），重进入服务区，RLC 发生不可恢复性错误。

除了 URA_PCH 状态外，处于连接模式的其他三种状态下的 UE 都有可能触发小区更新。由于小区更新时 UE 对 UTRAN 有上行数据传送，所有小区更新的执行一定是在 CELL_FACH 或 CELL_DCH 状态。

对于处于 CELL_PCH 或 CELL_FACH 状态的 UE，因为已经建立 RRC 连接，UE 小区位置为 UTRAN 所知，所以小区更新就是更新网络侧 UE 小区级位置信息的过程。

对不同的连接状态，会有不同的小区更新原因，小区更新流程也不同。小区更新基本流程如图 5-32 所示。

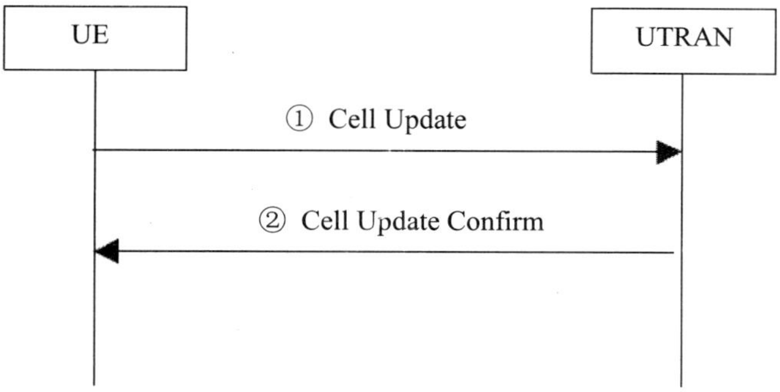

图 5-32 小区更新基本信令流程

该信令流程描述如下。

①UE 向 RNC 发送小区更新消息（Cell Update），启动小区更新流程，消息中包含更新原因、U-RNTI 等内容；

②RNC 向 UE 发送小区更新确认消息（Cell Update Confirm），消息中可能包含传输信道信息、物理信道信息、无线承载信息、新分配的 U-RNTI 等信息。

UE 接收到小区更新确认消息（Cell Update Confirm）后，将启用消息中包含的信息内容，并进行相应的状态迁移。根据消息中包含的不同内容，UE 向 RNC 回复不同种类消息，或不回复任何消息。

UE 可能发送的消息如下：

RB 释放完成消息（Radio Bearer Release Complete）；

RB 重配置完成消息（Radio Bearer Reconfiguration Complete）；

传输信道重配置完成消息（Transport Channel Reconfiguration Complete）；

物理信道重配置完成消息（Physical Channel Reconfiguration Complete）；

UTRAN 移动性信息确认消息（UTRAN Mobility Information Confirm）。

小区更新过程结束。

➢ URA 更新

对于处于 URA_PCH 状态的 UE，存在 RRC 连接，且 UE 在 URA 级的位置为 UTRAN 所知的情况下，URA 更新就是 UE 发起的更新网络侧 URA 位置信息的过程。发起 URA 更新过程的可能原因有：URA 重选，周期性 URA 更新。

URA 更新基本流程如图 5-33 所示。

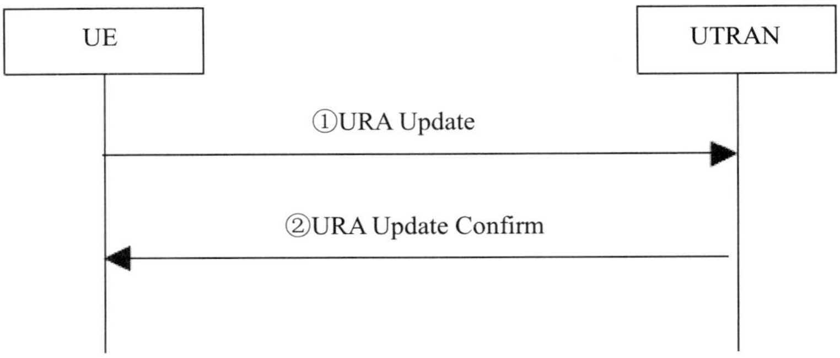

图 5-33 URA 更新基本流程

该信令流程描述如下：

①UE 向 RNC 发送 URA 更新消息（URA Update），发起 URA 更新过程。消息中包含 URA 更新原因值，以及 U-RNTI 等信息单元；

②RNC 向 UE 发送 URA 更新确认消息（URA Update Confirm），消息中可能包含新 C-RNTI 和 U-RNTI，或加密模式信息、完整性保护信息等内容。

UE 接收到 URA 更新确认消息 URA Update Confirm 后，将启用消息中所含的信息，并根据不同情况，向 RNC 发送 UTRAN 移动信息确认消息（UTRAN Mobility Information Confirm），或不发送任何消息。URA 更新过程结束。

下面是发送 UTRAN 移动信息确认消息的 URA 更新过程的例子，如图 5-34 所示。

其中，URA 更新确认消息（URA Update Confirm）包含 RRC 状态指示、RRC 交易 ID，还可能包含 CN 信息单元、完整性保护模式信息、加密模式信息、新 C-RNTI 和 U-RNTI 等信息。UE 启用新参数后，向 RNC 发送物理信道重配置完成消息（Physical Channel Reconfiguration Commplete）。URA 更新过程结束。

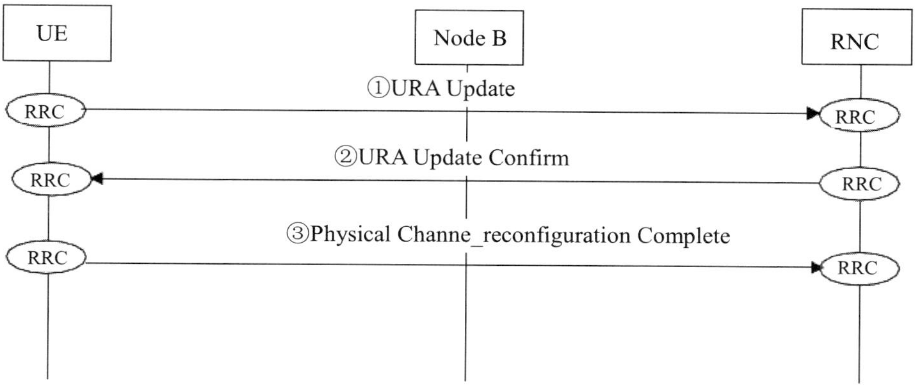

图 5-34 URA 更新流程

4. 系统间切换

系统间切换是指 UE 在 WCDMA 和现存系统（GSM/GPRS）之间进行切换，包括以下三种类型：

➢ WCDMA→GSM 系统间切换：UE 在 WCDMA 系统中建立 CS 域业务，处于 CELL_DCH 状态，系统间切换到 GSM 系统。

➢ GSM→WCDMA 系统间切换：UE 在 GSM 系统中建立 CS 域业务，处于连接模式，系统间切换到 WCDMA 系统。

➢ GSM/GPRS→WCDMA 小区重选过程。

WCDMA→GSM/GPRS 小区重选过程，包括以下三个过程：

➢UE 在 WCDMA 系统中处于 IDLE 模式，进行 WCDMA→GSM/GPRS 小区重选过程；

➢UE 在 WCDMA 系统中建立 PS 域业务，处于 CELL_FACH、CELL_PCH 或者 URA_PCH 状态，UE 发起 WCDMA→GPRS 小区重选；

➢UE 在 WCDMA 系统中建立 PS 域业务，处于 CELL_DCH 或者 CELL_FACH 状态，网络侧发起 WCDMA→GPRS 小区重选。

注：这里只介绍 UTRAN 中的信令。

1）WCDMA→GSM 系统间切换

下面说明从 WCDMA 到 GSM 的系统间切换的基本信令流程。该信令流程描述如下：

①SRNC 判决向 GSM 进行系统间切换，通过 Iu 接口，向 CN 发送要求迁移消息（Relocation Required）；

②CN 向 GSM/ MSC 发送 MAP/E 准备切换消息（Prepare Handover）；

③～④GSM 信令过程，这里仅作为示意；

⑤GSM/ MSC 和 GSM/BSS 完成初始化过程，向 CN 返回 MAP/E 准备切换消息（Prepare Handover）；

⑥CN 向 SRNC 发送 RANAP 迁移命令消息（Relocation Command），作为对 SRNC 初始请求的响应；

⑦SRNC 通过已存在的 RRC 连接，向 UE 发送切换出 UTRAN 命令消息（Handover From Utran Command），命令 UE 进行系统间切换；

⑧GSM 信令流程，这里仅作为示意；

⑨、⑩UE 从 GSM/BSS 接入，发送切换完成消息（Handover Complete）；

⑪GSM/ MSC 在 GSM 覆盖范围内检测到 UE，向 CN 发送 MAP/E 发送结束信令请求消息（Send End Signal Request）；

⑫CN 通过 Iu 释放命令（IU Release Command），发起 SRNC 分配资源的释放过程；

⑬UTRAN 内部释放承载资源，通过 Iu 接口，向 CN 返回释放完成消息（IU Release Complete）；

⑭呼叫完毕，CN 向 GSM/ MSC 发送 MAP/E 发送结束信令响应消息（Send End Signal Response）。过程结束。

2）GSM→WCDMA 系统间切换

下面说明从 GSM 向 WCDMA 进行系统间切换的信令流程。该信令流程描述如下：

①GSM/BSC 向 GSM/ MSC 发送要求切换消息（Handover Required）；

②GSM/ MSC 向 CN 发送 MAP/E 准备切换消息（Prepare Handover）；

③CN 通过 Iu 接口，向目标 RNC 发送切换请求消息（Relocation Request）；

④目标 RNC 向 CN 返回迁移请求应答消息（Relocation Request Acknowledge）；

⑤CN 向 GSM/ MSC 发送 MAP/E 准备切换响应消息（Prepare Handover Response）；

⑥GSM/ MSC 向 GSM/BSC 发送切换命令消息（Handover Command）；

⑦GSM/BSC 向 UE 发送切换命令消息（Handover Command），指示 UE 从 UMTS 目标 RNC 的新小区接入；

⑧目标 RNC 检测到 UE，向 CN 节点发送迁移检测消息（Relocation Detect）；

⑨UE 与目标 RNC 之间建立 RRC 连接，分配必要的无线资源后，向目标 RNC 发送入 UTRAN 切换完成消息（Handover To Utran Complete）；

⑩目标 RNC 向 CN 发送 RANAP 迁移完成消息（Relocation Complete）；

⑪CN 向 GSM/ MSC 发送 MAP/E 发送结束信令请求消息（Send End Signal Request）；

⑫GSM/ MSC 向 GSM/BSC 发送清除命令消息（Clear Command）；

⑬GSM/BSC 向 GSM/ MSC 发送清除完成消息（Clear Complete）；

⑭GSM/ MSC 向 CN 发送 MAP/E 结束信令响应消息（Send End Signal Response），过程结束。

3）GSM/GPRS→WCDMA 小区重选

从 GSM/GPRS 向 WCDMA 进行小区重选的过程如下：

➢ UE 驻留在 GSM/GPRS 小区，通过小区中广播的系统信息得知邻接 WCDMA 小区的信息（下行频点、主扰码等等）以及小区重选参数，根据以上信息确认是否需要小区重选到 WCDMA 小区；

➢ UE 小区重选到一个 WCDMA 小区，读取系统信息，在 WCDMA 系统注册，此过程和位置更新相同，不再详述。

4）WCDMA→GSM/GPRS 小区重选

➢ UE 在 WCDMA 系统中处于 IDLE 状态，进行 WCDMA→GSM/GPRS 小区重选过程：

✧ UE 驻留在 WCDMA 小区，通过小区中广播的系统信息得知邻接 GSM/GPRS 小区的信息以及小区重选参数，根据以上信息确认是否需要小区重选到 GSM/GPRS 小区；

✧ UE 选定一个 GSM/GPRS 小区，读取系统信息，发起注册过程。此过程和 GSM/GPRS 系统中的注册过程相同，不再详述。

➢ 建立 PS 业务之后，处于 CELL_FACH、CELL_PCH 或者 URA_PCH 状态的 UE 可以发起 WCDMA 向 GPRS 的小区重选，其信令流程如图 5-35 所示。

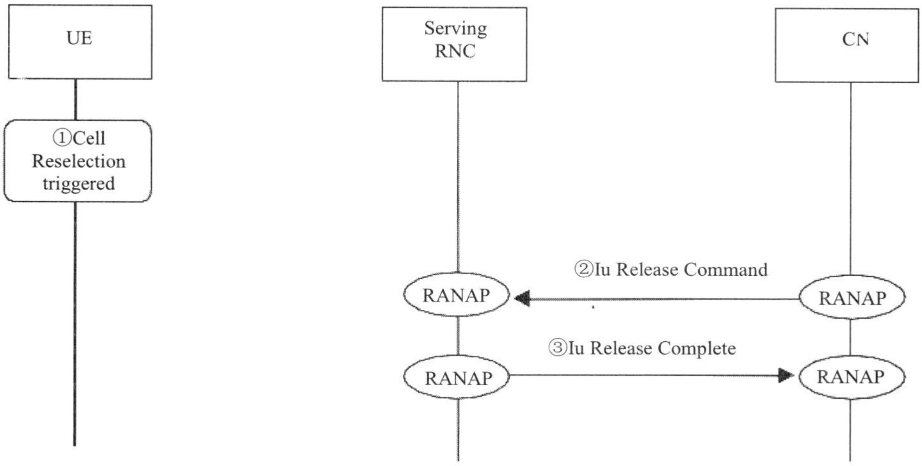

图 5-35　小区重选（UMTS→GPRS，UE 发起）

该信令流程描述如下：

①UE 选中一个 GPRS 小区，读取该小区系统信息，并发起 UE-GPRS 信令连接的建立过程；

②进行必要的 CN-GPRS 准备之后（例如进行 UE 上下文恢复），CN 向 SRNC 发 Iu 释放命令消息（Iu Release Command），发起 Iu 连接释放；

③SRNC 释放成功后，向 CN 返回 Iu 释放完成消息（Iu Release Complete）。

过程结束。

➢ 建立 PS 业务之后，UE 处于 CELL_FACH、CELL_DCH 状态时，如 UE 测量到 GPRS 小区的信号并上报异系统测量报告，网络侧可发起 WCDMA 向 GPRS 的小区重选过程，其信令流程如图 5-36 所示。

该信令流程描述如下。

①基于 UE 的测量结果，SRNC 判决 UE 向 GPRS 小区进行切换，并向 UE 发送出 UTRAN 小区命令消息（Cell Change Order From UTRAN）。接到消息后，UE 进行 UE-GPRS 连接建立。

②进行 CN-GPRS 必要准备之后（例如进行 UE 上下文恢复），CN 向 SRNC 发送释放命令消息（Iu Release Command），在 Iu 接口上发起 RRC 连接释放过程；

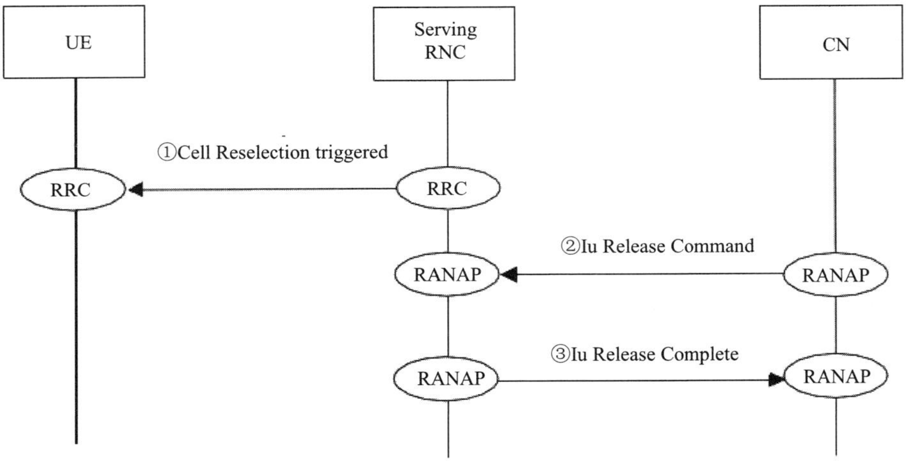

图 5-36　小区重选（UMTS→GPRS，网络侧发起）

③SRNC 释放为 UE 保留的所有资源成功后，向 CN 返回 Iu 释放完成消息（Iu Release Complete）。过程结束。

5.6.7　SRNS 重定位

RNC 迁移指 UE 的 SRNC 从一个 RNC 变成另一个 RNC 的过程，根据 UE 和 DRNC 的连接是否在迁移过程中建立，可将迁移分为 UE 不涉及（UE Not Involved）和 UE 涉及（UE Involved）两种类型。

根据触发迁移的原因又可以将迁移分为以下四种。

静态迁移：在 DRNC 增加 RL 之后导致的迁移。在发生静态迁移之前，UE 就已经在 DRNC 中建立 RL 并和 DRNC 建立连接，因此静态迁移是 UE 不涉及的迁移。

硬切换伴随迁移：进行跨 RNC 的硬切换导致的迁移。硬切换伴随迁移过程中 UE 拆除与 SRNC 的连接，建立与 DRNC 的连接，因此硬切换伴随迁移是 UE 涉及的迁移。

前向切换伴随迁移：UE 在 SRNC 中建立 RRC 连接，此后进入 DRNC 小区中发起前向切换（小区更新或 URA 更新）导致的迁移。在发生前向切换伴随迁移之前 UE 就已经进入 DRNC 并在 DRNC 中发送了 Cell Update 或者 Ura Update 消息，因此前向切换伴随迁移是 UE 不涉及的迁移。

系统间切换：系统间切换过程中 UE 拆除与 SRNC 之间的连接，建立与 GSM 系统之间的连接，因此系统间切换过程是 UE 涉及的迁移。本小节介绍前三种迁移，系统间切换过程在前面的相关章节已有描述。

1. 静态迁移

发生静态迁移的条件是 UE 在 DRNC 中建立 RL，而且只在 DRNC 中有 RL，此时 SRNC 和 DRNC 之间占用了 Iur 接口传输资源，通过迁移过程，释放 SRNC 和 CN 的 Iu 接口连接，释放 SRNC 和 DRNC 之间的 Iur 接口连接，建立 DRNC 和 CN 的 Iu 连接，迁移之后，原 DRNC 变成 SRNC，如图 5-37 所示。

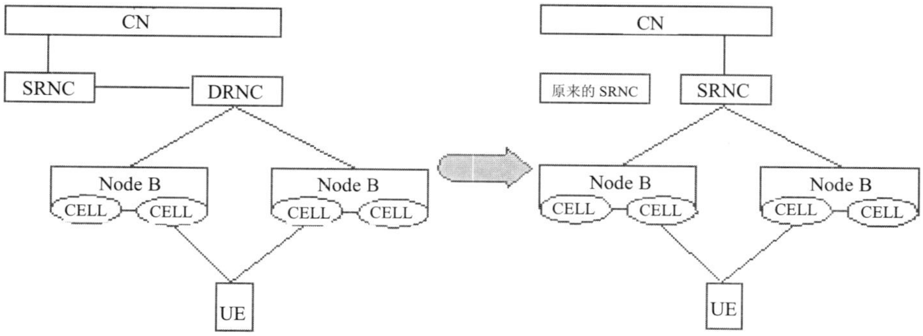

图 5-37 静态迁移过程

静态迁移的信令流程描述如下。

①SRNC 向 SGSN（CN 的 PS 域）发送要求迁移消息（Relocation Required）。

②SRNC 向 MSC（CN 的 CS 域）发送要求迁移消息（Relocation Required）。

③SGSN 向 DRNC 发送迁移请求消息（Relocation Request），要求 DRNC 做好迁移准备（即准备所需资源）。

④ MSC 向 DRNC 发送迁移请求消息（Relocation Request），要求 DRNC 做好迁移准备（即准备所需资源）。

⑤DRNC 采用 ALCAP 协议发起 Iu 接口用户面承载的建立。

⑥DRNC 向 SGSN 发送迁移请求应答消息（Relocation Request Acknowledge），通知 SGSN 迁移所需的资源已经准备好。

⑦DRNC 向 MSC 发送迁移请求应答消息（Relocation Request Acknowledge），通知 MSC 迁移所需的资源已经准备好。

⑧SGSN 向 SRNC 发送迁移命令（Relocation Command），通知 SRNC 可以进行迁移。

⑨ MSC 向 SRNC 发送迁移命令（Relocation Command），通知 SRNC 可以进行迁移。

⑩SRNC 通过 Iur 接口向 DRNC 发送迁移触发消息（Relocation Commit）。如果存在支持无损迁移的 RAB，那么数据转发所需的 PDCP 和 GTP-U 的序列号从这条消息带过去，然后 SRNC 就启动数据转发。DRNC 收到迁移触发消息（Relocation Commit）后成为 SRNC。

⑪新的 SRNC 向 MSC 发送迁移检测消息（Relocation Detect），通知 MSC 检测到迁移触发。

⑫新的 SRNC 向 SGSN 发送迁移检测消息（Relocation Detect），通知 SGSN 检测到迁移触发。

⑬新的 SRNC 向 UE 发送 UTRAN 移动信息消息（Utran Mobility Information），消息中包含新的 U-RNTI 等信息。

⑭UE 向新的 SRNC 发送 UTRAN 移动信息确认消息（Utran Mobility Information Confirm）。

⑮新的 SRNC 向 MSC 发送迁移完成消息（Relocation Complete），通知 MSC 迁移已成功结束。

⑯新的 SRNC 向 SGSN 发送迁移完成消息（Relocation Complete），通知 SGSN 迁移已成功结束。

⑰SGSN 向原 SRNC 发送 Iu 释放命令（Iu Release Command），通知其释放 PS 域的 Iu 连接。

⑱ MSC 向原 SRNC 发送 Iu 释放命令（Iu Release Command），通知其释放 CS 域的 Iu 连接。

⑲原 SRNC 采用 ALCAP 协议发起 Iu 接口用户面承载的释放。

⑳成功释放后，原 SRNC 向 MSC 发送 Iu 释放完成消息（IU Release Complete）。

㉑原 SRNC 向 SGSN 发送 Iu 释放完成消息（IU Release Complete）。静态迁移过程结束。

注：若 UE 在与 CS 域和 PS 域同时存在 Iu 连接时发生迁移，则 CS 域和 PS 域的迁移消息没有时间上的先后限制，以迁移请求消息（Relocation Required）为例，SRNC 可以先给 MSC 发送迁移请求消息（Relocation Required），也可以先给 SGSN 发送迁移请求消息（Relocation Required），下同。

2. 硬切换伴随迁移

硬切换伴随迁移指 UE 从 SRNC 硬切换到目标 RNC，同时 Iu 接口发生变化的过程。由于迁移过程需要 UE 的参与，所以也称之为 UE 涉及的（UE Involved）迁移。伴随迁移连接变化情况如图 5-38 所示。能够完成硬切换的 5 个信令过程都可以用来完成伴随迁移。图 5-39 为硬切换伴随迁移信令流程图。

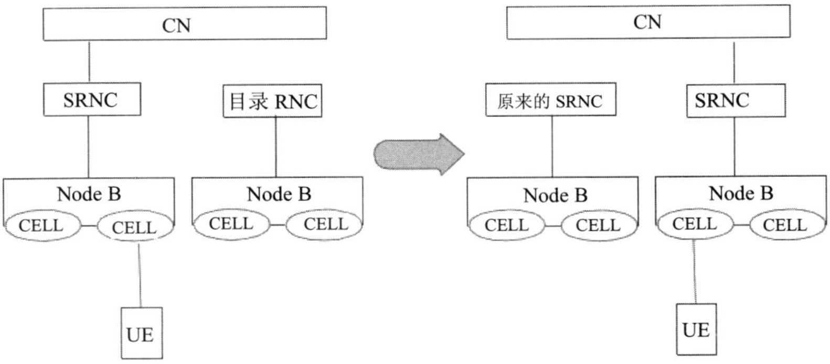

图 5-38　伴随迁移过程

该信令流程描述如下。

①SRNC 向 SGSN 发送请求迁移消息（Relocation Required）。

②SRNC 向 MSC 发送请求迁移消息（Relocation Required）。

③SGSN 向 TRNC（目标 RNC）发送迁移请求消息（Relocation Request），要求 TRNC 做好迁移准备（即准备所需资源）。

④MSC 向 TRNC 发送迁移请求消息（Relocation Request），要求 TRNC 做好迁移准备（即准备所需资源）。

⑤TRNC 采用 ALCAP 协议发起电路域 Iu 接口用户面承载的建立。

⑥TRNC 向 SGSN 发送迁移请求应答消息（Relocation Request Acknowledge），通知 SGSN 迁移所需的资源已经准备好，消息中带有重配置信息，告知 SRNC 具体用 RB 建立、RB 释放、RB 重配置、传输信道重配置、物理信道重配置过程中的哪一个过程来完成伴随迁移。

⑦TRNC 向 MSC 发送迁移请求应答消息（Relocation Request Acknowledge），通知 MSC 迁移所需的资源已经准备好，消息中带有重配置信息，告知 SRNC 用 RB 建立、RB 释放、RB 重配置、传输信道重配置、物理信道重配置过程中的哪一个过程来完成伴随迁移。

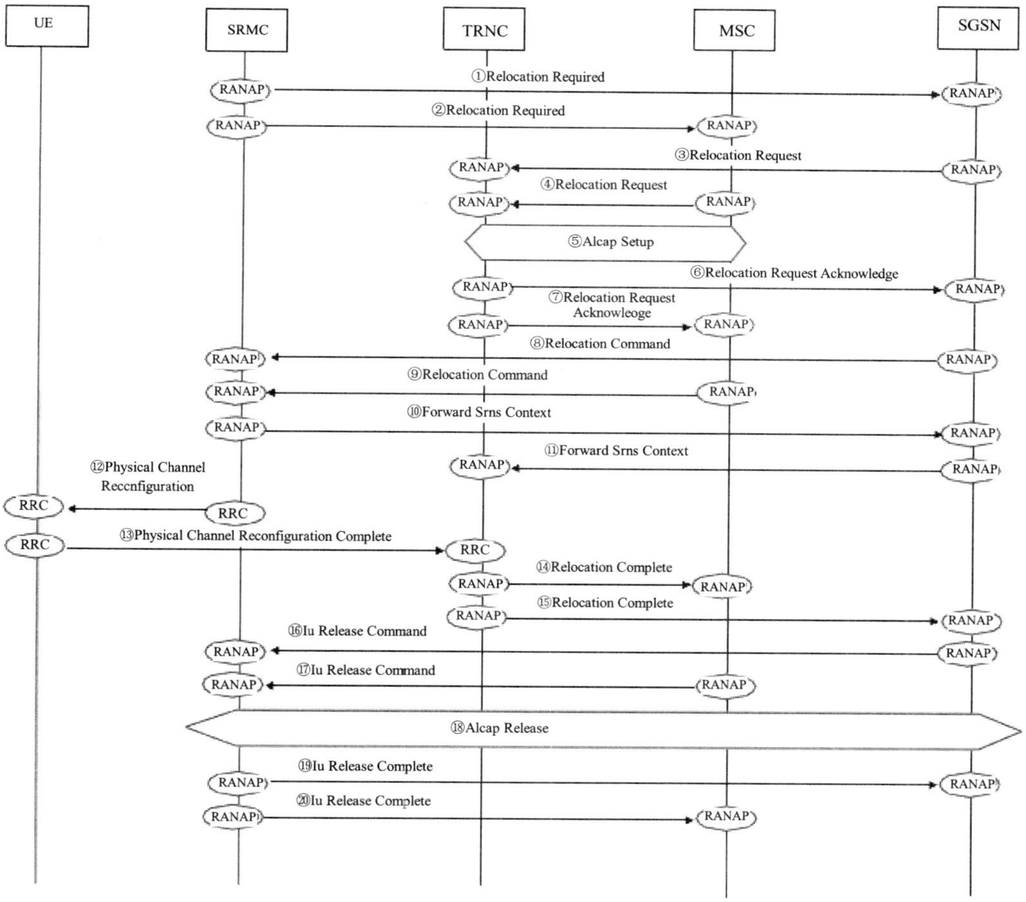

图 5-39　硬切换伴随迁移信令流程

⑧SGSN 向 SRNC 发送迁移命令消息（Relocation Command），消息中带有重配置信息，通知 SRNC 可以进行迁移。

⑨MSC 向 SRNC 发送迁移命令消息（Relocation Command），通知 SRNC 可以进行迁移了。

⑩可选消息。如果存在支持无损迁移的 RAB，则 SRNC 向 SGSN 发送传输 SRNS 上下文消息（Forward Srns Context），指示 SGSN 把数据转发所需的 GTP-U 和 PDCP 序列号信息向目标 RNC 传送，然后执行步骤⑪，否则直接跳至步骤⑫。

⑪可选消息。如果 SGSN 收到 SRNC 的传输 SRNS 上下文消息（Forward Srns Context），则将该消息转发给目标 RNC，消息中包含 SRNC 数据转发所需的 GTP-U 和 PDCP 序列号。

⑫SRNC 向 UE 发送物理信道重配置消息（Physical Channel Reconfiguration），通知 UE 新的物理信道参数。这里具体发送什么消息是由目标 RNC 在准备资源时决定，并通过步骤⑥、⑦、⑧、⑨通知 SRNC。

⑬UE 成功地接入到目标 RNC 后，向目标 RNC 发送物理信道重配置消息（Physical Channel Reconfiguration Complete）。此时切换成功，目标 RNC 成为 UE 的新 SRNC。

⑭目标 RNC 向 MSC 发送迁移完成消息（Relocation Complete），通知 MSC 迁移已成功结束。

⑮目标 RNC 向 SGSN 发送迁移完成消息（Relocation Complete），通知 SGSN 迁移已成功结束。

⑯SGSN 向原 SRNC 发送 Iu 释放命令消息（Iu Release Command），通知其释放 PS 域的 Iu 连接。

⑰MSC 向原 SRNC 发送 Iu 释放命令消息（Iu Release Command），通知其释放 CS 域的 Iu 连接。

⑱原 SRNC 采用 ALCAP 协议发起 Iu 接口用户面承载的释放（包含 Iu-CS 接口和 Iu-PS 接口）。

⑲原 SRNC 向 SGSN 发送 Iu 释放完成消息（Iu Release Complete），指示 Iu 释放完成。

⑳原 SRNC 向 MSC 发送 Iu 释放完成消息（Iu Release Complete），指示 Iu 释放完成。

3. 前向切换伴随迁移

当 UE 在不同 RNC 之间进行前向切换时，有可能发生伴随迁移，称之为前向切换伴随迁移。下面以小区更新伴随迁移为例说明前向切换伴随迁移的信令流程，如图 5-40 所示。

该信令流程描述如下。

①UE 向 DRNC 发送小区更新请求消息（Cell Update），消息中包含 S-RNTI、SRNCID 等信息；

②DRNC 从小区更新请求消息（Cell Update）的 U-RNTI 信元中得到 UE 的 SRNC ID，向 SRNC 发送上行信令发送指示消息（Uplink Signalling Transfer Indication），向 SRNC 指示 UE 请求小区更新；

③SRNC 向 SGSN 发送要求迁移消息（Relocation Required）；

④SGSN 向 DRNC 发送迁移请求消息（Relocation Request），要求 DRNC 做好迁移准备（即准备所需资源）；

⑤DRNC 向 SGSN 发送迁移请求应答消息（Relocation Request Acknowledge），通知 SGSN 迁移所需的资源已经准备好；

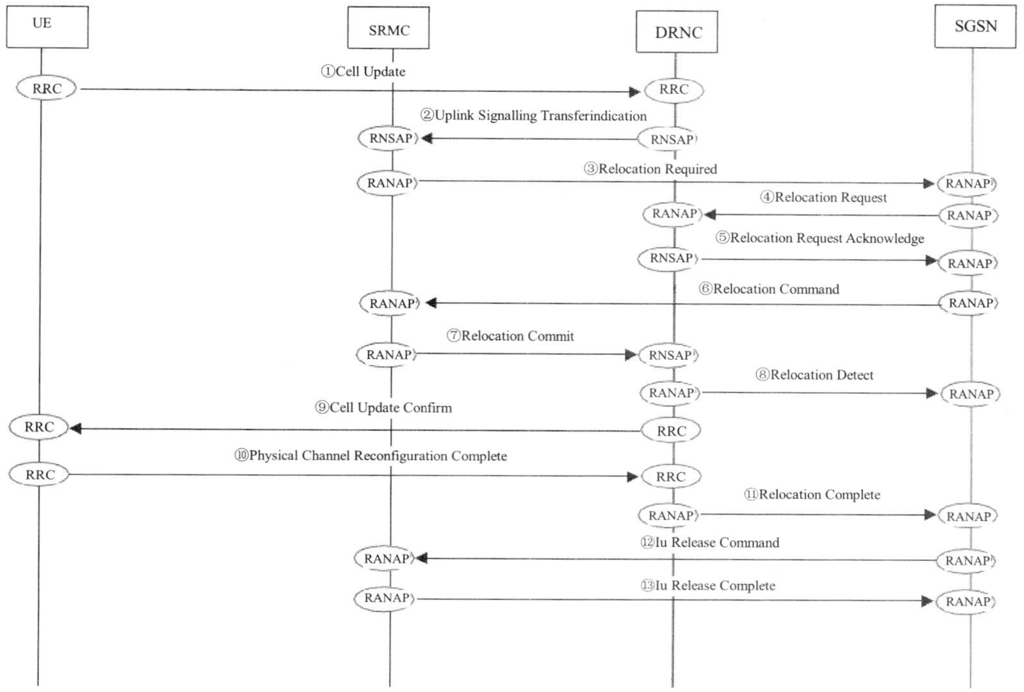

图 5-40　小区更新伴随迁移信令流程

⑥SGSN 向 SRNC 发送迁移命令消息（Relocation Command），通知 SRNC 可以进行迁移；

⑦SRNC 通过 Iur 接口向 DRNC 发送迁移执行消息（Relocation Commit）。如果存在支持无损迁移的 RAB，那么数据转发所需的 PDCP 和 GTP-U 的序列号从这条消息带过去，然后 SRNC 启动数据转发；

⑧DRNC 向 SGSN 发送迁移检测消息（Relocation Detect），通知 SGSN 检测到迁移触发；

⑨DRNC 向 UE 发送小区更新确认消息（Cell Update Confirm），消息中可能包含传输信道信息单元、物理信道信息单元、无线承载信息单元、新的 U-RNTI 等信息；

⑩UE 向 DRNC 发送物理信道重配置完成消息（Physical Channel Reconfiguration Complete）；

⑪DRNC 向 SGSN 发送迁移完成消息（Relocation Complete），通知 SGSN 迁移成功，DRNC 变为 SRNC；

⑫SGSN 向原 SRNC 发送 Iu 释放命令消息（Iu Release Command），通知其释放 PS 域的 Iu 连接；

⑬原 SRNC 成功释放 PS 域的 Iu 连接后，向 SGSN 发送 Iu 释放完成消息（Iu Release Complete），指示 PS 域的 Iu 释放完成；小区更新伴随迁移结束。

5.6.8 动态信道重配置

当用户发起业务请求时，RNC 根据用户请求的 QoS，分配适宜的信道带宽。在业务进行过程当中，RNC 监测业务量测量、下行码发射功率等信息，当业务源速率或空中接口质量发生变化时，调整信道带宽，以尽量满足业务源的需求，这就是动态信道重配置。

RNC 通过空中接口信令，通知 UE 新的无线链路参数（如传输信道重配置、RB 重配置）。其中，传输信道重配置只适用于 UE 状态从 CELL_DCH 转换到 CELL_DCH 的流程，而 RB 重配置适用于所有的状态转换。下面分别进行描述。

1. 传输信道重配置

传输信道重配置用于重配置传输信道参数（如 TFS）。如图 5-41 所示，是通过传输信道重配置完成动态信道重配置过程的信令流程实例，其中传输信道重配置前后 UE 的 RRC 状态都为 CELL_DCH，且为无线链路同步重配置模式。

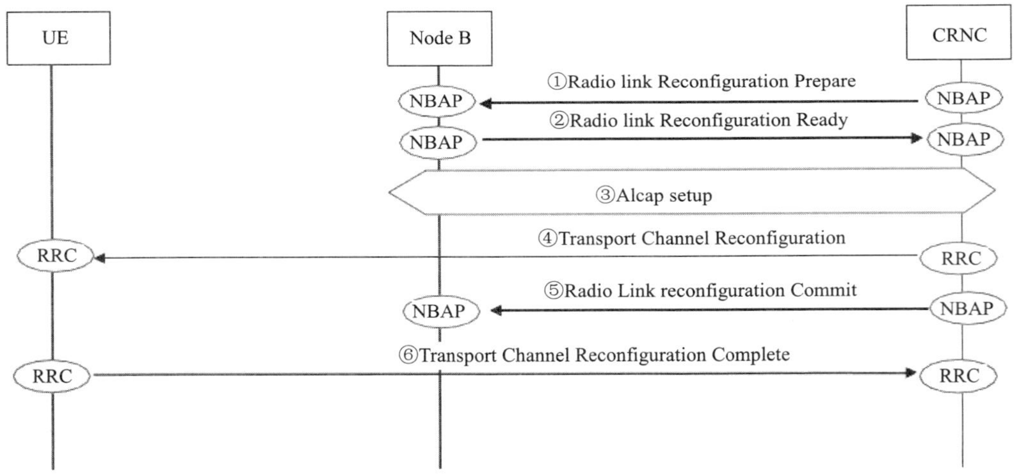

图 5-41 传输信道重配置（DCH-DCH）信令流程

该信令流程描述如下。

①CRNC 向服务小区所在的 Node B 发送无线链路重配置请求消息（Radio Link Reconfiguration Prepare），要求其准备重配置一条无线链路；

②服务小区所在的 Node B 准备无线资源，并向 CRNC 发送无线链路重配置准备完成消息（Radio Link Reconfiguration Ready），表明无线链路的新配置已经准备好，消息中包含受影响的无线链路列表等信息；

③CRNC 采用 ALCAP 协议重配置 CRNC 和 Node B 的 Iub 接口传输承载，并且进行 FP 同步。

④CRNC 通过下行 DCCH 信道向 UE 发送传输信道重配置消息（Transport Channel Reconfiguration）。

⑤CRNC 向 Node B 发送无线链路重配置执行消息（Radio Link Reconfiguration Commit），消息中包含 CFN 等信息单元，当规定时刻到来时，启用新配置；

⑥UE 在成功完成传输信道重配置后，通过 DCCH 向 CRNC 发送传输信道重配置完成消息（Transport Channel Reconfiguration Complete），通知 CRNC 传输信道重配置完成。过程结束。

2. RB 重配置

RB 重配置用于重配置一条 RB。图 5-42 是通过 RB 重配置完成动态信道重配置过程的信令流程实例，其中 RB 重配置前 UE 的 RRC 状态为 CELL_FACH，重配置后为 CELL_DCH。

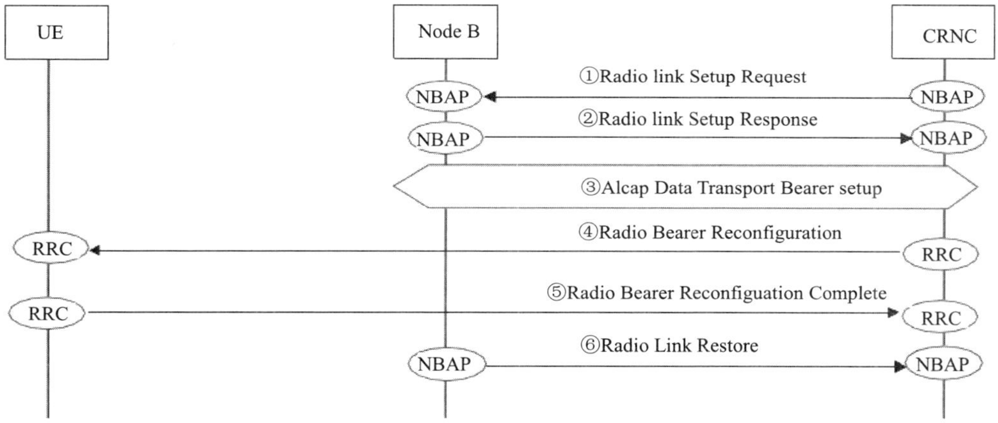

图 5-42　RB 重配置（CCH-DCH）信令流程

该信令流程描述如下。

①CRNC 向服务小区所在的 Node B 发送无线链路建立请求消息（Radio Link Setup Request），启动无线链路建立过程。

②服务小区所在的 Node B 向 CRNC 发送无线链路建立完成消息（Radio Link Setup Response）。

③CRNC 采用 ALCAP 协议建立 CRNC 和 Node B 的 Iub 接口传输承载，并且进行 FP 同步。

④CRNC 通过下行 DCCH 信道向 UE 发送无线承载重配置消息（Radio Bearer Reconfiguration），消息中包含服务小区的信息和 UE 的目标 RRC 状态信息。

⑤UE 在成功完成 RB 重配置后，通过 DCCH 向 CRNC 发送无线承载重配置完成消息（Radio Bearer Reconfiguration Complete）。

⑥当 Node B 检测到新建无线链路上行同步后，向 CRNC 发送无线链路恢复指示消息（Radio Link Restore Indication），消息中包含检测同步的无线链路信息，过程结束。

思 考 题

1. 例举用户从开机、进行业务到关机的整个业务流程。
2. UE 的工作状态有哪些？分别代表什么含义？
3. 简述移动通信的寻呼流程和切换流程。

第二部分
上机实训

实训一　认知实训
WCDMA-BSC6810 系统介绍

一、目的

1．了解机框总线种类及各类总线功能；
2．掌握单板的功能、对外接口、线缆连接、拨码开关设置；
3．掌握各单板间信号流程；
4．掌握相关线缆配置。

二、实训器材

华为 WCDMA 移动设备无线部分之一：BSC6810。

三、实训内容说明

1．通过现场实物讲解，让学生了解 BSC6810 的结构；
2．掌握 BSC6810 的硬件组成中机框单板的作用。

四、知识准备

RNC 和 Node B 一起构成移动接入网络 UTRAN。RNC 主要实现系统信息广播、切换、小区资源分配等无线资源管理功能。

1．缩略词

RNC	Radio Network Contrdler
UTRAN	Uriversal Terrestrial Radio Access Network
CN	Core Network
CS	Circuit Switch
PS	Package Switch
CBC	Cell Broadcast Center
WRSR	WCDMA RNC Switch Rack
WRBR	WCDMA RNC Business Rack
BHCA	Busy Hour Call Atterrpt
WRSS	WCDMA RNC Switch Subrack

（续表）

WRBS	WCDMA RNC Business Subrack
SCUa	RNC Switch and Control Unit REV:a
OMUa	RNC Operation and Maintenance Unit REV: a
SPUa	RNC Signaling Processing Unit REV: a
DPUb	RNC Data Processing Unit REV: b
GCUa/GCGa	RNC General Clock Unit REV: a
RINT	WCDMA RNC Interface Board
MAC	Medium Access Contrd
RFN	RNC Frame Number
PPS	Pulse Per Second
AEUa	RNC 32-port ATM over E1/T1/J1 Interface Unit REV: a
AOUa	RNC 2-port ATM over Channelized Optical STM-1/OC-3 Interface Unit REV: a
UOIa	RNC 4-port ATM/IP over Unchannelized Optical STM-1/OC-3c Interface Unit REV: a
FEUa	RNC 32-port Packet over E1/T1/J1 Interface Unit REV: a
FG2a	RNC Packet over Electronic 8-port FE or 2-port GE Ethernet Interface Unit REV: a
GOUa	RNC 2-port Packet over Optical GE Ethernet Interface Unit REV: a
POUa	RNC 2-port Packet over channelized Optical STM-1/OC-3 Interface Unit REV: a

2. RNC 在 UMTS 网络中的位置

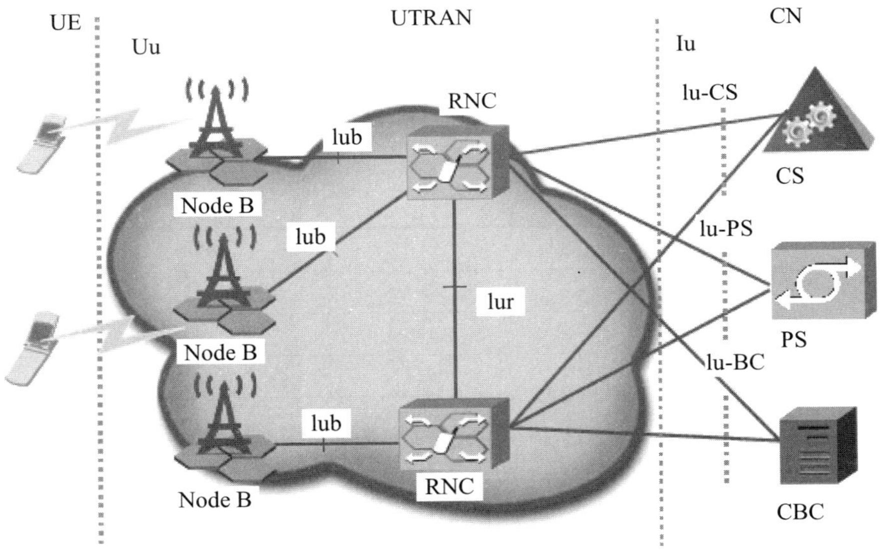

3．BSC6810 容量指标

指标名称	指标值
最大机柜数目	2, 1WRSR+1WRBR
最大插框数目	6, 1WRSS+5WRSS
最大支持话务量	51, 000 Erlang
最大支持 PS 域数据流量	3264 Mbit/s（上行+下行）
最大支持 Node B 个数	1700
最大支持小区个数	5100
BHCA	1 360 000

五、实训内容

1．BSC6810 硬件结构——整体介绍

1）BSC6810 机架介绍

- RNC6810 采用华为 N68E-22 型机柜和华为 N68-21-N 型机柜。
- N68E-22 型机柜可分为单开门式和双开门式。

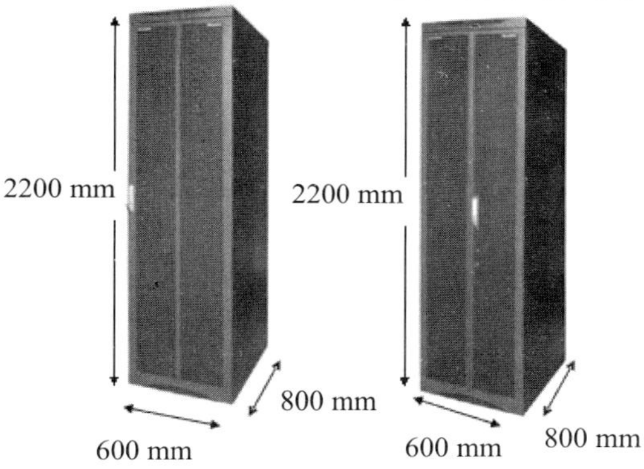

N68E-22 Cabinet

指标名称	指标值
外形尺寸	2200 mm（高）×600 mm（宽）×800 mm（深）
可用空间高度	46U
重量	机架：≤59 kg 空机柜时：≤100 kg 满配置时：≤350 kg
功耗	RSR 机柜：≤4650 W RBR 机柜：≤4660 W

2）BSC6810 机柜介绍

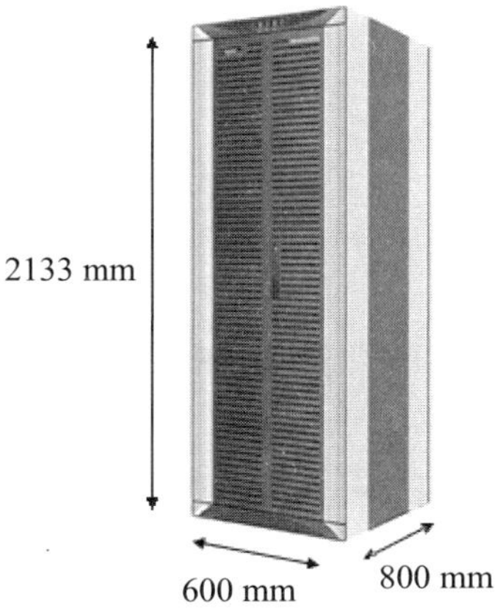

N68-21 Cabinet

指标名称	指标值
外形尺寸	2133 mm（高）×600 mm（宽）×800 mm（深）
可用空间高度	44U
重量	空机柜时：≤155 kg 满配置时：≤410 kg
功耗	RSR 机柜：≤4650 W RBR 机柜：≤4660 W

3）BSC6810 机框介绍

• BSC6810 采用华为公司 12U 屏蔽插框。

• 基础业务插框中置背板，前后共 28 个槽位，框内单板采用前后对插方式安装。

• 机框类型：WRSS 和 WRBS。

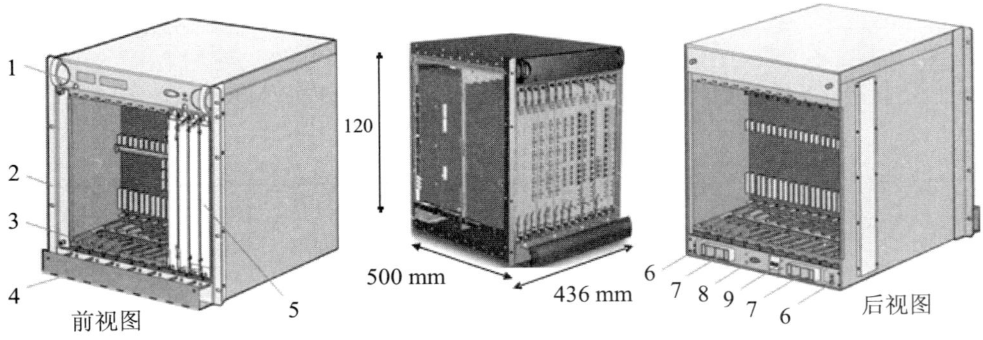

1 风扇盒	2 安装挂耳	3 单板滑道
4 前走线槽	5 单板	6 接地螺钉
7 直流电源输入接口	8 配电盒监控信号输入接口	9 拨码开关

4）机框拨码开关

• RNC 插框拨码开关共 8 位。

• 拨码开关状态“ON”代表 0，“OFF”代表 1，拨码高位对应字节高位。

拨码位	含义
1（最低位）	框号控制位
2	框号控制位
3	框号控制位
4	框号控制位
5	框号控制位
6	框号控制位
7	RNC 未使用，一般设为 0
8（最高位）	•0：SCUa 单板启动强依赖 OMUa 单板，即 SCUa 单板启动必须从 OMUa 单板加载。 •1：SCUa 单板启动弱依赖 OMUa 单板，即 SCUa 单板启动时首先向 OMUa 单板发起加载请示，若一定时间（30 秒）内 OMUa 单板响应，则从 OMUa 单板加载，否则从 Flash 加载。 RNC 一般设为 1

5）RNC 机框拨码开关设置

插框号	拨码位							
	1	2	3	4	5	6	7	8
插框 0	ON	ON	ON	ON	ON	ON	ON	OFF
插框 1	OFF	ON	ON	ON	ON	OFF	ON	OFF
插框 2	ON	OFF	ON	ON	ON	OFF	ON	OFF
插框 3	OFF	OFF	ON	ON	ON	ON	ON	OFF
插框 4	ON	ON	OFF	ON	ON	OFF	ON	OFF
插框 5	OFF	ON	OFF	ON	ON	ON	ON	OFF

6）WCDMA RNC 交换机架（WRSR）

• 1 个 BSC8610 系统包括 1 个 WRSP 机架。

•WRSP 机架包括：WCDMA RNC 交换插框（WRSS），WCDMA RNC 业务插框（WRBS），配电盒。

• 单个 WRSP 机架的满配置功耗为 4650 W。

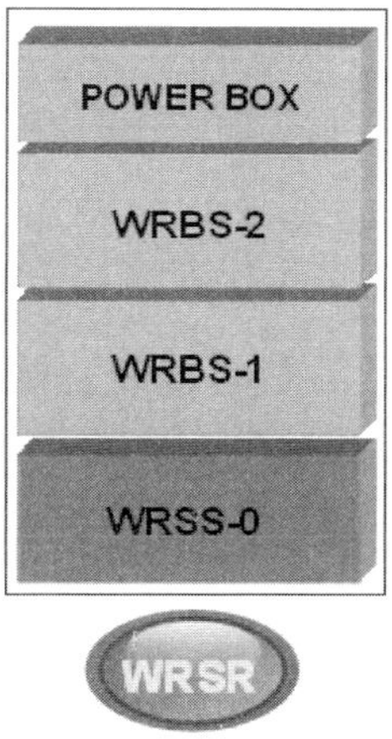

7）WCDMA RNC 业务机架（WRBR）

•一个 BSC6800 系统包括 1 个 WRBR 机架。

•WRBR 机架包括：WCDMA RNC 业务插框（WRBS），配电盒。

• 单个 WRBR 机架的满配置功耗为 4660 W。

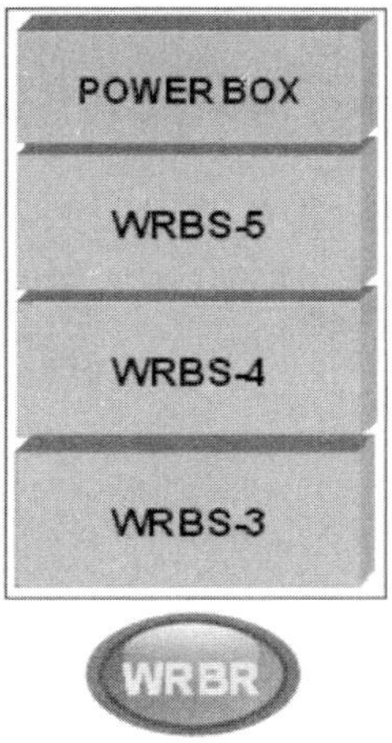

8）WCDMA RNC 交换插框（RSS）

BSC6810 包括 1 个 RSS 插框。操作维护管理单板 OMUa，GE 交换和控制单板 SCUa，信令处理单板 SPUa，通用时钟单板 GCUa/GCGa，数据处理单板 DPUb，RNC 接口板 RINT。

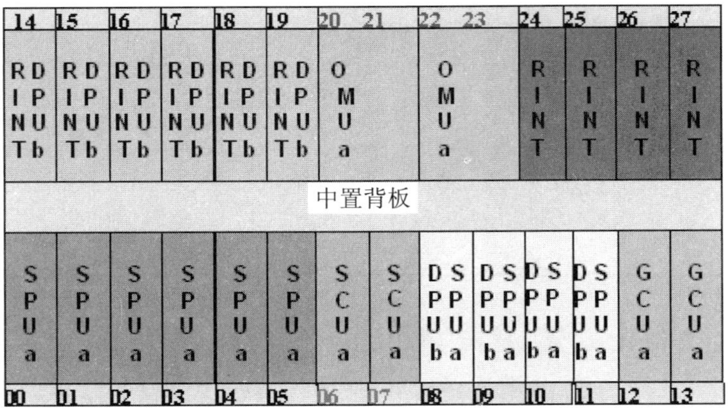

9）WCDMA RNC 业务插框（RBS）

BSC6810 包括 1～5 个 RBS 插框，信令处理单板，数据处理单板 DPUb，GE 交换和控制单板 SCUa，RNC 接口板 RINT。

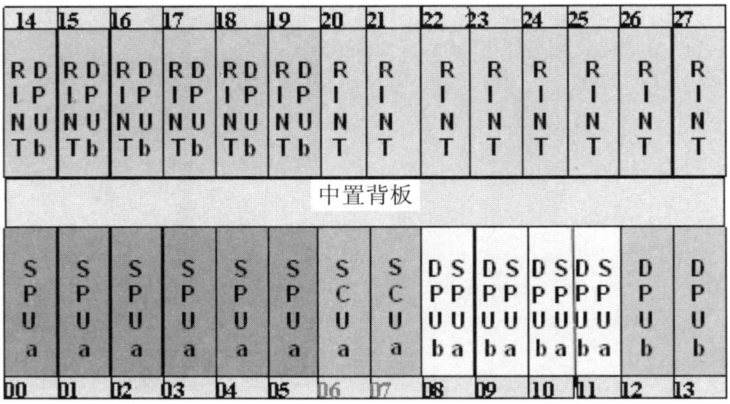

2. BSC6810 硬件结构——单板介绍

RNC 逻辑上由交换子系统、业务处理子系统、传输子系统、时钟同步子系统、操作维护子系统、供电子系统和环境监控子系统组成。

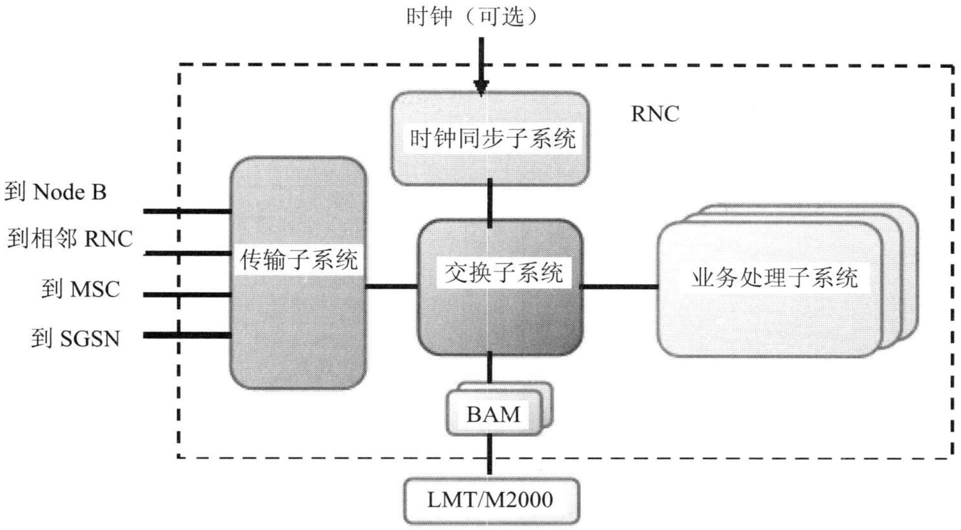

1）BSC6810 逻辑架构——GE 交换子系统

RNC 交换子系统主要由各插框的交换和控制单元与插框的高速背板通道共同组成，每一个交换和控制单元由 SCU 单板实现，采用全互联双平面的工作方式。

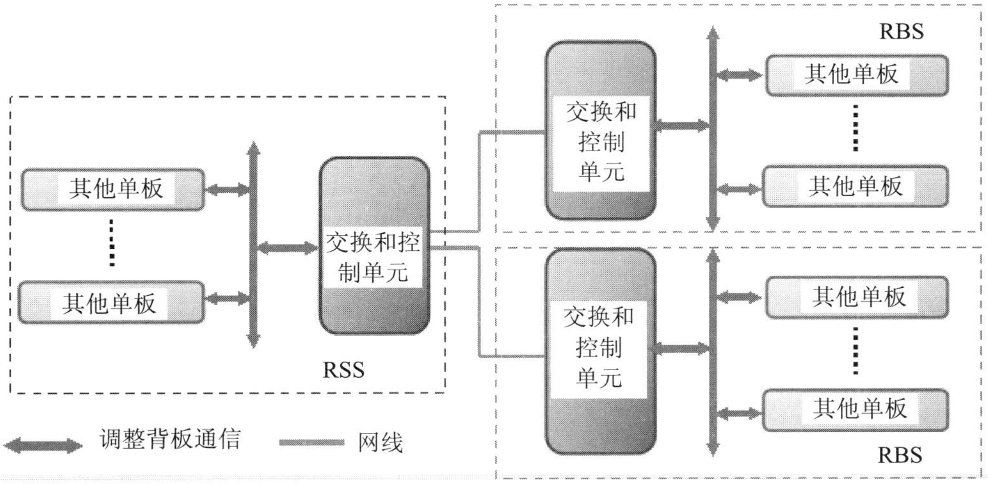

• RSS 中的 SCU 是中心交换；RBS 中的 SCU 是二级交换。
• SCUa 提供 60Gbps 的交换能力，总交换能力为 120Gbps。
• RSS 内的 2 块 SCUa 在处理交换面的数据时工作方式为负荷分担。
• 框间交换能力为 4Gbps（RSS 和 RBS 之间有 4 个 GE 口）。
• 高可靠性的框间连接。

（1）GE 交换子系统功能。

• 为 RNC 提供内部 MAC（Medium Access Control）层交换，实现 ATM/IP 二网合一；
• 为 RNC 提供 Port Trunking 技术；

• 分发 RNC 各业务单板所需的时钟信号和 RFN（帧中继）信号；
• 为 RNC 提供框间连接；
• 为 RNC 各业务处理框提供业务数据和操作维护通道。

（2）SCUa 单板在 WRSS 中的位置。

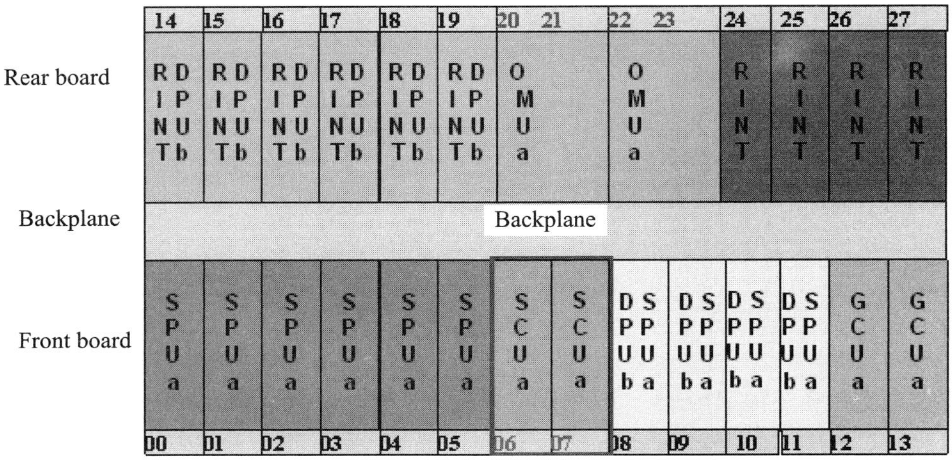

（3）SCU 单板介绍。

SCU 单板具有如下功能：

• 为本插框的配置维护主控板；
• 为本插板单板提供 GE 交换；
• 为本插板其他单板提供同步时钟和时间同步信息；
• 固定配置在基础业务插框和扩展业务插框的第 6、7 号槽位，构成主备用关系。

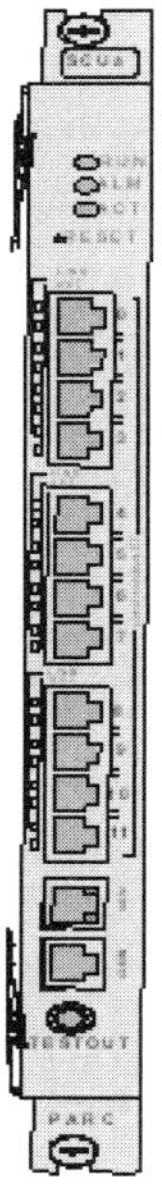

接口标识		用途	接口类型
10/100/1000BASE-T	0～11	10M/100M/1000M 以太网接口，用于框间互连	RJ45
COM	—	调试串口，用于调测单板	RJ45
CLKIN	—	参考时钟源接口，用于接收从 GCUa/GCGa 面板过来的 8 kHz 时钟信号和 1PPS 信号	RJ45
TESTOUT	—	时钟测试接口，用于输出时仲测试信号	SMB 公头

2）BSC6810 逻辑架构——业务处理子系统

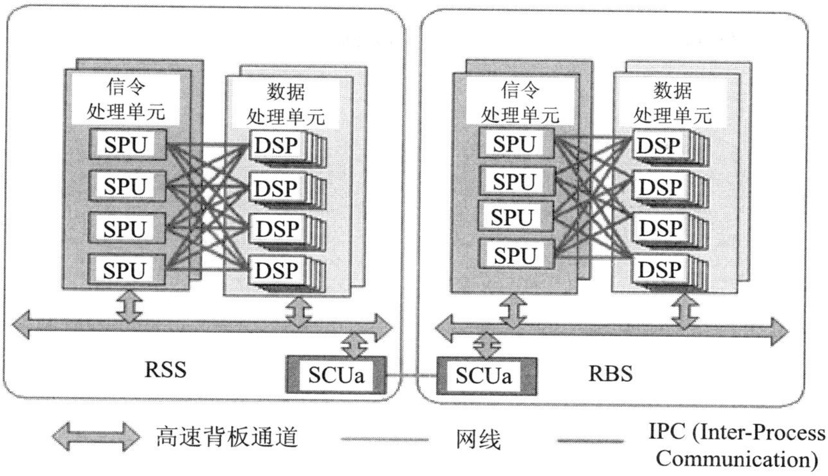

业务处理子系统由信令处理单元（SPUa）和数据处理单元（DPUb）组成。1 块 SPUa 单板包含 4 个独立的子系统，每个框中有 1 个子系统作为 MPU 子系统进行用户面资源管理以及呼叫过程中的资源分配，其余的所有子系统负责处理 Iu/Iur/Iub/Uu 接口信令消息，完成信令处理功能。1 个 DPUa 单板包含 22 个 DSP。

（1）业务处理子系统的功能。

• RNC 业务处理子系统完成 3GPP 协议中定义的大部分 RNC 功能，负责处理 RNC 的各项业务；

• 用户数据转发；

• 系统准入控制；

• 无线信道加密解密；

• 完整性保护；

• 移动性管理；

• 无线资源管理和控制；

• 媒体广播；

• 消息跟踪；

• 无线接入网络（RAN）信息管理。

（2）业务处理子系统单板在 RSS 中位置。

所有 DPUb 单板的槽位号都应大于最大的 SPUa 单板槽位号并小于最小的 RINT 单板槽位号。

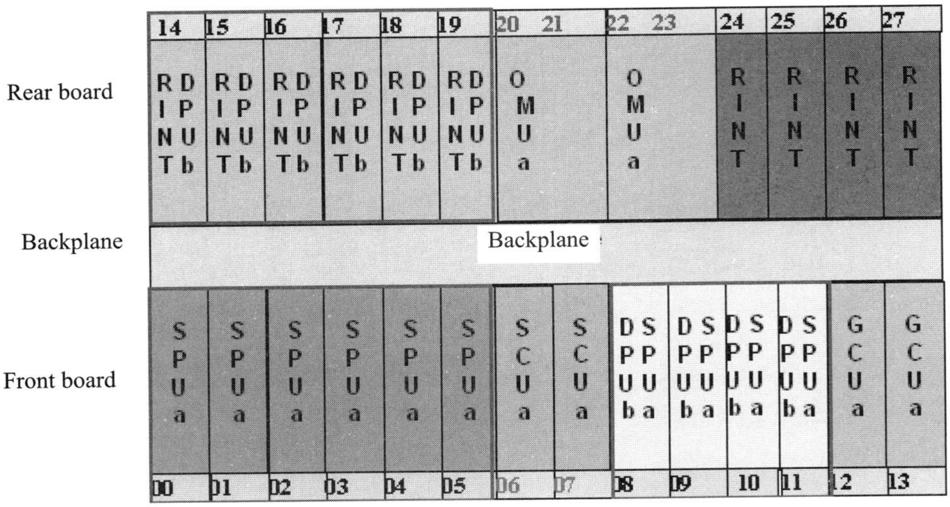

（3）XPUa 单板介绍。

XPUa 有 4 个 CPU 子系统；采用模板和扣板结构，有 2 块扣板，每块扣板上有 2 个 CPU 子系统；通过加载不同的软件，SPUa 单板可分为主控 SPUa 单板和非主控 SPUa 单板（主控 SPUa 单板用于管理用户面和信令面的资源，完成信令处理功能；非主控 SPUa 单板只用于完成信令处理功能）。

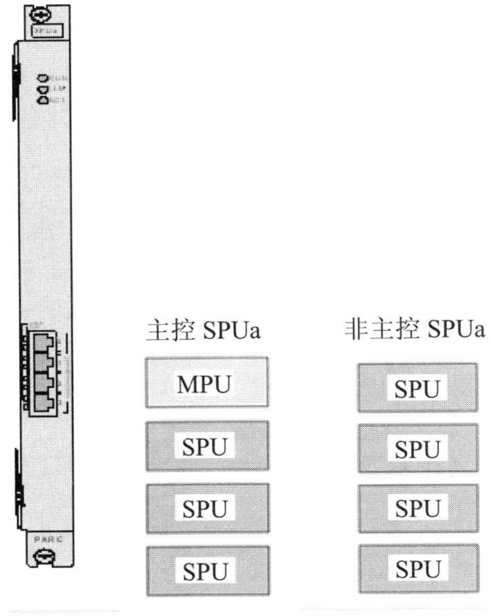

接口标识	用途	接口类型
ETHO～ETH3	在 RNC 没有使用	RJ45

（4）BSC6810V29 SPM 和 V210 资源池对比。

• SPU 和 DPU 板只能 1:2 配置，不能适应不同话务模型下用户面、控制面配比

• 资源池仅包括 11 个 DSP，共享效率低

• 每个 SPM 只有 2 块 DPU，DPU 故障会严重影响 SPM 的处理能力

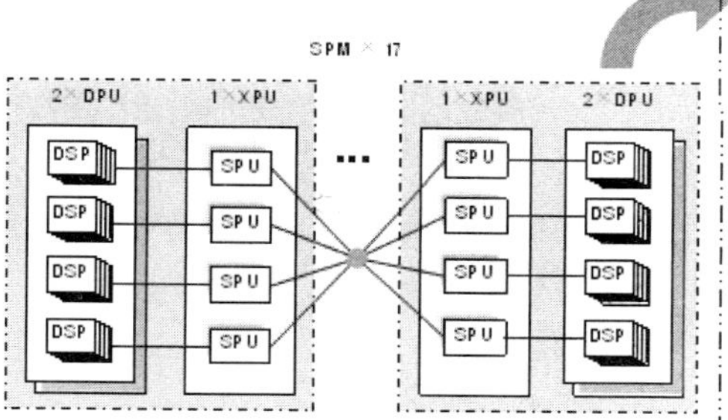

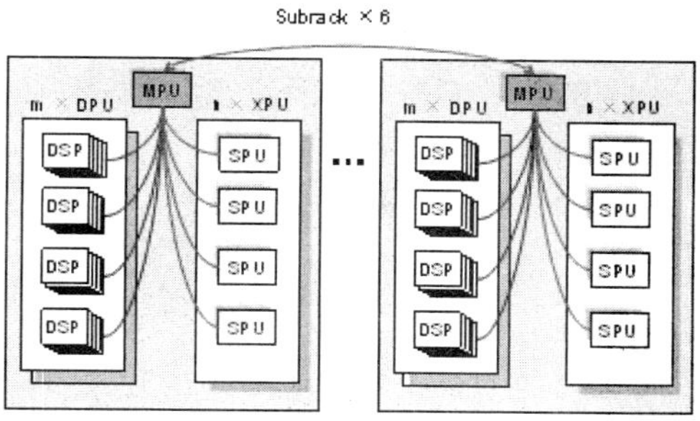

• SPU 和 DPU 的比例可以灵活配置，适应不同话务模型

• 框内所有 DSP 在一个资源池内，共享增益高

• 单块 DPU 故障，框内其他 DPU 可以分担业务

• 有利于引入更强处理器，支持 APU、DPU 混插

（5）RNC 内用户面资源共享。

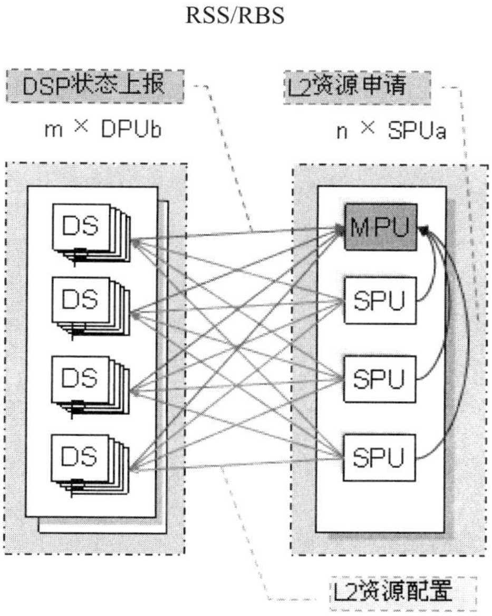

√DSP 状态由 MPU 管理

√框内用户面资源由本框 MPU 管理

√SPU 上公共传输信道建立、呼叫建立、删除、重配时，向 MPU 申请用户面资源

√MPU 在全框范围内按照负载均衡的原则分配用户资源，如果是首次分配且本框资源无法分配的情况下会转发给其他可用分配用户面资源的框的 MPU 去分配

√MPU 加载单独的 BIN 文件，使用与 SPU 相同的全局数据配置

√SPU 与 DSP 之间的 IPC 全互联

√SPU 根据 MPU 分配的 DSP 资源进行用户面配置

√DSP 上与用户、小区相关的日志通过 SPU 上报，其他日志通过 MPU 上报

√DSP 话统通过 MPU 上报到后台

（6）RNC 内控制面负荷分担。

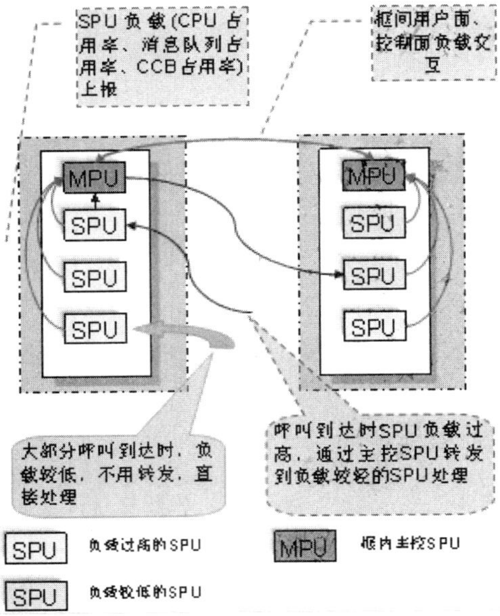

√控制面的分担和用户面的分担分开进行，互不相关。呼叫控制面所在 SPU 和用户面 DSP 所在框可以不同

√SPU 向本框 MPU 指标本 SPU 是否允许分担来自其他 SPU 的呼叫

√各 MPU 之间交互本框允许分担呼叫的 SPU 信息

√SPU 上新呼叫到达时，根据本 SPU 的负载决定是否应进行转发

√MPU 对于转发的呼叫，优先在本框的 SPU 中选择一个 SPU 进行处理

√本框无 SPU 可选时，在其他框的 SPU 中选择一个，将呼叫转发到选定的 SPU 上处理

√系统中任一框中有剩作控制面资源时，新到的呼叫都可以被处理

（7）DPUb 单板介绍。

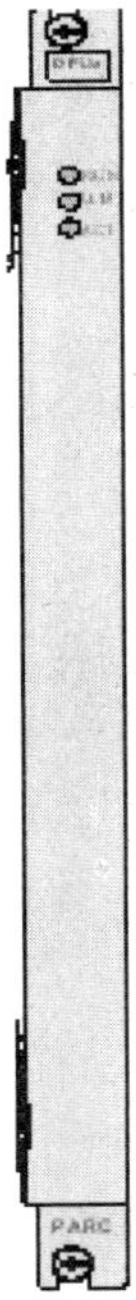

- DPUb 板为数据处理单元，提供无线帧协议处理功能
- 复用和解复用功能
- 实现数据的选择和分发
- 完成 SPUa 单板和 DPUb 单板间内部通讯协议处理

3）时钟同步子系统结构

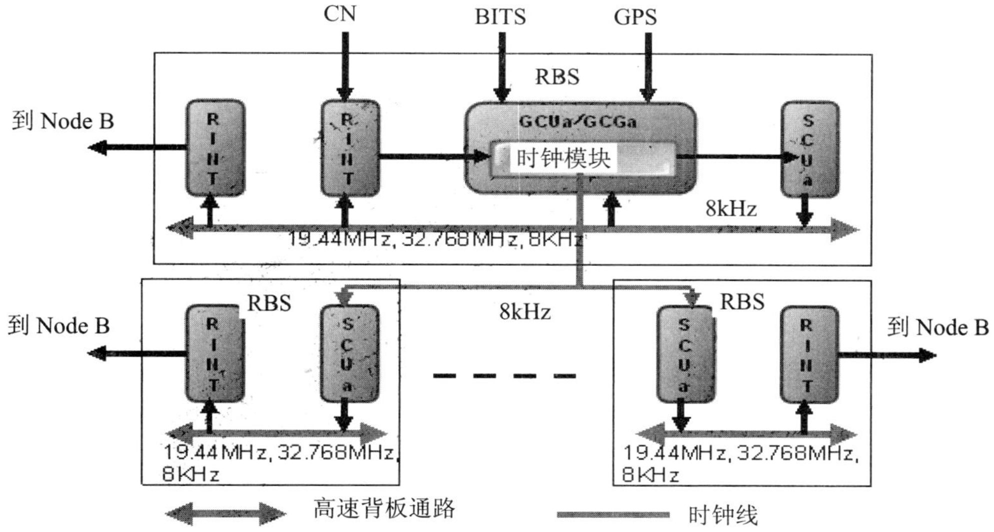

（1）GCUa 单板在系统中的位置。

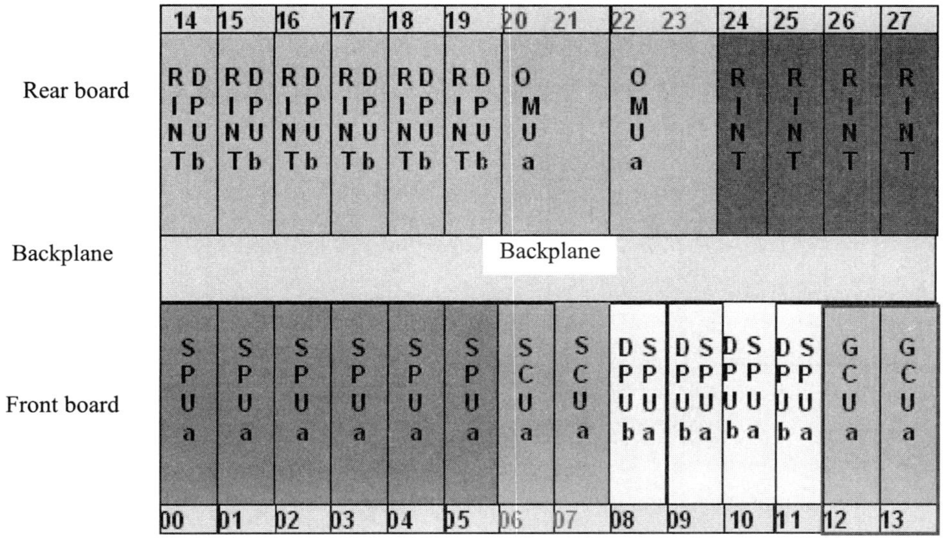

（2）GCU 单板介绍。

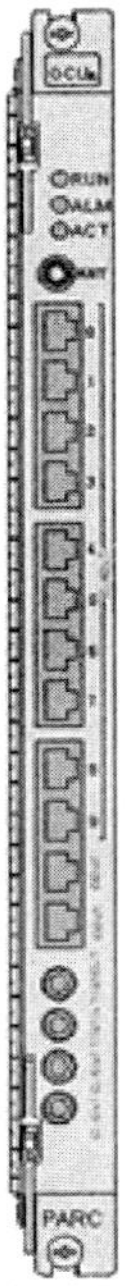

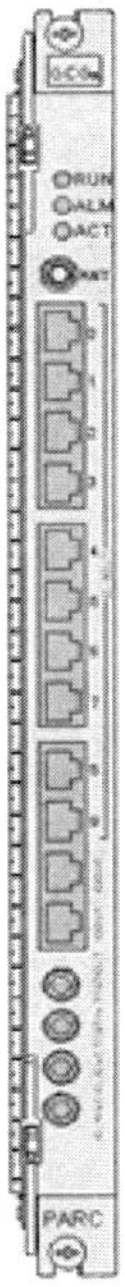

•GCU 为通用时钟单元，提供系统时间同步所需的系统时间信息和传输同步所需要的同步定时信号

• 可以外扣 GPS 接收卡

• 固定配置在 0 号业务插框的第 12、13 号槽，构成主备用关系

接口标识	用途	接口类型
ATN-IN	GPS 卫星天然接口，用于 GCGa 单板接收 GPS 卫星系统传送的定时定位信息。GCUa 单板不使用此接口	SMA 公头
CLKOUT0～9	同步时仲优良品种输出接口，共 10 个，用于输出 8 kHz、1PPS 时钟信号	RJ45
COM 0	预留	RJ45
COM 1	442 电平形式的 8 kHz 标准时钟信号接口	RJ45
TESTOUT	测试时钟输出接口，用于输出单板内部时钟信号	SMA 公头
TESTIN	测试时钟输入接口，用于输入 2 MHz 信号	SMA 公头
CLKIN 0	BITS 时钟和线路时钟信号输入接口	SMA 公头
CLKIN 1	BITS 时钟和线路时钟信号输入接口	SMA 公头

（3）RNC 时钟同步子系统连接）

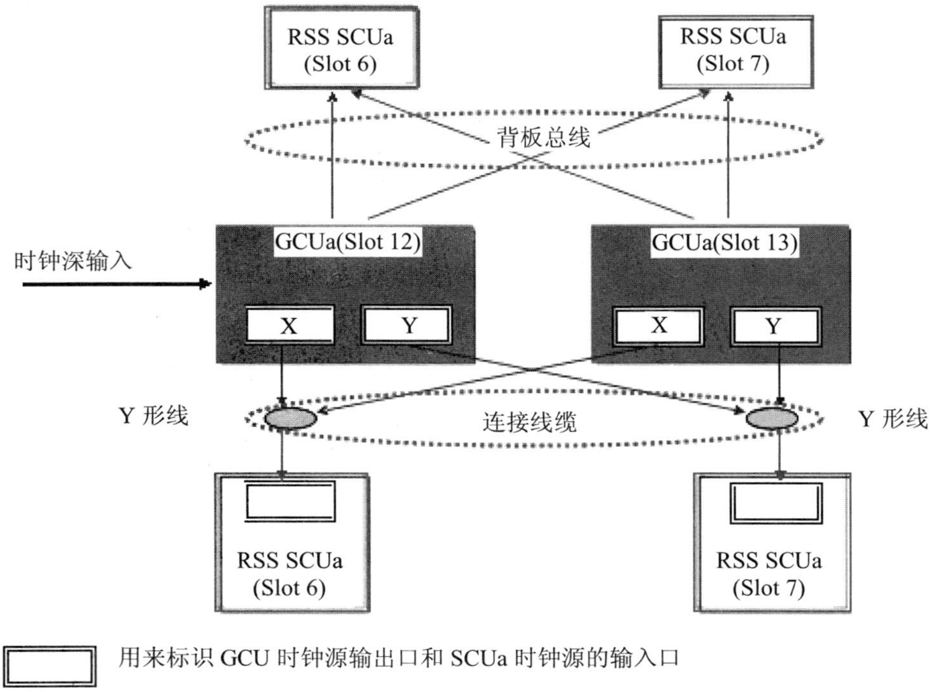

4）传输子系统单板介绍

RINT		Interface
AEUa	32 路 ATM over E1/T1/J1 接口	IIub/Iucs/Iups/Iur
AOUa	2 路 ATM over 通道化 STM-1/OC-3 光接口	Iub/Iucs/Iups/Iur
UO_ATM	4 路 ATM over 非通道化 STM-1/OC-3c 光接口	Iub/Iucs/Iups/Iur
PEUa	32 路 Packet over E1/T1/J1 接口	Iub/Iucs/Iur
FG2a	8 路 Packet over FE 电接口或 2 路 Packet over GE 电接口	Iub/Iucs/Iur/Iups/Iubc
GOUa	2 路 Packet over GE 光接口	Iub/Iucs/Iur/Iups/Iubc
UOI_IP	4 路 Pover 非通道化 STM-1/OC-3 接口板	Iub/Iucs/Iur/Iups/Iubc
PCUa	2 路 Pover 通道化 STM-1/OC-3 接口板	Iub/Iucs/Iur

（1）RSS 中接口板的位置。

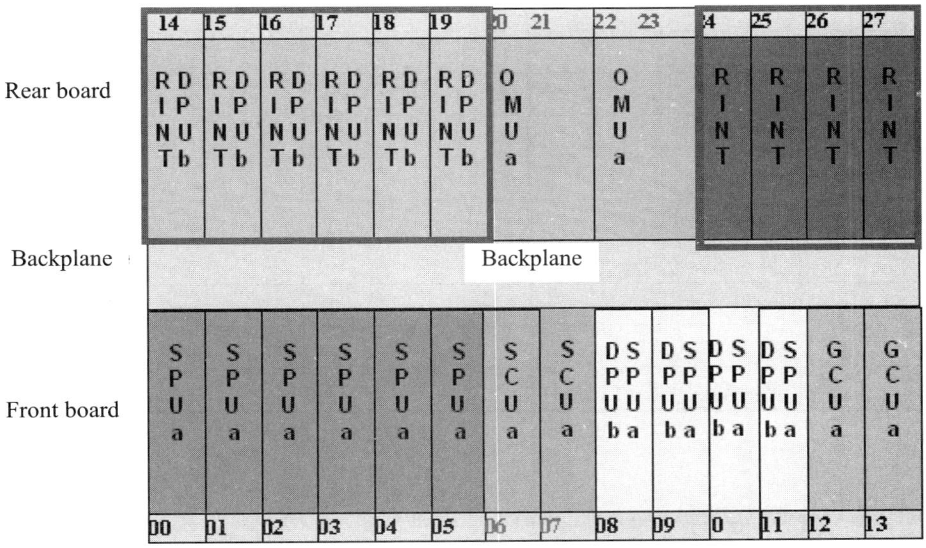

（2）AOUa 单板介绍。

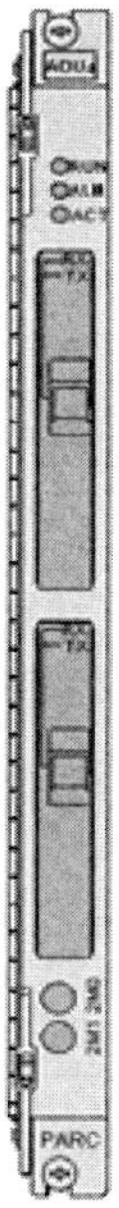

AOUa 单板是一种光接口板，支持 ATM over 通道化的 STM-1/OC-3。

AOUa 单板功能如下。

- 提供 2 路 ATM over Channlized Optical STM-1/OC-3 光接口。
- 提供 ATM over E1/T1 over SDH。
- 提供 126 路 E1 或 168 路 T1。
- 提供 IMA 和 UNI 功能。
- 提供 84 个 IMA 组，每个 IMA 组可以包含 32 路 E1/T1。
- 提供 AAL2 交换功能。
- 提供板内 ATM 交换功能。
- 支持提取线路时钟，输出时钟信号到 GCUa/GCGa 单板。
- 可向 Node B 输出时钟优良品种。

（3）FG2a 单板介绍。

类型		指标
Iub	CS 语音业务	6000 Erlang
	CS 数据业务	6000 Erlang
	最大负载数据流（UL+DL）	840 Mbit/s
Iur	CS 语音业务	6000 Erlang
	CS 数据业务	6000 Erlang
	最大负载数据流（UL+DL）	840 Mbit/s
Iu-CS	CS 语音业务	6000 Erlang
	CS 数据业务	3000 Erlang
Iu-PS	最大负载数据流（UL+DL）	840 Mbit/s

（4）GOUa 单板介绍。

GOUa 是一种光接口板，实现 IP over Ethernet.

GOUa 单板的功能：提供 2 路 GE 光接口；提供 IP over GE。

（5）UOIa 单板介绍。

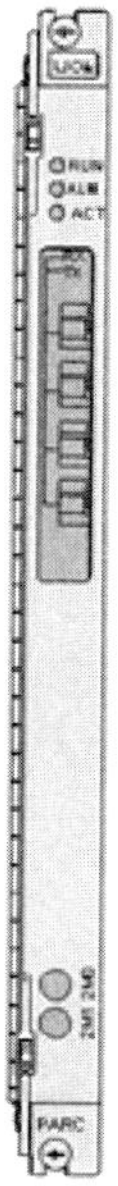

• UoIa 是一种光接口板，通过加载不同的软件可分别支持 ATM 或 IP over 非通道化 STM-1/OC-3c 传输方式。

• UoIa 单板的功能：

→提供 4 路非通道化 STM-1/OC-3c 光接口。

→支持提取线路时钟，输出时钟信号到 GCUa/GCGa 单板。

→可向 Node B 输出时钟信号。

→支持 Iu-CS、Iu-PS、Iu-BC、Iur 和 Iub 接口。

→UOI_ATM 支持 ATM over SDH。

→UOI_IP 支持 IP over SDH/SONET。

→UOI_IP 支持 PPP（LCP/NCP/IPCP）/PPPMUX 协议。

5）RNC 操作维护子系统结构

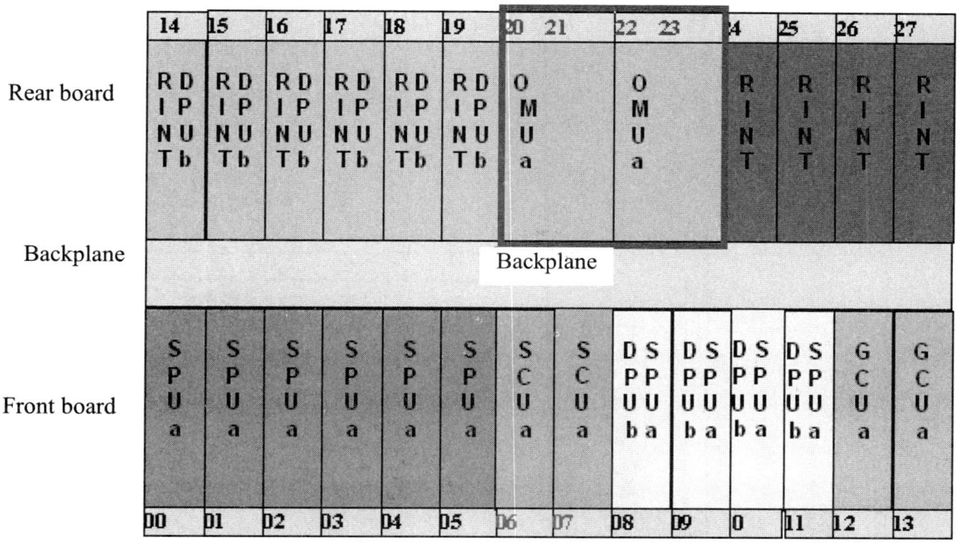

（1）OMU 单板介绍。

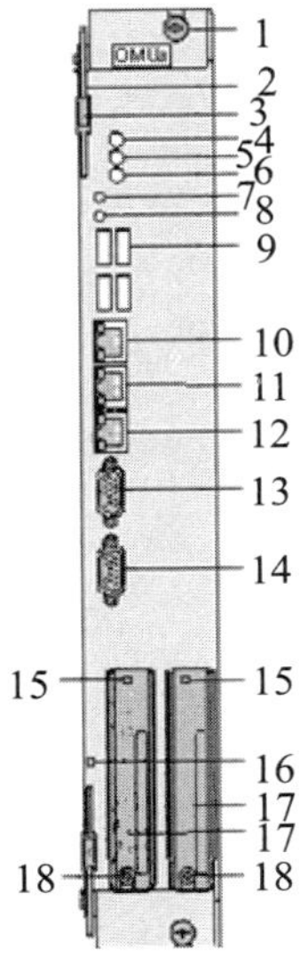

1 松不脱螺钉	2 簧片	3 扳手	4RUN 指示灯
5ALM 指示灯	6ACT 指示灯	7RESET 按钮	8SHUTDOWN 按钮
9USB 接口	10ETH0 网口	11ETH1 网口	12ETH2 网口
13COM 串口	14VGA 接口	15HD 指示灯	16OFFLIN 指示灯
17 硬盘	18 硬盘固定螺钉		

接口标识	用途	…
USB0-1 和 USB2-3	USB 接口，连接 USB 设备	RJ45
ETH0～2	GE 网口	DB-9
COM-ALM/COM-BMC	串口。可用于系统高度或者标准串口的一般应用	…
VGA	显示器接口	…

①支持 2 个 Intel LV 处理器、2G 内存；

②支持 3 个前面板以太网接口（10/100/1000M Base-T 自适应），OMU 通过该网口直接连到外网；

③提供两路背板 SERDES 到交换板的 GE 接口和主备 FE 通道，主备 OMU、OMU 到 SCU 通过该接口相连；

④OMU 通过面板网口提供 2 个 SAS 硬盘接口，外接 2 个硬盘，互为 Raid 1 镜像；

⑤面板提供 4 个 USB 2.0 接口（兼容 USB 1.1 标准）和 1 个 BMC 串口（兼作系统串口）；

⑥插在 0 号框的 20～23 槽位，每个单板占两个槽位.

3．BSC6810 电缆

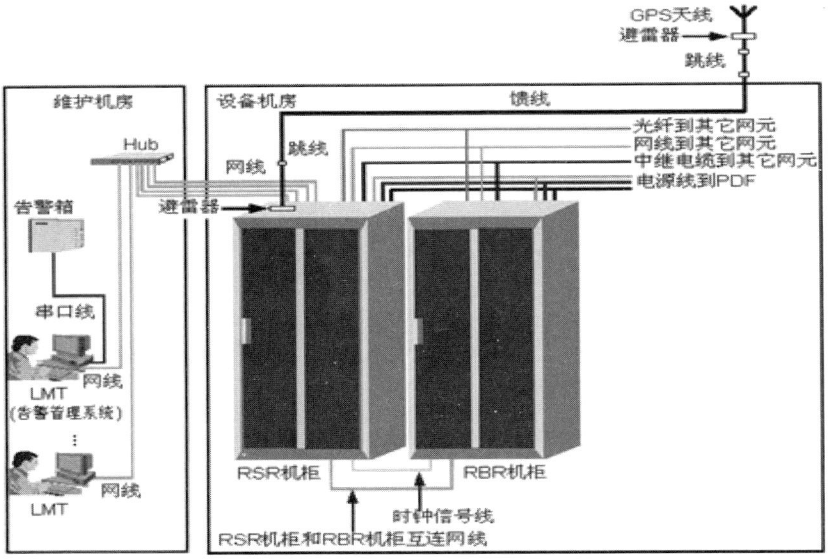

BSC6810 电缆主要电缆包括：中继电缆、网线、光纤。

1）中继电缆

75Ω 同轴电缆和 Y 形 75Ω 同轴电缆；120Ω 双绞线和 Y 形 120Ω 双绞线。

2）网线

直连网线：用来连接 OMUa 单板和其他设备。

交叉网线：用来连接 SCU 单板。

3）光纤

LC/PC-SC/PC 单模光纤；LC/PC-FC/PC 单模光纤。

4．BSC6810 信号流向

1）BSC6810 系统信号流程

BSC6810 系统信号包括控制平面信号、用户平面信号。

控制平面信号：Uu 接口控制信号，Iub/Iur/Iu 接口控制信号。

用户平面信号：CS 数据流，PS 数据流，从 Iu-BC 到 Iub 接口的数据流，MBMS 业务数据流。

2）Uu 接口控制信号

当由同一个 RNC 为 UE 提供无线资源管理和无线链路时：

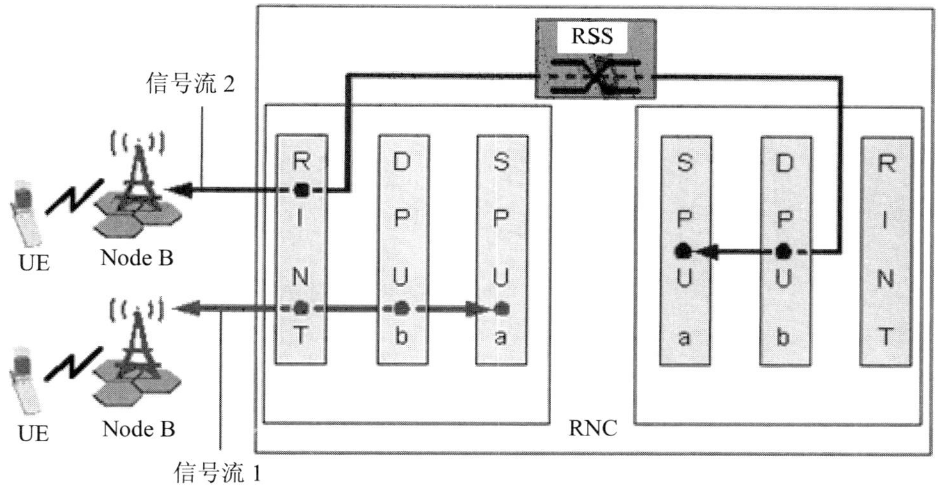

当分别由 SRNC 和 DRNC 为 UE 提供无线资源管理和无线链路时：

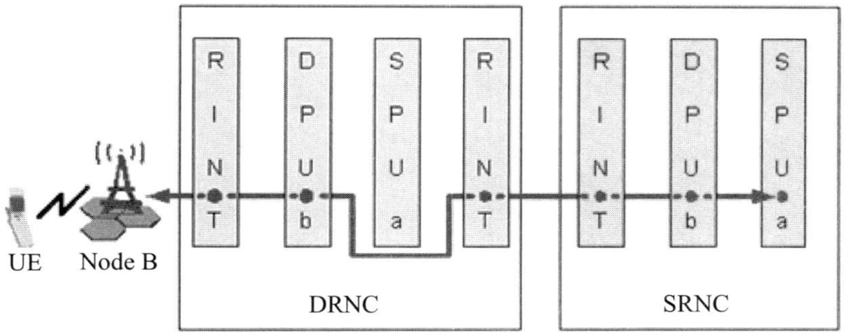

（1）Iub 接口控制信号。

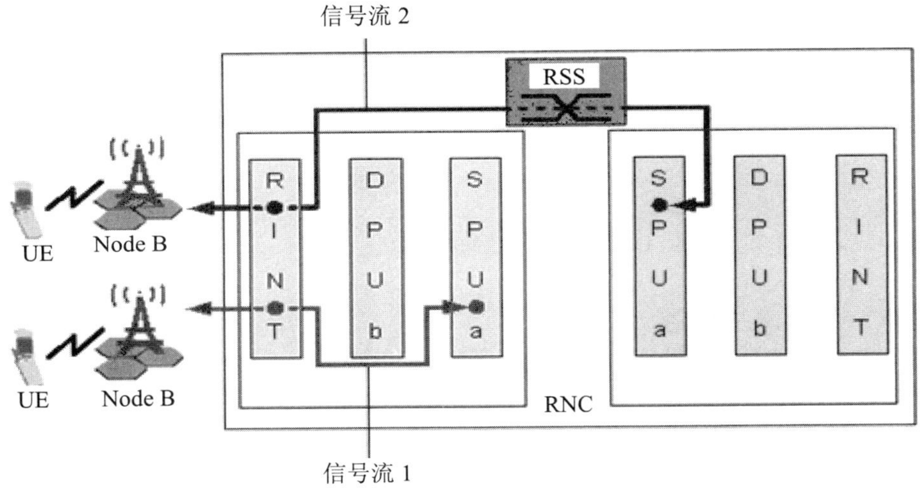

（2）Iu/Iur 接口控制信号。

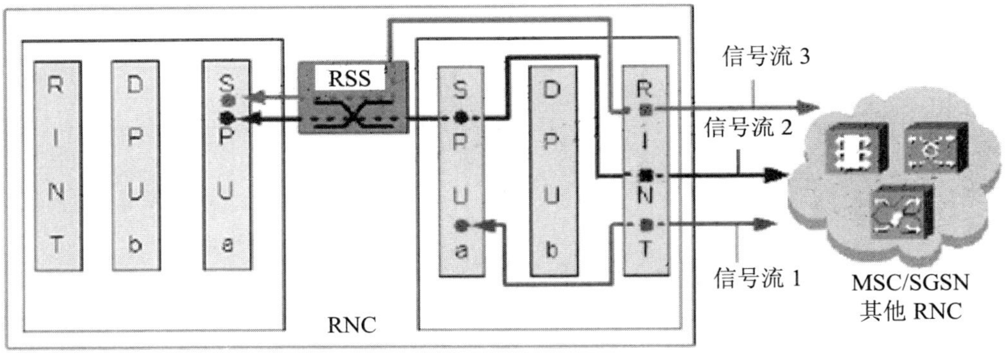

（3）Iub 与 Iu-CS/Iu-PS 接口间的数据流。

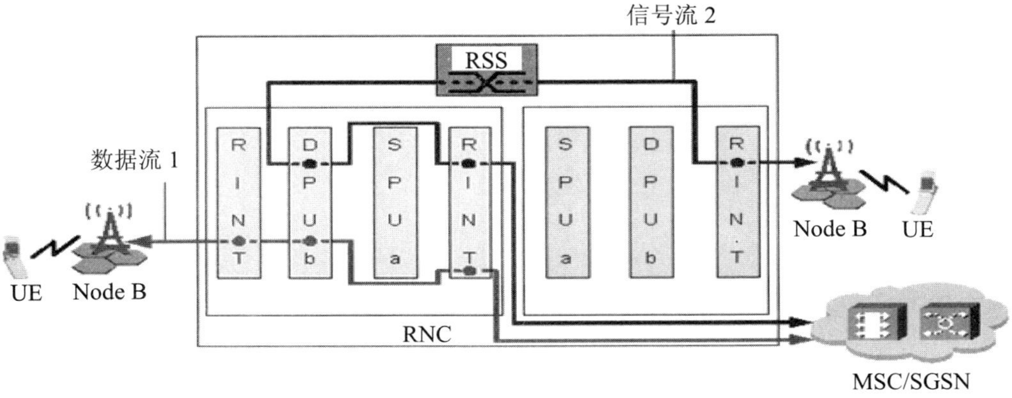

（4）Iub 与 Iu-CS/Iu-PS 接口间的数据流（软切换）。

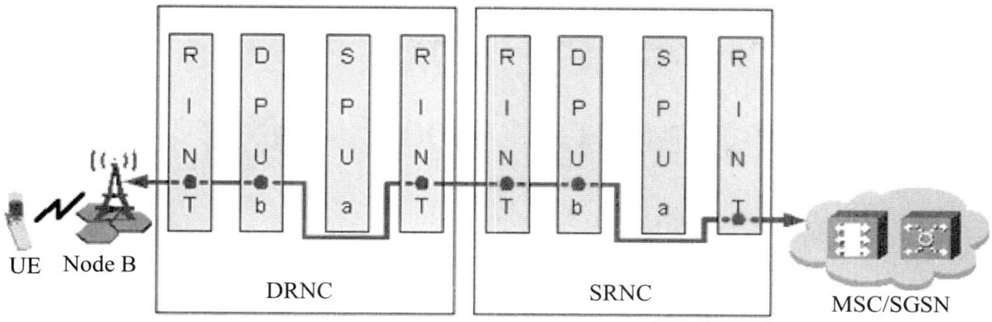

六、课后巩固

1. 画出 RAN 的组网拓扑图。
2. BSC6810 设备信令面和控制面单板分别是什么？
3. 简述 RAN 内部的组网方式。
4. 简述 RAN 内部的电缆类型。
5. 简述 Iub 与 Iu-CS/Iu-PS 接口间的数据流。
6. 简述 Iu/Iur 接口控制信号流程。

实训二　认知实训
WCDMA-DBS3900 系统介绍

一、目的

1．了解机框总线种类及各类总线功能；
2．掌握单板的功能、对外接口、线缆连接、拨码开关设置；
3．掌握相关线缆配置；
4．了解 DBS3900 的各种应用场景。

二、实训器材

华为 WCDMA 移动设备无线部分之一：DBS3900。

三、实训内容说明

1．通过现场实物讲解，让学生了解 DBS3900 的结构；
2．掌握 DBS3900 的组网方式及实训室组网拓扑图。

四、知识准备

1．Node B 的功能

Node B 是为一个小区或多个小区服务的无线收发信设备，通过标准的 Iub 接口和 RNC 互连，主要完成 Uu 接口物理层协议的处理。它的主要功能是扩频、调制、信道编码及解扩解调。信道解码还包括基带信号和射频信号的相互转换等。同时它还完成一些如内环功率控制等的无线资源管理功能。它在逻辑上对应于 GSM 网络中的基站（BTS）。

具体讲，Node B 主要完成以下几个功能。

（1）系统信息广播：Node B 根据 CRNC 提供的调度参数向 UE 发送从 CRNC 接收到的或是 Node B 根据 CRNC 要求产生的系统信息。

（2）无线资源管理和控制：Node B 接收和处理 RNC 发来的 NBAP 消息，包括 NBAP 消息的解码和分发；对于 Node B 主动发起的 NBAP 消息则进行编码和发送，通过这些消息的处理，实现逻辑资源的配置和管理、测量与维护以及无线链路管理等功能。

（3）Node B 逻辑操作维护：RNC 从逻辑资源（例如，信道、小区）的角度对相应 Node B 的小区和传输信道资源进行管理；Node B 根据 RNC 发来的 NBAP 消息，对相应资源进行配置和重配置，包括资源事件管理、无线网络配置调配、小区配置管理、公共传输信道管理。

（4）Node B 测量：当 RNC 请求时，Node B 可以对公共资源和专有资源进行测量，响应测量控制命令的启动和终止，并根据测量控制的要求把测量结果报告给 RNC。

（5）无线链路的建立与删除：Node B 根据 NBAP 消息完成对无线链路的建立，删除和重配置。

（6）功率控制：UTRAN 系统支持实时的上行和下行功率控制。功率控制的步长为 1 dB、2 dB 或 3 dB。Node B 支持上行和下行的内环功率控制。在上行内环功率控制中，Node B 根据接收信道的质量产生 TPC 命令，调整 UE 的上行发射功率；在下行内环功率控制中，Node B 根据 UE 产生的 TPC 命令，调整针对该 UE 的发射功率。

（7）信道管理：Node B 负责对小区和物理信道进行维护操作。

（8）物理层功能：物理层的功能由 Node B 完成，主要包括：联合检测，上行同步控制，测量与报告，智能天线波束赋形，传输停产的错误检测，前向纠错编解码，支持三种编码方式（交织编码、TurboB 编码和不编码），传输信道与物理信道的相互映射，内环功率控制，物理信道的数据调制，扩频与解调解扩，射频处理。

2．关于基站分类知识

一般按照覆盖的范围，基站分为宏蜂窝、微蜂窝、微微蜂窝。宏蜂窝一般在 500～1500 m，微蜂窝 200～500 m（也有说 100～500 m，300～500 m），微微蜂窝（一般在 200 m 以下）。宏蜂窝一般用在乡村，微蜂窝用于城区，微微蜂窝用于室内覆盖或者高密度的话务地区。

由于覆盖的实际情况，我们可能会把小区拉远或者做直放站。现在室内覆盖技术中有使用分集技术的，就是一个小区用多个射频单元（分布在不同楼层）。直放站可分为：射频直放站、光纤直放站、调频直放站、宏站耦合、微蜂窝、载频拉远（RU）。

一般情况，基站功率：LTE 46dBm，TD-SCDMA 43dBm。

3．天线知识

1）天线定义

天线是做无线电波的发射或接收用的一种金属装置（如杆、线或线的排列），是在无线电设备中用来发射或接收电磁波的部件。无线电通信、广播、电视、雷达、导航、电子对抗、遥感、射电天文等工程系统，凡是利用电磁波来传递信息的，都依靠天线来进行工作。此外，在用电磁波传送能量方面，非信号的能量辐射也需要天线。一般天线都具有可逆性，即同一副天线既可用作发射天线，也可用作接收天线。同一天线作为发射或接收的基本特性参数是相同的。这就是天线的互易定理。

2）天线分类

①按工作性质可分为发射天线和接收天线。

②按用途可分为通信天线、广播天线、电视天线、雷达天线等。

③按工作波长可分为超长波天线、长波天线、中波天线、短波天线、超短波天线、微波天线等。

④按结构形式和工作原理可分为线天线和面天线等。

⑤天线按维数来分可分成一维天线和二维天线。

一维天线由许多电线组成，这些电线或者像手机上用到的直线，或者是一些灵巧的形状，就像出现电缆之前在电视机上使用的老兔子耳朵。单极和双级天线是两种最基本的一维天线。

二维天线变化多样，有片状（一块正方形金属）、阵列状（组织好的二维模式的一束片），还有喇叭状、碟状。

⑥天线根据使用场合的不同可分为手持台天线、车载天线、基地天线三大类。

手持台天线就是个人使用手持对讲机的天线，常见的有橡胶天线和拉杆天线两大类。

车载天线是指原设计安装在车辆上的通信天线，最常见、应用最普遍的是吸盘天线。车载天线结构上也有缩短型、四分之一波长、中部加感型、八分之五波长、双二分之一波长等形式的天线。

基地台天线在整个通信系统中具有非常关键的作用，尤其是作为通信枢纽的通信台站。常用的基地台天线有玻璃钢高增益天线、四环阵天线（八环阵天线）、定向天线。

五、实训内容

1．DBS3900 概述

DBS3900 是第四代分布式基站。

DBS3900 系统由 BBU3900，RRU3804 或 RRU3801E，天馈系统组成。

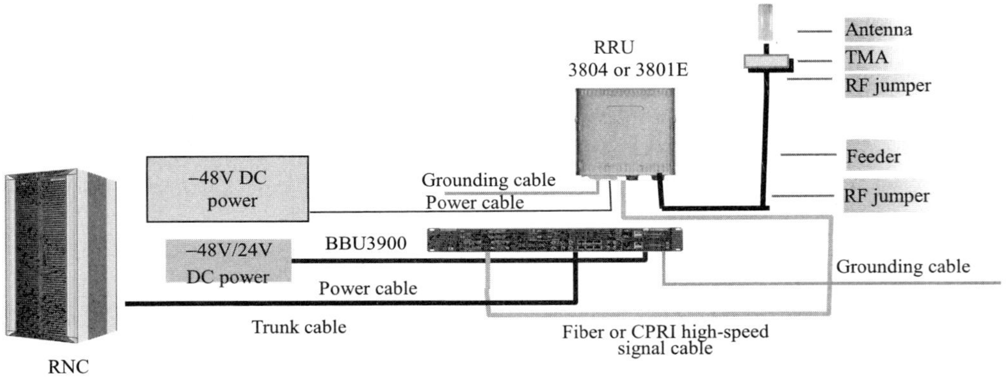

1）BBU3900 安装在标准 19-Inch 机柜中

应用场景：在 2G 站点的基础上安装 3G 业务。

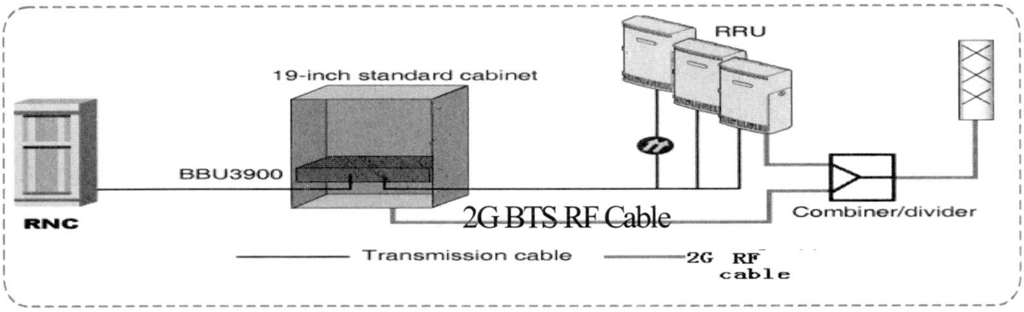

• 能安装在任何 19-inch 宽，2-U 高的机柜中；
• 能安装在靠近天线的金属抱杆上；
• BBU3900 和 RRU 可以与 2G 网络共电源输入和天馈；
• 使运营商能够低成本地实现利用现有 2G 网络实现 3G 业务。

2）DBS3900 的集成应用

应用场景：在无机房环境的条件下安装 3G 室外型基站。

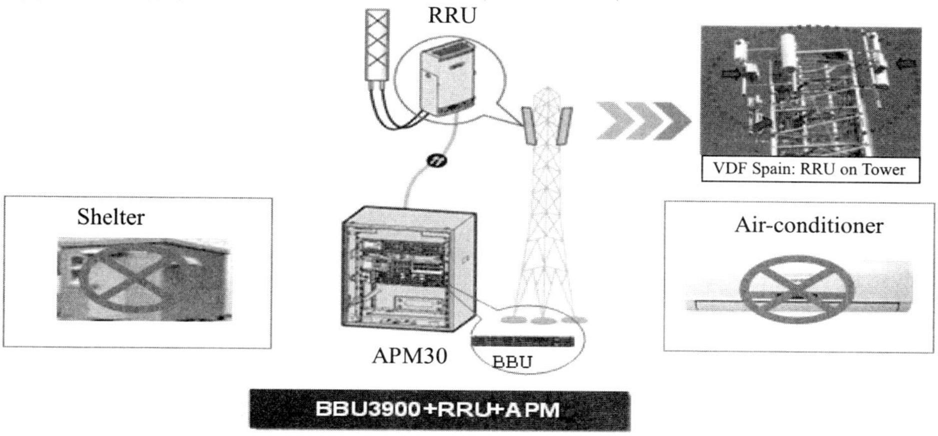

3）BBU3900 安装在室内机柜中

应用场景：有机房但是空间有限的情况下安装 3G 室内型基站。

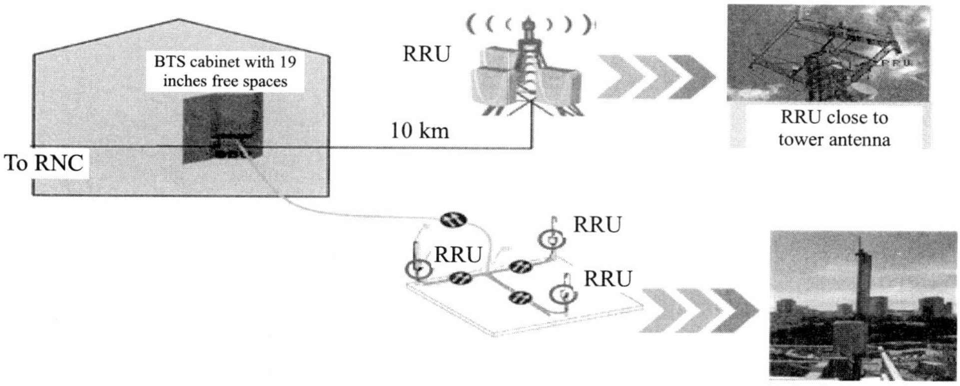

4）DBS3900 产品家族

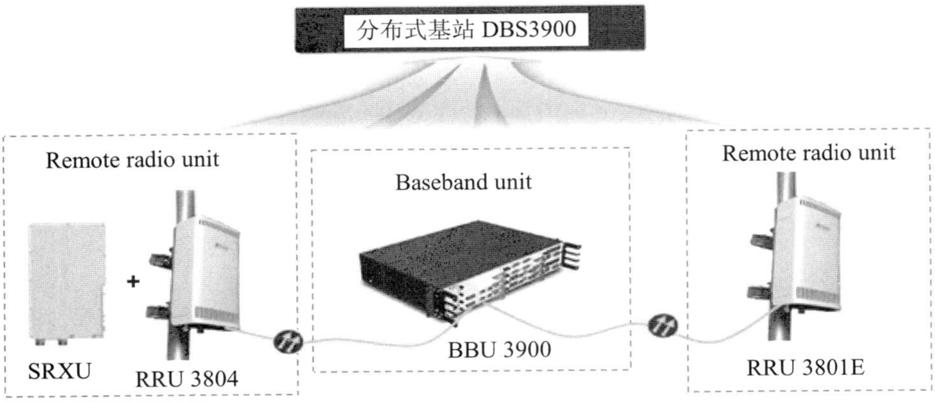

5）DBS3900 系列基站主要功能和特点

• 先进的平台化架构；

• 采用统一无线产品基础开发；

• 全 IP 架构，支持 GSM 和 WCDMA 双模共机柜应用，支持 HSPA+，支持向 LTE 平滑演进；

• 高集成度，大容量；

• 单个 BBU3900 支持 24 小区，支持上行 1536CE，下行 1536CE，支持 HSDPA 和 HSUPA 业务；

• 单个 RRU/WRFU 支持 4 载波配置，当系统从 1×1 扩容到 1×4，或从 3×1 扩容到 3×4 时，无须额外增加 RRU/WRFU；

• 高性能；

• 高接收灵敏度，双天线接收灵敏度优于-129.3dBm；

• WRFU 支持 80 W 功率输出，RRU3804 支持 60W 功率输出，功放效率达到 40%；

• 多种时钟与同步方式；

• 支持 Iub/GPS/BITS 等时钟；

• 支持 IP 时钟；

• 内部时钟失去时钟源后正常运行至少 90 天；

• 支持 HSDPA 业务（单小区下行峰值速率最大 14.4 Mbit/s）；

• 支持 HSUPA 业务（单用户峰值上行最大速率 5.76 Mbit/s）；

• 支持商用级 MBMS（Multimedia Broadcast and Multimedia Service）

• 高速 UE 接入；

• 支持 UE 移动速度最高为 400 km/h；

• 同频段共天馈；

• 支持 2G 与 3G 系统共天馈。

2．DBS3900 硬件结构

1）BBU 硬件结构

（1）BBU3900 物理结构。

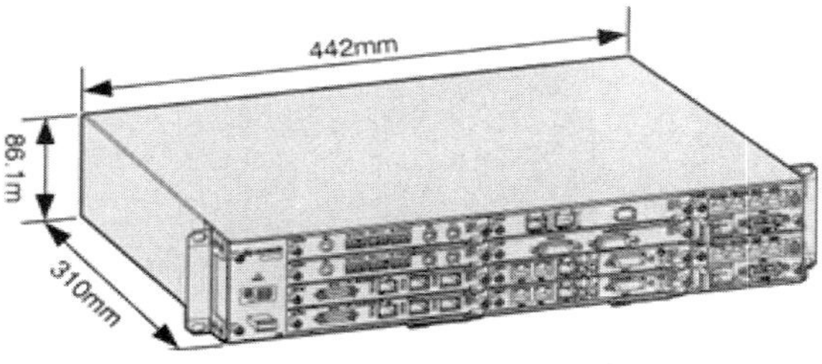

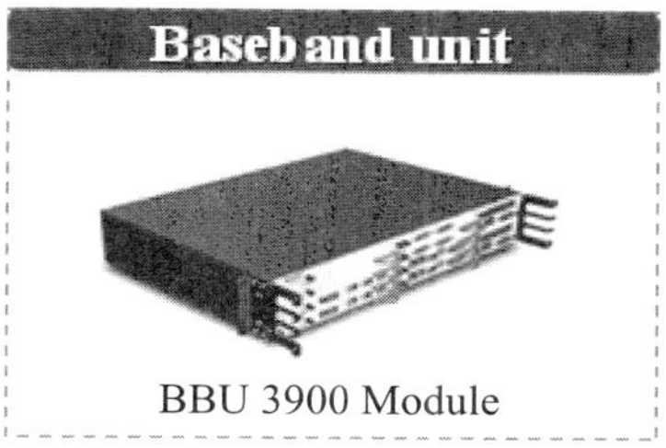

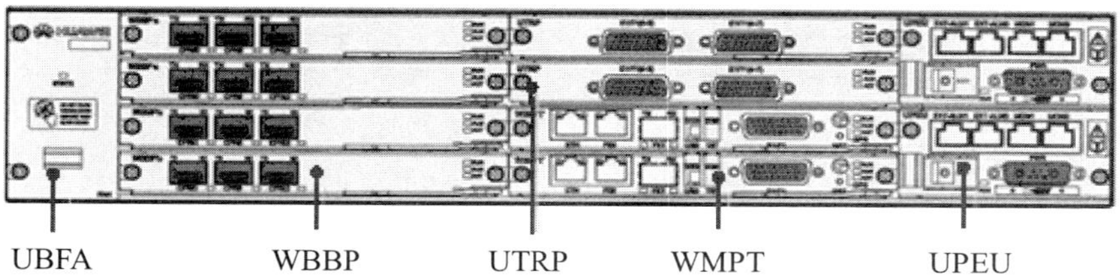

必配单板及模块：WMPT，WBBP，UBFA，UPEU。

选配单板：UELP，UFLP，UTRP，UEIU。

（2）BBU3900 槽位定义。

单板槽位号	FAN	Slot 0	Slot 4	PWR 1
		Slot 1	Slot 5	
		Slot 2	Slot 6	PWR 2
		Slot 3	Slot 7	

单板冗余关系	UBFA	UTRP	UTRP	UPEU/UEIU
		UTRP	UTRP	
		UTRP	WMPT	UPEU/UEIU
		UTRP	WMPT	

单板种类与操作关系	UBFA	WBBP/UTRP	WBBP/UTRP	UPEU/UEIU
		WBBP/UTRP	WBBP/UTRP	
		WBBP/UTRP	WMPT	UPEU/UEIU
		WBBP/UTRP	WMPT	

（3）BBU3900 逻辑结构。

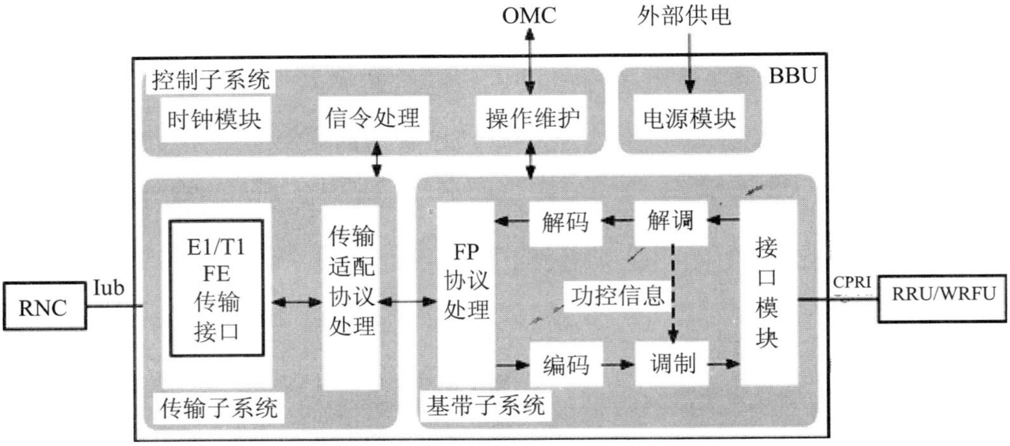

（4）WMPT 单板。

单板数量：2 块。主控板，主备工作模式（1+1 冷备份）。

①WMPT 单板的主要功能

- 提供操作维护功能；
- 为整个系统提供所需要的基准时钟；
- 提供 Node B 自动升级的 USB 接口；
- 为内其他单板提供信令处理和资源管理功能；
- 提供 1 个 4 路 E1 接口，支持 ATM、IP 协议；
- 提供 1 路 FE 电接口、1 路 FE 光接口，支持 IP 协议。

②WMPT 单板的面板状态

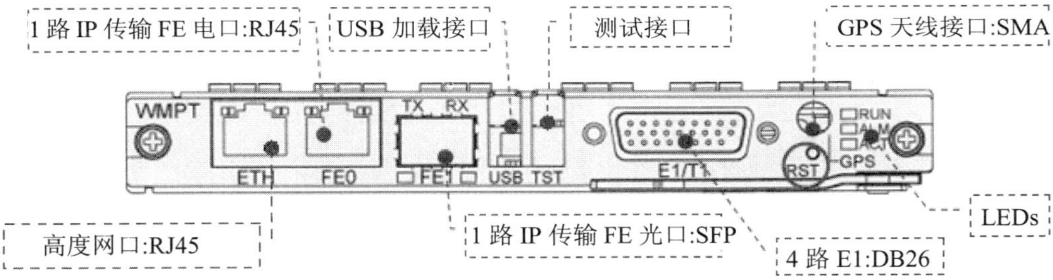

③WMPT 面板指示灯（LEDs）状态

标识	颜色	状态	含义
RUN	绿色	常亮	有电源输入，单板存在问题
		常灭	无电源输入
		1 s 亮 1 s 灭	单板按配置正常运行
		0.125 s 亮 0.125 s 灭	单板正在加载或者单板未开始工作
ALM	红色	常亮	单板有硬件告警
		常灭	无故障
ACT	绿色	闪亮	主用状态
		常灭	备用状态

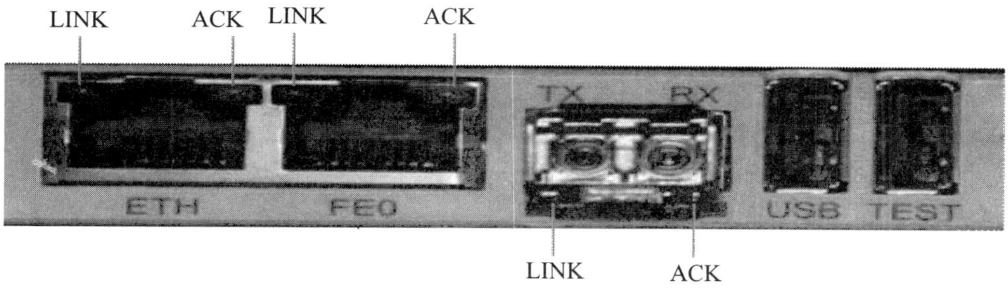

④单板接口指示灯含义

指示灯	颜色	状态	含义
FE0 电口，FE1 光口	绿色	常亮	连接成功
		常灭	没有连接
	黄色	闪亮	有数据收发
		常灭	没有数据收发
ETH	绿色	常亮	连接成功
		常灭	没有连接
	黄色	闪亮	有数据收发
		常灭	没有数据收发

⑤2 个拨码开关

SW1 用来设置 E1/T1 的工作模式；

SW2 用来设置各模式下 4 路 E1/T1 接收信号线接地情况。

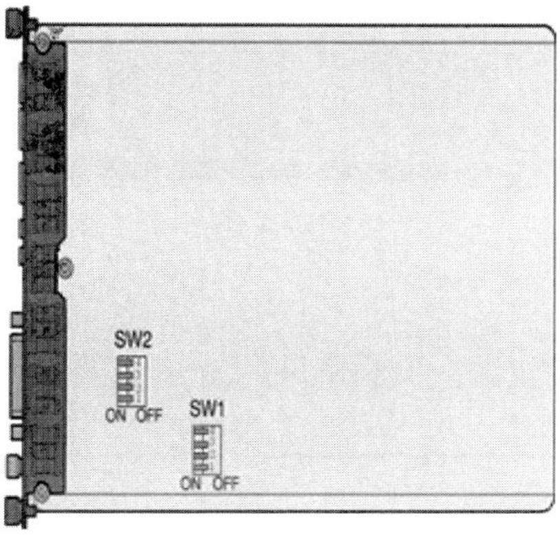

SW1拨码设置

拨码位	T1模式	120-ohm E1 平衡模式	75-ohm E1 非平衡模式
1	ON	OFF	ON
2	ON	OFF	ON
3	OFF	ON	ON
4	OFF	ON	ON

SW2拨码设置

拨码位	120-ohm E1 平衡模式	75-ohm E1 非平衡模式
1	OFF	ON
2	OFF	ON
3	OFF	ON
4	OFF	ON

（5）WBBP 基带处理单板。

最大单板数量：6 块。必配单板，资源池模式。

WBBP 基带处理单板的主要功能：

①提供与 RRU/RFU 通信的 CPRI 接口，支持 CPRI 接口的 1+1 备份；

②处理上/下行基带信号。

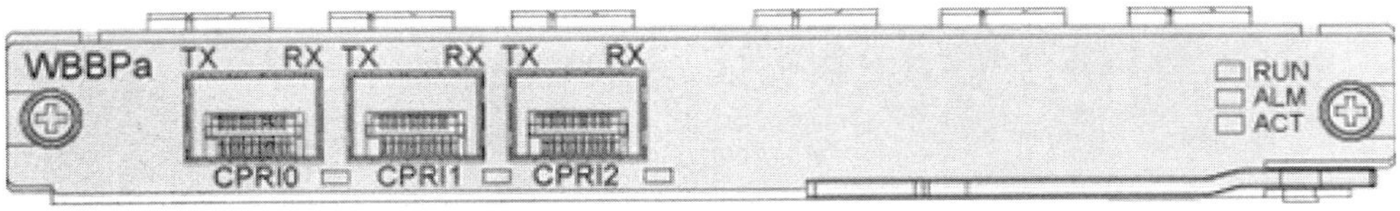

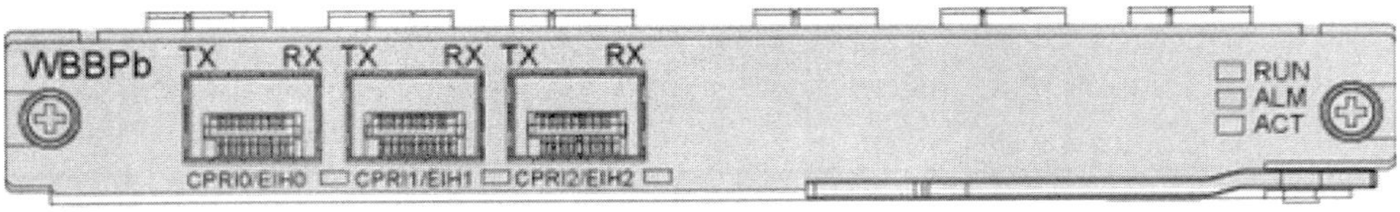

（6）UTRP 单板。

UTRP 单板是 BBU3900 的传输扩展板，可提供 8 路 E1/T1 接口和 1 路非通道化 STM-1/OC-3 接口。

扣权名称	接口
UAEU (Universal ATM over E1/T1 Interface and Processing Unit)	8 路 ATM over E1/T1 接口
UIEU (Universal IP Packet over E1/T1 interface and Processing Unit)	8 路 IP over E1/T1 接口
UUAS (Universal Unchannelized ATM over SDH/SCNET Card)	1 路非通道化 STM-1/OC-3 接口

● UAEU/UIEU

● UUAS

（7）UBFA 单板。

• 最大单板数：1 块，必配单板。

• 主要功能：控制风扇转速；向主控板上报风扇状态；检测进风口温度。

标识	颜色	状态	含义
STATE	绿色	0.125 s 亮，0.125 s 灭	模块尚未注册，无告警
		1 s 亮，1 s 灭	模块正常运行
	红色	常亮	模块有告警

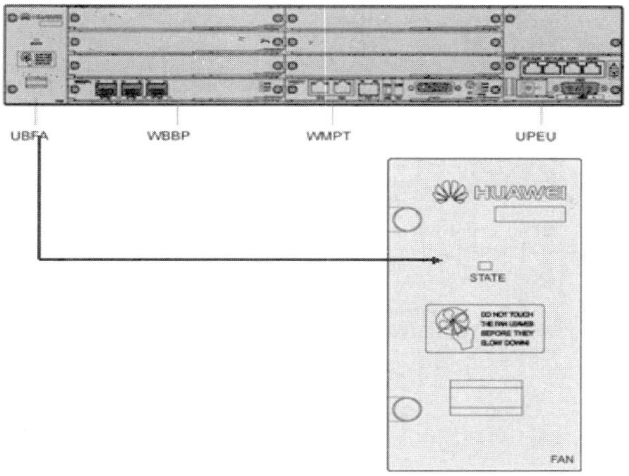

（8）UPEU 单板。

• 最大单板数：2 块，必配，1+1 备份。

• 主要功能：将–48 V（UPEA）或+24 V（UPE）直接电源输入转换成+12 V 直流电源，具有防反接功能；提供 2 路 RS485 信号接口和 8 路干结点信息号接口。

• UPEA 面板

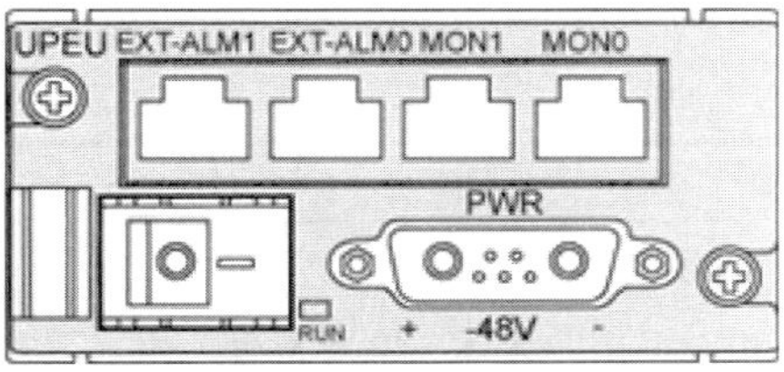

–48 V

• UPEB 面板

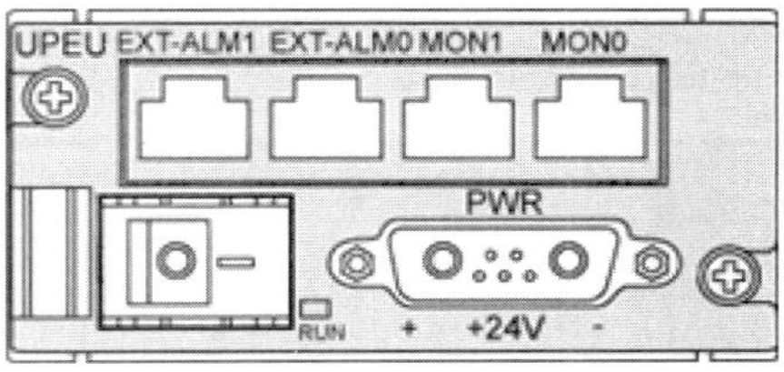

+24 V

（9）UELP 单板（可选）。

• 通用 E1/T1 防雷单元（UELP），可提供支持 4 路 E1/T1 信号的防雷。

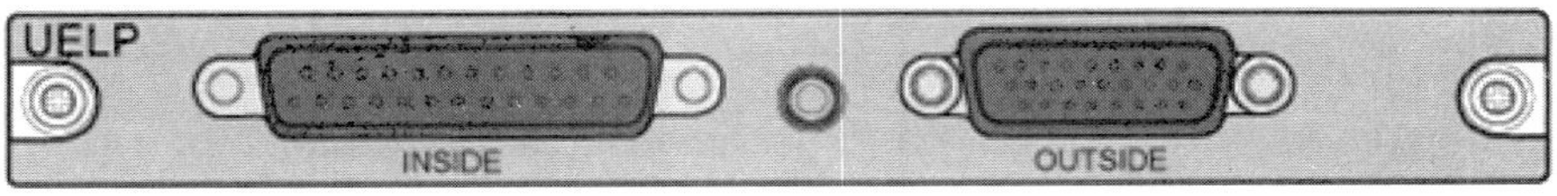

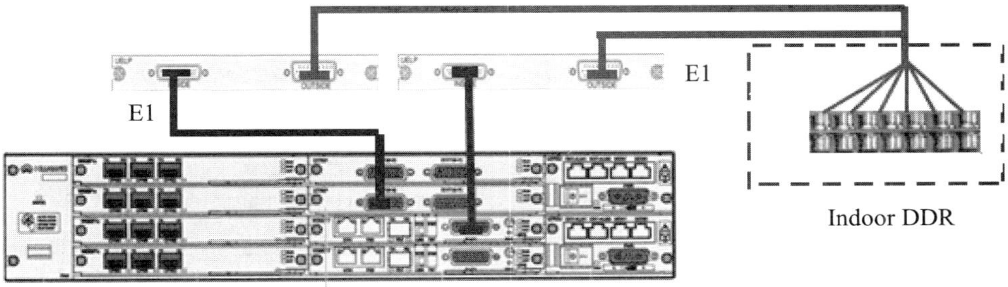

UBFA WBBP UTRP WMPT UPEU

2）RRU 硬件结构

（1）RRU/SRXU 的逻辑结构。

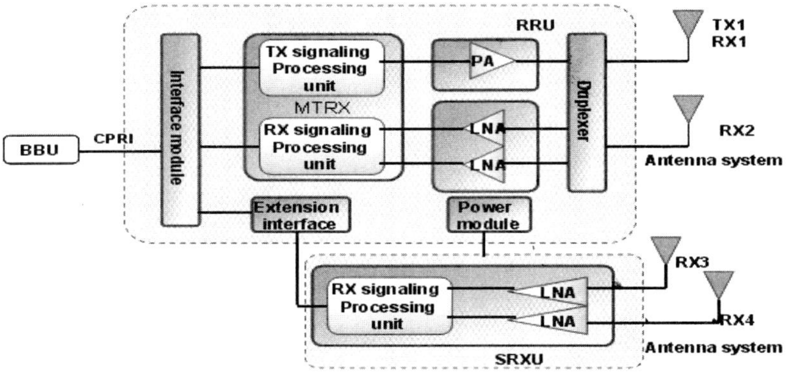

（2）RRU3804 特点。

- 支持 12 dB，24 dB 增益的 TMA（塔放大器）；
- RTWP 统计及上报；
- 驻波比统计及上报；
- 支持 ASIG（Antenna Interface Standards Group）2.0；
- 接收参考灵敏度典型值为-125.5dBm（双天线的情况下）；
- RRU3804 连接 SRXU 可支持 4 天线接收分集。

载波数	每载波输出功率（W）
1	50
2	30（1001 配置时，20 W 载波）
3	20
4	15

（3）RRU3804/3801E 外形和规格。

RRU3804外形

类型	RRU3804/3801E	
尺寸（带外壳）	RRU3804：520mm(H) x 280mm(W) x 155mm(D)	
重量	RRU3804 模块：≤15KG RRU3804及外壳：≤16KG	
电源输入	-48V DC	*允许电压范围*：-36 V DC ~ -57 V DC
最大功耗	275W	
扇区 × 载波	1×4(RRU3804) / 1×2(RRU3801E)	

说明

RRU3801E的外形（面板和接口）与 RRU3804一样

（4）RRU3804/3801E 面板及接口。

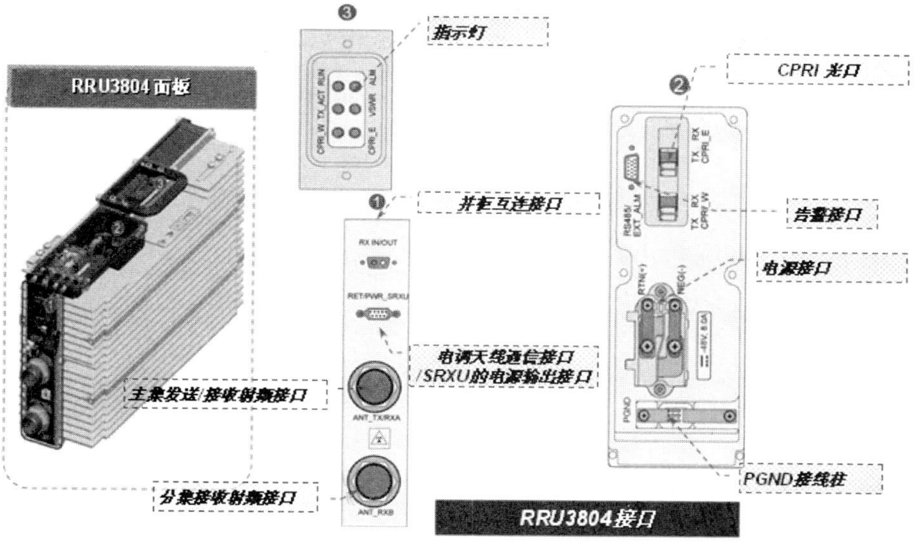

（5）RRU3804/RRU3801E 指示灯。

标识	颜色	状态	含义
RUN	绿色	常亮	有电源输入，但单板有故障
		常灭	无电源输入，或工作处于告警状态
		1 s 亮，1 s 灭	单板运行正常
		0.5 s 亮，0.5 s 灭	单板软件加载中
ALM	红色	常亮	告警状态（不包括 VSWR 告警）
		常灭	无告警（不包括 VSWR 告警）
TX_ACT	绿色	ON	工作状态
		OFF	无定义
VSWR	红色	常亮	有驻波告警
		常灭	无驻波告警
CPRI_W	红绿双色	绿色常亮	CPRI 链路正常
		红色常亮	光模块接收异常告警（近端 OS 告警）
		红色 0.5 s 亮，0.5 s 灭	CPRI 失锁
		常灭	光模块不在位或光模块下电
CPRI_E	红绿双色	绿色常亮	CPRI 链路正常
		红色常亮	光模块接收异常告警（近端 OS 告警）
		红色 0.5s 亮，0.5s 灭	CPRI 失锁
		常灭	光模块不在位或光模块下电

（6）SRXU 外形及规格。

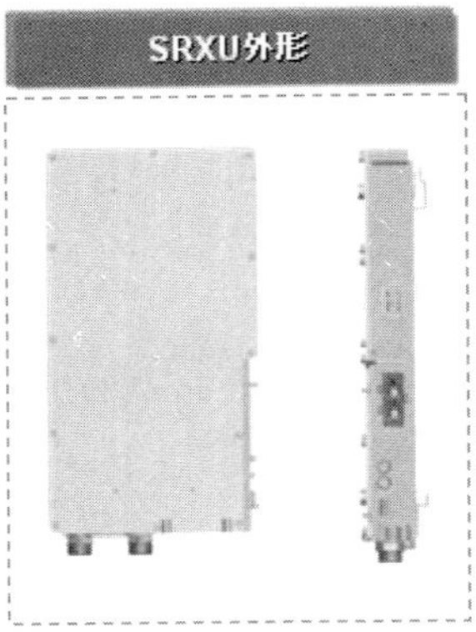

类型	SRXU	
尺寸（带外壳）	SRXU：270mm(W) x 60mm(D) x 480mm(H)	
重量	SRXU重量：≤6KG	
电源输入	-48V DC	允许电压范围：-36 V DC ~ -57 V DC
最大功耗	30W	

（7）SRXU 面板及接口。

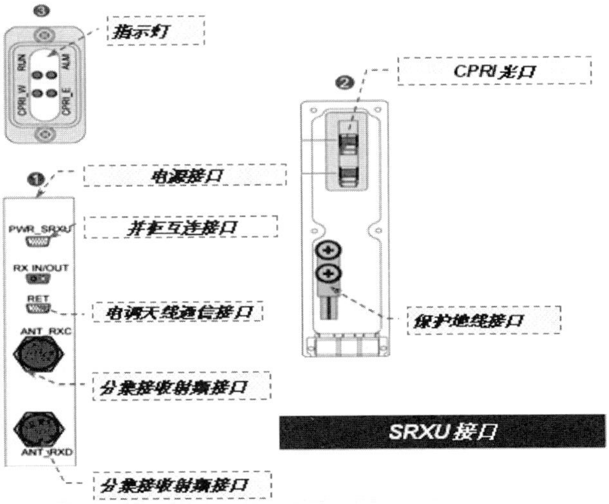

8）RRU 配置

根据输出功率和载波，RRU 分成两种类型：40 W RRU3801E，机顶输出功率为 40 W；60 W RRU3804，机顶输出功率为 60 W。

RRU 类型	频带	接收频带	发送频带	载波
RRU3804	UMTS2100	1920 MHz～1980 MHz	2110 MHz～2170 MHz	4
RRU3801E	UMTS2100	1920 MHz～1980 MHz	2110 MHz～2170 MHz	2
RRU3804	UMTS1900	1850 MHz～1910 MHz	1930MHz～1990 MHz	4
RRU3801E	UMTS1900	1850 MHz～1910 MHz	1930MHz～1990 MHz	2
RRU3804	UMTS1.7/2.1G	1710 MHz～1755 MHz	2110 MHz～2155 MHz	4
RRU3804	UMTS850	824 MHz～849 MHz	869 MHz～894 MHz	4
RRU38013	UMTS850	824 MHz～849 MHz	869 MHz～894 MHz	2
RRU3801C	UMTS1800	1710 MHz～1785 MHz	1805MHz～1880 MHz	2
RRU3801C	UMTS900	880 MHz～915 MHz	925 MHz～960 MHz	2

3）DBS3900 线缆

（1）BBU3900 线缆连接。

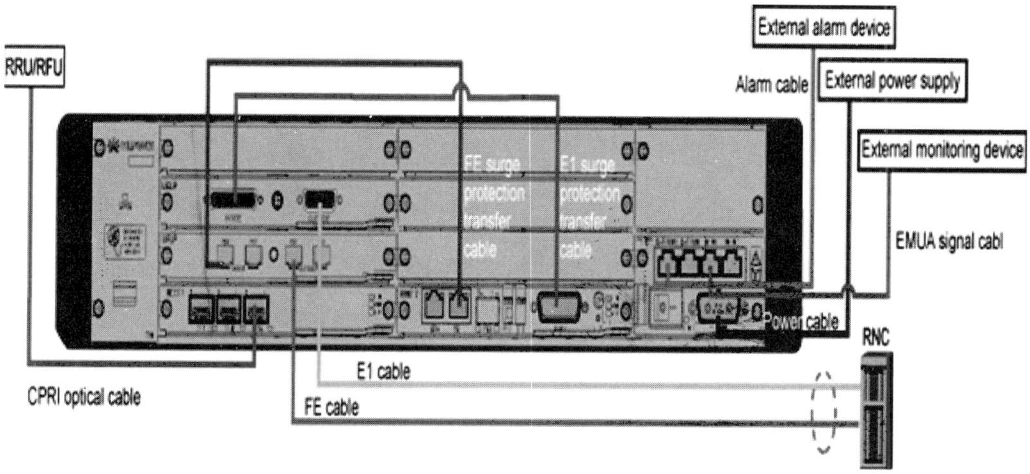

①线缆——BBU3900 电源线

根据电源输入，可选–48 V 电源线或+24 V 电源线。

外形：电源线一端为 3V3 电源连接器，另一端为裸线，需现场制作响应端子。

②线缆——BBU3900 传输线缆

E1 Cable 和 FE Cable。

E1 Surge Protection Transfer Cable；FE Surge Protection Transfer Cable。

③线缆——RRU3804 电源线

RRU 使用–48 V 直流屏蔽电源线，用于将外部的–48 V 直流电源引入 RRU，为 RRU 提供工作电源。

外形：–48 V 直流电源线的一端为两个 OT 端子，另一端为裸线。OT 端子需要现场制作。

④线缆——RRU3804/SRXU 光纤

BBU3900-RRU3804/SRXU CPRI 光纤。

（2）CPRI 光纤传送 CPRI 信号：

✧ BBU3900 与 RRU3801E 之间；

✧ BBU3900 与 RRU3804 之间；

✧ RRU3804 与 SRXU 之间；

CPRI 接口光纤为多模两芯光纤，两端均为 DLC 连接器。

BBU 与 RRU 之间的 CPRI 硬件连接和 RRU3801E 与 RRU3804 之间的 CPRI 硬件连接相同。

3．DBS3900 典型组网及配置

1）BBU 组网

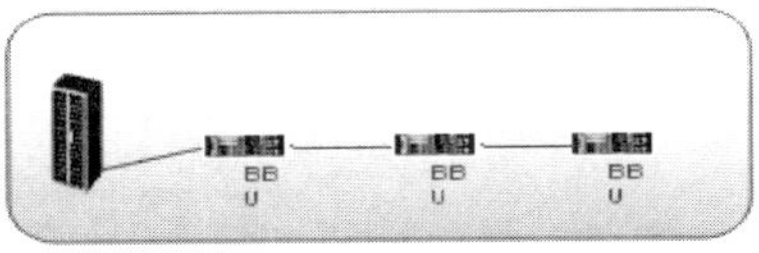

链形组网方式

- BBU 和 RNC 可以组成多种组网方式，例如星形、链形、树形和混合形

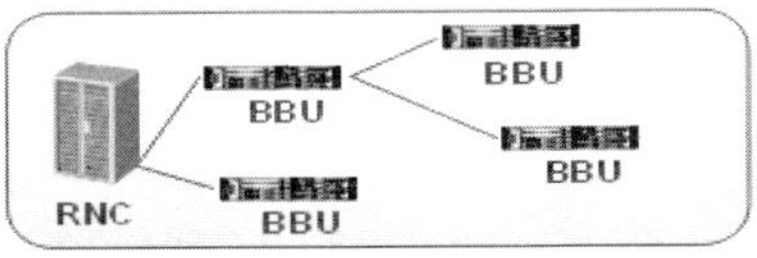

树形组网方式

- 树形和链形的组网模式下级联浓度小于 5 级

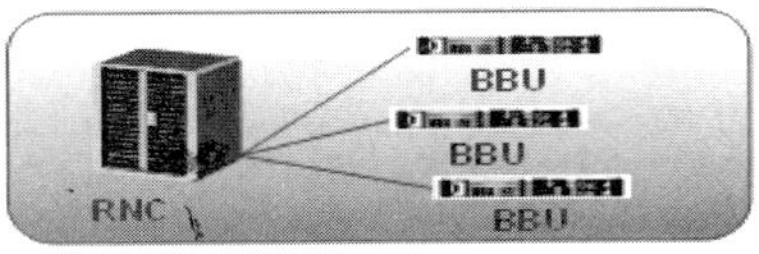

星形组网方式

2）RRU 组网

BBU 和 RRU 支持多种组网方式，如星形、链形、树形、环形和混合形。

对于链形和树形的组网方式：

当选用 1.25 G 的光模块时，级联深度≤4；

当选用 2.5 G 的光模块时，级联深度≤8。

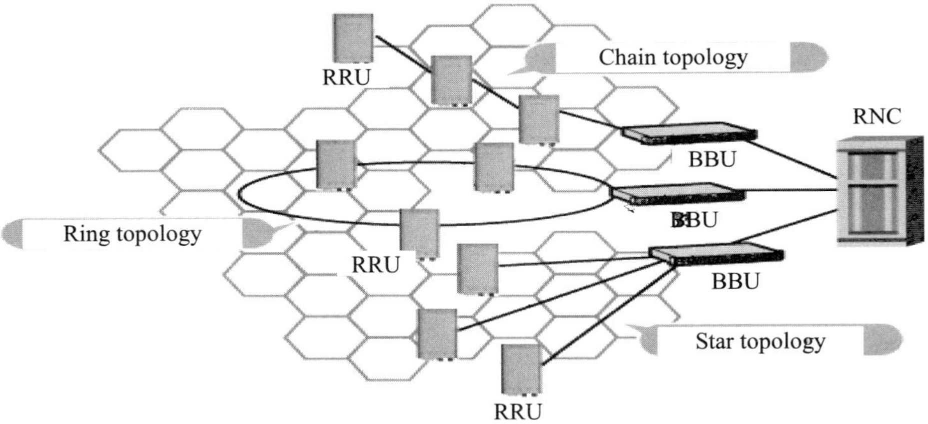

3）典型配置

配置	WBBP 的数量	RRU3804 的数量（无发射分集）	RRU3801E 的数量（无发射分集）
3×1	1	3	3
3×2	2	3	3
3×3	3	3	6
3×4	4	3	6

六、课后巩固

1. 简述 RAN 的网络地位和结构。
2. 简述 WCDMA-RAN 的优点。
3. 简述 Iub 接口的协议栈。
4. 简述 Uu 接口的协议栈。
5. 简述 RAN 的天线分类。
6. 简述 DBS3900 各部分的单板的功能。

实训三　验证实训
WCDMA-BSC6810 全局设备配置调试

一、目的

1．了解 BSC6810 的基础配置内容；
2．了解 RNC 中，SAC、RAC、URA 等配置关系；
3．了解 LMT 在初始配置中的作用。

二、实训器材

华为 WCDMA 移动设备无线部分之一：BSC6810。

三、实训内容说明

1．掌握 BSC6810 的基础数据设定；
2．掌握 BSC6810 的 LMT 软件使用以及实训方法。

四、知识准备

1．RNC 初始配置

1）RNC 初始配置定义

RNC 初始配置指通过配置实现设备的正常运行，包括配置脚本的编写和执行。

RNC 初始安装后，根据自身硬件设备、网络规划以及与其他设备协商等方面准备和配置数据，得到一份 MML 命令脚本（文本格式）。

RNC 初始配置得到的 MML 命令脚本中包含的数据必须完整、一致、有效，在随后的执行过程中可以生成数据文件并加载到 RNC 前台，从而使系统工作正常。

2）RNC 初始配置工具

RNC 初始配置工具是指任何一个在已有 MML 命令脚本的条件下，通过增加、删除、修改 MML 命令的操作获得初始配置脚本的文字编辑器。

本地维护终端（LMT）中的 MML 客户端是一种 RNC 初始配置工具。

2．MML 工具的应用

1）开局

开局初期，参考协商数据和模板脚本制作本局需要使用的脚本文件，采用批执行方式加载 HUAWEI BSC6810 数据。

2）批量修改数据

网规网优，技术支持工程师需要大量修改现网 BSC6810 配置数据时，采用批执行 MML 脚本方式修改 BSC6810 配置数据。

3）修改少量数据

在排除故障中需要修改较少数据或验证检查结果时可以通过执行单条 MML 命令完成本操作。

4）实训室进行实训操作预配置

实训环境中，需要根据老师提供的网络规划数据，进行设备及接口数据预配置，然后使用实训软件进行加载验证。

3．数据配置状态

1）离线数据配置

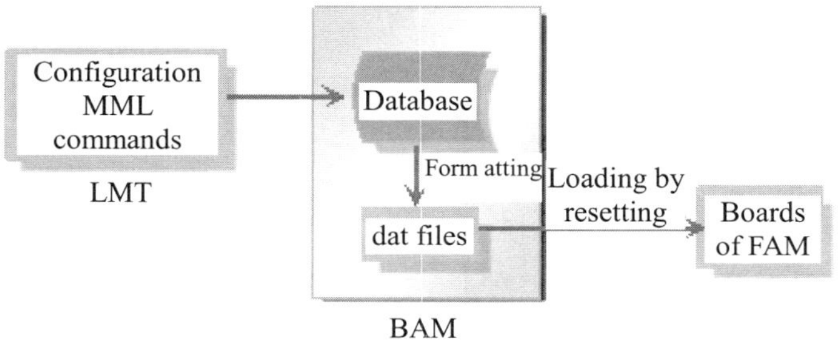

离线数据配置中，MML 生成命令之后存入 Database（SQL2000），不发往前台生效；如需数据生效，则使用格式转换命令，将命令转换成.data files 机器语言，然后通过复位主机的方式进行加载生效。

2）在线数据配置

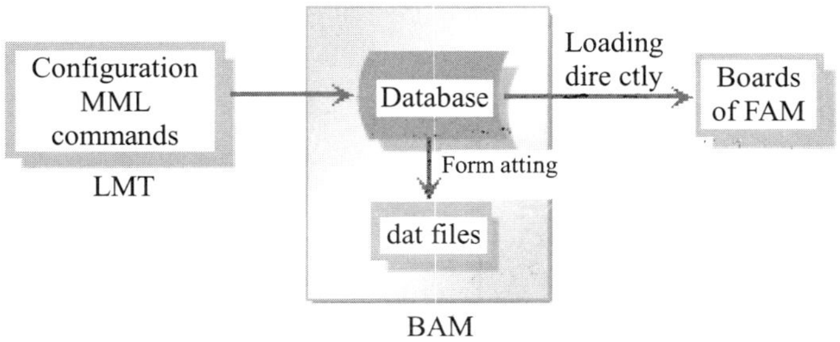

在线数据配置中，MML 命令输入之后，存入主机，并将会同时发往主机生效，并且自动执行格式转换命令转换成.data files 机器语言。

说明：两种数据配置模式的唯一区别在于配置数据生效的方式不同。

4．脱机数据配置步骤

启动 LMT 软件，在下面的窗口时点击“离线”；

然后选择网元“RNC”，点击“确定”；

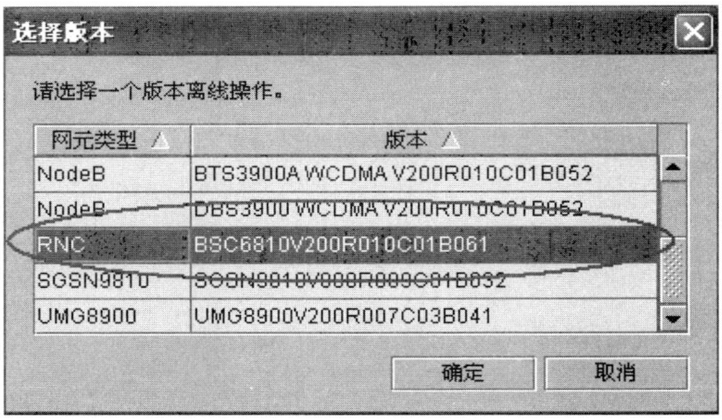

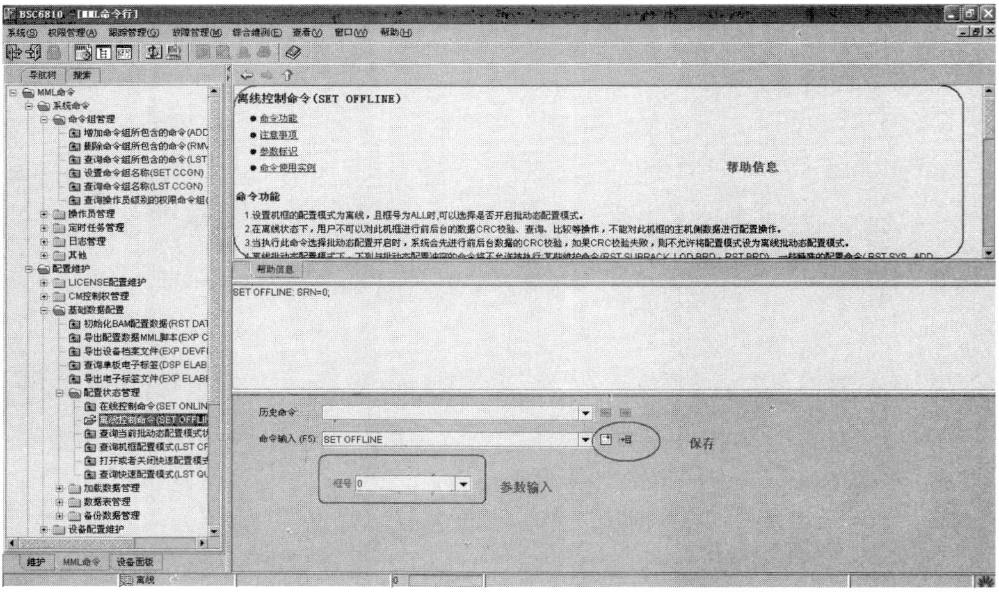

在脱机配置模式下，在脱机状态下，按钮和快捷键 F9 的功能是保存输入的 MML 命令。

默认保存输入命令的路径为：LMT 安装目录\client\output\BSC6810\对应版本号\batch\。

在用户输入命令后第一次按保存按钮或使用快捷键 F9 时，系统显示“保存”对话框要求用户保存命令，如果要保存的话，必须为必选参数设置参数值才能保存。

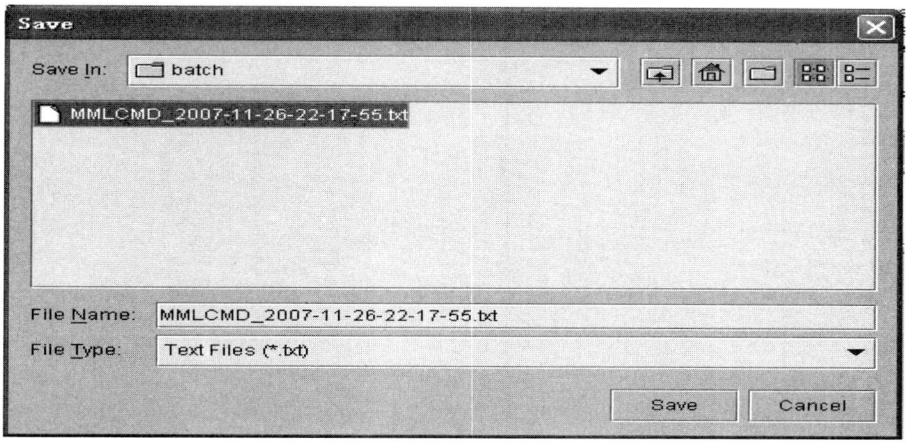

5．联机数据设定方式

联机数据设定方式分为两种，一种是命令行直接单条执行；另一种就是使用制作好的数据脚本进行批处理。详情不具体介绍。

6．数据配置概述

行动	含义
ADD	增加一个目标
SET	设置一个目标
LST	查询 BAM 数据库配置信息
DSP	查询 FAM 中目标的运行状态或 BAM 中的运行状态
MOD	修改一个目标
RMV	删除一个目标
ACT	激活一个目标
DEA	去激活一个目标
RST	重启一个目标

请熟练运用不同命令的 ADD/LST/DSP/RMV 来实现我们的业务配置。

7．RNC 初始配置过程

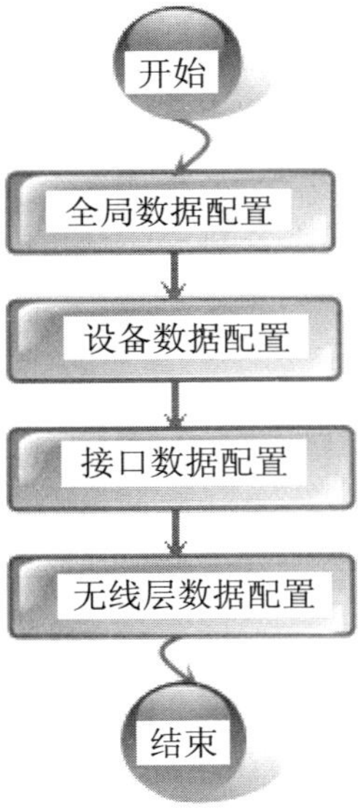

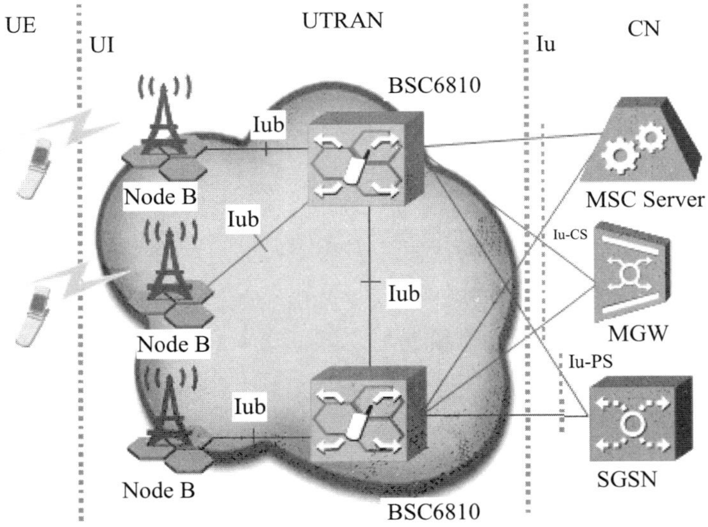

8．名称解释

1）IMSI

IMSI（国际移动用户识别码）是一个用户在全球范围内的唯一国际代。它由以下三部分组成。

MCC（Mobile Country Code）：包含三位数字，唯一标识移动用户所属国家，例如“中国 460”。

MNC（Mobile Network Code）：包含两位或三位数字，标识移动用户的归属 PLMN，例如“中国移动 00”“中国联通 01”“中国电信 03”。

MSIN（Mobile Subscriber Identity Number）：标识一个 PLMN 内的移动用户由 HLRID 和在 HLR 内的用户号码组成。

2）T MSI

T MSI（Temporary Mobile Station Identity，临时移动用户识别码）保证用户在无线接口的安全。当一个用户进入 VLR 区域时，VLR 会给该用户分配一个 TMSI。当用户漫游出该 VLR 区域或者另外一个 T MSI 被分配给该用户时，此前分配给用户的 T MSI 将不可用。T MSI 存储在 VLR 数据库中和用户的 USIM/SIM 卡中。

3）P-TMSI

P-TMSI（Packet-Temporary Mobile Station Identity）：为了对 IMSI 保密，SGSN 可为来访的 GPRS 移动用户分配一个唯一的 P-TMSI 号码，它仅在本地使用。P-TMSI 为一个 4 字节的十六进制数。在 MSC 和 SGSN 都覆盖的区域中，SGSN 分配的 P-TMSI 最高两比特为 11，MSC 分配的 TMSI 最高两比特为 00、01 和 10。网络不能分配 32 个比特全 1 的 TMSI/P-TMSI。

9. 信令点编码

目前国内网使用 24 位编码，国际网使用 14 位编码。国际关口局有两个信令点编码，一个 14 位，一个 24 位，实现国内与国际网的互通。

1）ANSI 信令点编码

每个 SP（信令点）都有一个唯一的网络地址，叫作信令点编码。ANSI 信令点编码采用 24 位分等级的地址编码：8 位的网络号+8 位的集团号+8 位的成员号。

中国国内采用 24 位的信令点编码，具体的 3 个 8 位组意义如下：

- 8 位的主信令区编码，省份（或市）；
- 8 位的分信令区编码，代表各信令点所在交换局的等级；
- 8 位具体的信令点编码。

2）ITU-T 信令点编码

国际信令网的信令点编码采用 14 位编码，具体的位组意义如下：

- 3 位表示全球按地理区域划分的大区号，如中国处于第四大区，美国处于第三大区；
- 8 位表示大区内的区域网号，中国的区域号为 120；
- 3 位表示具体的信令点编码。

有些国家采用 14 位编码，有些国家采用 24 位编码。国际备用采用 24 位编码。

说明：在中国国内采用两种编码，在通信大网即运营商内和运营商之间的核心网、STP 等均采用 24 位信令点编码，其编码全国统一编号。仅仅在移动通信中会同时采用两种编码，其中移动核心网同时具备 24 位和 14 位的信令编码，24 位国内主用编码用于互联互通等；在无线接入部分即 BSS 或者 RAN 部分，采用国内备用 14 位编码，一般各省统一编号。

五、数据准备

1. 协商数据

1）RNC 全局协商数据

（1）CN 全局协商数据。

核心网运营商名称	是否为主运营商	MCC	MNC
csust	yes	460	10

说明：Reference MML command：ADD CNOPERATOR；当支持 RAN-Sharing 功能时，按实际运营商个数插入行。

（2）RNC 全局协商数据。

RNC 名称	RNC 标识	是否支持 RAN sharing	支持运营商个数	是否支持跨运营商切换
RNC-1	1	No		

说明：Reference MML command：ADD RNCBASIC；RNC 名称和标识有时由客户给定，当客户不做要求时，仅内部规划。

（3）CS 域信息。

[周期性位置更新定时器]	[附着分离允许指示]	[非连续循环周期长度系数]

说明：Reference MML command：ADD CNDOMAIN；周期性位置更新定时器只要小于核心网设置就可以，也可协商。

（4）PS 域信息。

网络运营模式	非连续循环周期长度系数

说明：Reference MML command：ADD CNDOMAIN。

（5）全局位置信息（可选）。

LAC	RAC	CS SAC	PS SAC	MB MS SAC	URA ID
1	1	1	1		

说明：可以由客户给出，也可以由网络规划设定。

（6）RNC 源信令点信息（ATM 传输）。

网络标识	RNC 源信令点编码位数	RNC 的源信令点编码	RNC ATM 地址
NATB	BIT14	H'D12	H'4586139007551000000000000000000000000000

2）设备协商数据

设备协商参数主要是：时钟参数、系统时间信息、RSS/RBS 框参数。

3）设备配置参数（参考下面深灰色硬件）

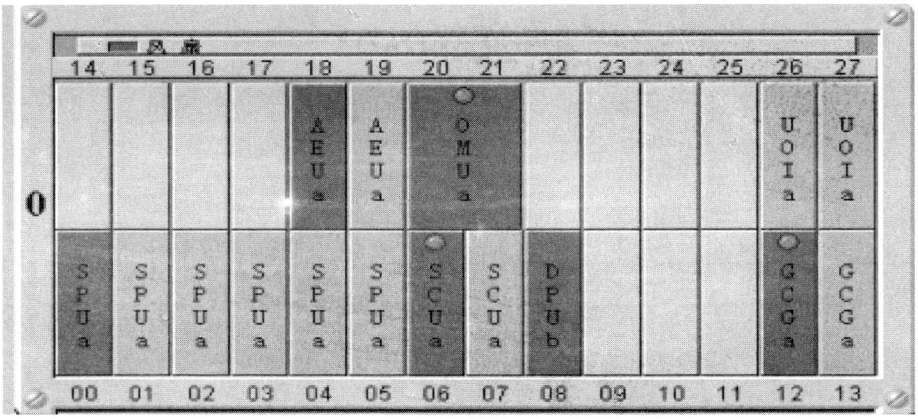

2．数据脚本制作

SET OFFLINE: SRN=ALL;

//离线配置命令，指示本命令仅仅在复位主机后生效

RST DATA:;

//初始化数据库命令，该命令将会对 OMU 的数据库进行清除原有配置而恢复一份系统默认数据。

RMV BRD: SRN=0, SN=8;
RMV BRD: SRN=0, SN=9;
RMV BRD: SRN=0, SN=10;
RMV BRD: SRN=0, SN=11;
RMV BRD: SRN=0, SN=14;
RMV BRD: SRN=0, SN=16;
RMV BRD: SRN=0, SN=18;
RMV BRD: SRN=0, SN=24;
RMV BRD: SRN=0, SN=26;

//单板调整命令，上述命令的目的是因为使用 RST DATA 命令之后，数据库将初始机框单板满配，不符合现场实际板位，所以需要删除部分单板。

ADD BRD:SRN=0, SN=8, BRDTYPE=DPU;
ADD BRD:SRN=0, SN=18, BRDTYPE=AEU, RED=YES;
ADD BRD:SRN=0, SN=26, BRDTYPE=UOI_ATM, RED=YES;

// BRDTYPE=UOI_ATM，一定要选择为 ATM 方式。实训室的接口需要使用 ATM 光口。

//单板调整命令，上述命令的目的是因为在之前删除部分单板之后，需要按照实际配置新增单板。3 块接口单板单板配置需要选择备份与否的时候，一定要选择为备份，否则后续接口数据配置会提示有问题。

MOD SUBRACK: SRN=0, MPUSN=0;

//修改机框名称（为可选操作）。

ADD RNCBASIC: RncId=1, SharingSupport=NO, InterPlmnHoAllowed=NO;

//增加 RNC 基本配置。

//RNC ID：范围是 0～4095。该参数用于在同一个运营商网络中进行唯一标识。依据运营商要求整网内规划。

//RNC sharing：是一个新的特性。这个特性能使 RNC 和 Node B 同时由多个运营商共享使用节省成本。如果该参数选为 YES，RNC 需要配置多个 PLMN，每一个运营商可以在专用的小区中广播自己的 PLMN 码。

//Max Cn Operator Num：参数范围 2～4 意味着最大只能配置 4 个运营商共享。

//Inter plmn Ho Allowed：如果这个参数设为 YES，UE 可以在不同运营商之间完成切换。运营商之间的切换通常是不被允许的，但并不是所有运营商都是这种规则，具体要根据运营商需求设置。

ADD OPC:NI=NATB, SPCBITS=BIT14, SPC=H'00D12, RSTFUN=OFF, NSAP="H'4586139007551000000000000000000000000000", NAME="RNC1";

//增加 RNC 源信令点：定义了信令点属性为国内备用，14 位，信令点编码以及 ATM 编码等。

ADD E MSIP: E MSIP="129.9.0.110", MASK="255.255.255.0", BAMIP="129.9.0.100", BAMMASK="255.255.255.0";

//增加网管维护地址：（工程或者维护上，是作为集中网管的地址路由使用，实训室中意义不大，主要就是定义 BAM 的 IP 地址）。

ADD CNOPERATOR: CnOpIndex=0, CnOperatorName="csust", PrimaryOperatorFlag=YES, MCC="460", MNC="10";

//配置 RNC 基本信息：主要参数是定义移动国家编码和移动网号，需要和 CS 域一致，不能错误，否则手机不能位置更新。

SET SYS:SYSDESC="CCAC-RNC1", SYSOBJECTID="1", SYSCONTACT="8008302118", SYSLOCATION="GZ", SYSSERVICES="RNC";

//设置 RNC 系统信息：RNC 系统描述信息数据只存放在 BAM 数据库内，并不发送到 RNC 主机。本命令中的每个参数需要根据客户的要求填写。

SET CLK: SRT=RSS, SN=26, BT=UOI_ATM, REF2MCLKSRC=0, BACK8KCLKSW1=ON, BACK8KCLKSW2=ON;

ADD CLKSRC: SRCGRD=1, SRCT=LINE1_8 KHZ;

ADD CLKSRC: SRCGRD=2, SRCT=LINE2_8 KHZ;

SET CLKMODE: CLKWMODE=AUTO;

SET CLKTYPE: CLKTYPE=GCU;

SET TZ: ZONET=GMT+0800, DST=NO;

//上述命令为设置系统时钟参数，时钟源以及时钟工作模式、时区参数等，在现网配置中很重要，作为数字通信系统最为重要的时钟同步要求时钟必须准确可靠。实训网中由于没有外置 BITS 或者 GPS 时钟，所以对上述要求不严谨。

ADD LAC: CnOpIndex=0, LAC=1, PlmnValTagMin=1, PlmnValTagMax=64;
//增加语音接入位置区。
//LAI（location area identity）位置区识别=MCC+MNC+LAC。
//LAC：MS 在本地位置区内可以自由移动，不需要进行位置更新。LAC 为一个 2 字节十六进制编码（范围为 0000～FFFF，全部为 0 的编码不用）。本例中该参数取值 8005。
//PLMN 值范围在位置区和路由区不能重叠。

ADD RAC: CnOpIndex=0, LAC=1, RAC=1, PlmnValTagMin=65, PlmnValTagMax=128;
//增加数据接入位置区。
//RAI（Route area identity）路由区识别=MCC+MNC+LAC+RAC。
//RAC 是一个固定长度为 1 字节的标识，用于标识一个位置区内的一个路由区，RAC 在该位置区中应是唯一的，本例中该值取为 1。

ADD SAC: CnOpIndex=0, LAC=1, SAC=1;
//增加服务小区。
//SAI（Service area identity）服务区识别=MCC+MNC+LAC+SAC。

ADD URA: URAId=0, CnOpIndex=0;
//增加 URA 区。

FMT DATA: FT=ALL_SUBRACK, WORKAREA=ACTIVE;
SET LODCTRL: LODCTRL=LFB;
SET ONLINE: SRN=ALL;
RST SUBRACK: SRN=0;
//上述 4 条命令的使用，是因为全局及设备配置命令只能在离线模式下配置，所以必须要格式化数据，然后复位机框，数据才能生效。

六、实训步骤

1．首先提前 15 分钟打开 BSC6810 的电源，具体操作方式请参考相关资料。注意：BSC6810 关机一定要按照顺序先关闭机柜内的服务器单板，然后再断电。

2. 启动 EB-SERVER 服务器端。（此步骤中包含学生的 IP 许可及实训时间长短设置，一次设定即可，该步骤由教师设定，与学生无关。服务端位于教师机机器上）

3. 启动 EB-TEACHER 控制端。（此步骤作为教师控制及查看学生实训进程及浏览日志使用，与学生无关。该软件一般位于教师机上。连接服务端的 IP 地址 129.9.0.160）

4．学生终端，双击桌面图标，启动 EB-Client。

5．在下面的界面中，注意保持服务器地址是 129.9.0.160。

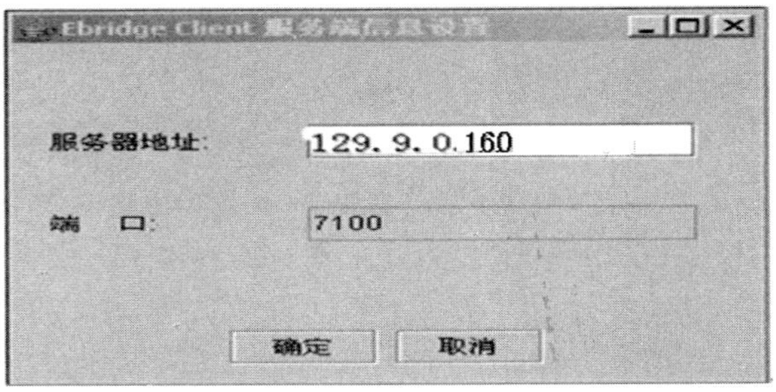

6．确定之后，需要登录教师机上的控制器，请输入正确的用户名即学生名字，以及学号、班级等个人信息，在控制器 IP 地址栏输入教师机的地址 129.9.0.160 即可。

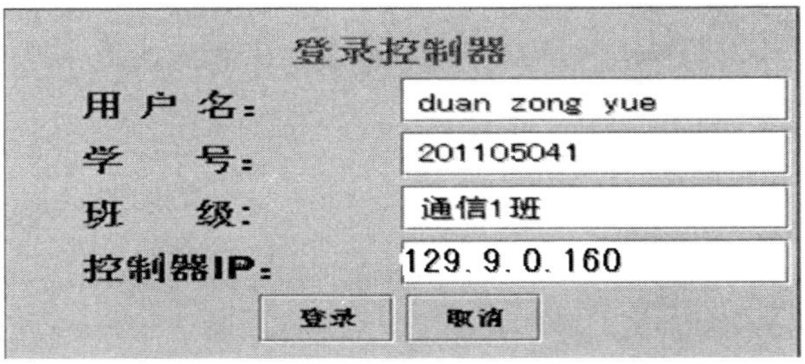

7．登录之后，就会出现如下的界面，该界面为实训界面，通过在该界面上的一系列操作，即可完成实训过程。

8．学生终端在保持上述界面时，教师机是看不到学生的登录状态的，需要学生点击“开始 RNC 实训”，如下图所示。

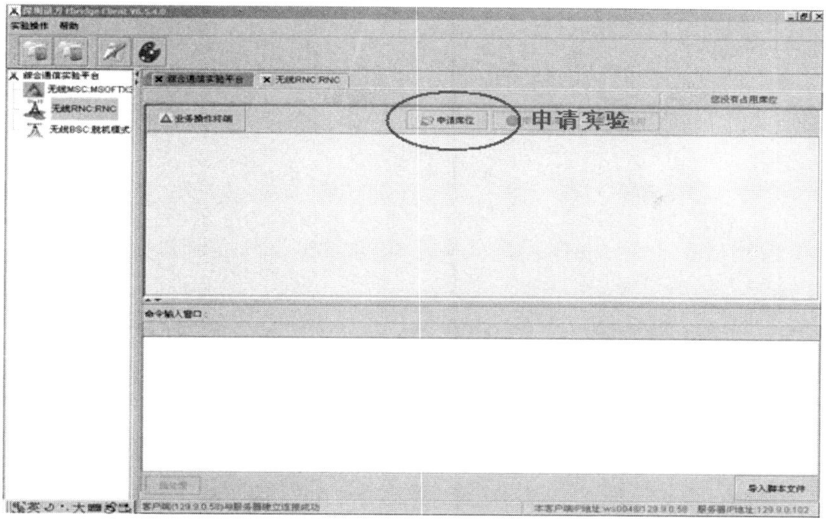

9．系统会自动进行线程请求和数据预处理，界面切换，如下图所示。

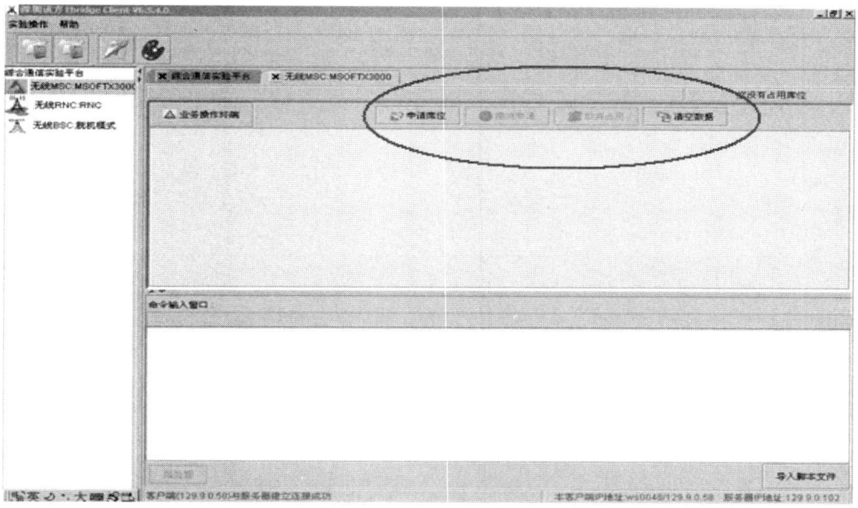

10．同时有提示终端，系统正在初始化数据。

11．等窗口出现如下图的提示时，即占用席位成功，可以进行实训操作。

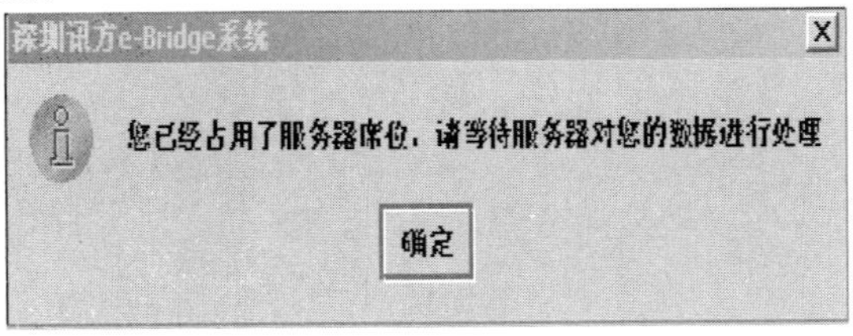

12．席位占用成功之后，EB 窗口的右下角可以导入前面制作好的 MML 脚本文件。

13．此时，EB 窗口的左下角的“批处理”按钮应该会变成黑色，点击“批处理”按钮即可自动导入脚本文件，然后等待设备进行处理及自动服务。大约需要 5 分钟时间，可以完成查看实训操作效果。

14．教师可以在教师机上通过查看日志来观察判断学生在操作过程中出现的错误命令等。

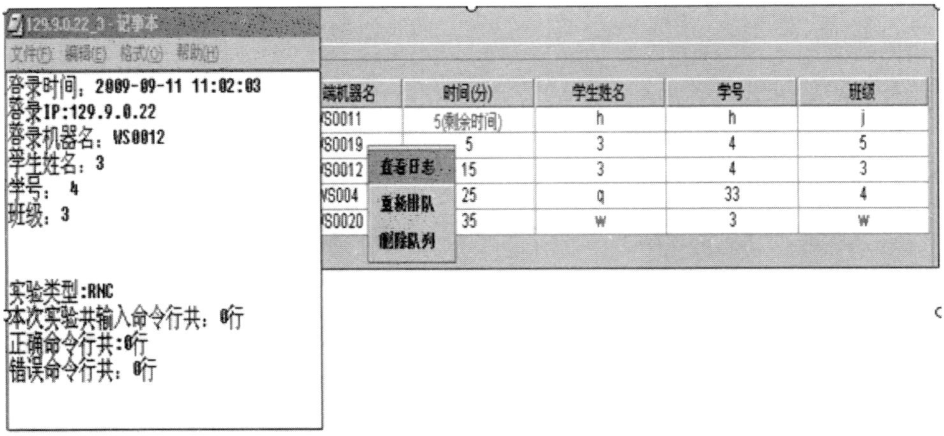

七、验证结果

1．结果验证说明

（1）不能放弃席位之后验证，因为后续排队的学生会占用席位进行操作而清除了本次配置。

（2）不能同时登录 LMT 方式进行验证，因为同一时间只能一个用户进行登录。

（3）结果验证只能将命令使用“CTRL+V”方式粘贴到EB客户端的命令输入窗口，然后回车即可。

2．本节实训验证方式

（1）硬件配置检查，只需要在设备硬件配置界面和下图一致即可。

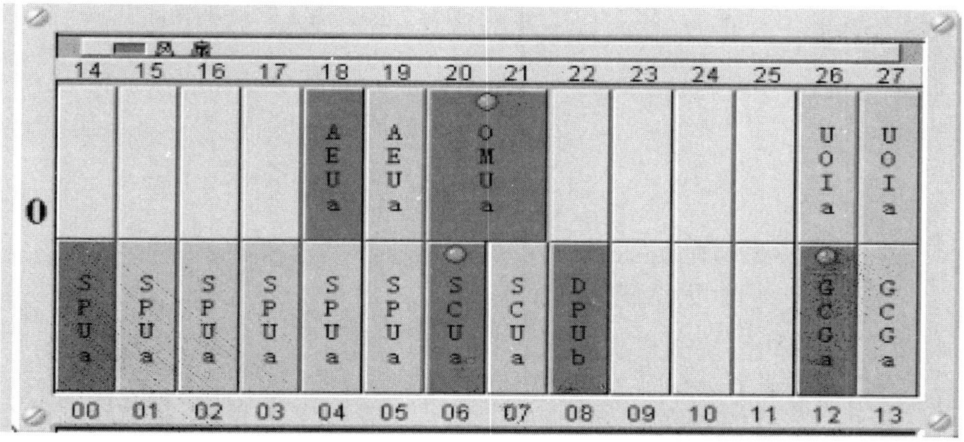

（2）检查本局信息及信令配置是否正确：

LST OPC:;LST RNCBASIC:;

（3）检查运营商标识是否正确：

LST CNOPERATOR:;

（4）检查RNC UTRAN注册区配置：

LST URA:;

（5）检查BAM的IP地址配置是否正确：

LST E MSIP:;

（6）检查时钟、时区等配置：

LST CLKSRC:;LST TZ:;

八、课后巩固

1．国际国内信令点的编码方式分别是什么？

2．移动通信中为什么MSC要用两种信令点编码，而RNC则只用一种？

3．BSC6810中的几种接口单板如何和其他网元连接？

实训四　验证实训
WCDMA-DBS3900 使用 CME 预配置

一、目的

1．了解 Node B 的组网连接；
2．了解 DBS3900 使用 CME 的预配置方法；
3．掌握 CME 和 LMT 在 Node B 实际运用中的区别。

二、实训器材

华为 WCDMA 移动设备无线部分之一：DBS3900。CME 软件。

三、实训内容说明

1．掌握 DBS3900 的基于 ATM 方式的预配置；
2．掌握 DBS3900 的数据配置的特点。

四、知识准备

1．CME 简介

CME 系统是 RAN 设备的辅助工程设计系统。它采用图形化界面，提供对 RAN（RAN 系统下包括多个 RNS，一个 RNS 包括一个 RNC 和至少一个 Node B）设备进行数据配置的一体化解决方案，简化 RAN 数据配置工作的复杂性，提高数据配置效率，降低客户日常维护成本。

CME 独立运行，不集成于网管系统，不与现网实时连接。通过直接启动 CME 应用程序（即 CME 客户端）的方式进行数据配置。该模式主要满足用户在非网管环境下对数据进行配置的需求，适用场景较灵活。CME 客户端和 CME 服务器可以位于相同或不同的计算机上。

CME 特点：面向场景的一体化解决方案；多 RNS 多版本的配置管理；工程化的数据管理；灵活的运行方式；面向用户对象设计（UCD）；Iub 接口一致性保证；方便的资源管理；智能的信息运算；数据辅助修改工具；基站搬迁工具；集中脚本执行工具；多样化的数据来源。

CME 协商数据文件：为了简化初始配置的过程，根据实际情况在站点准备阶段获取的配置数据（包括无线层网络规划数据文件、Iu/Iur 接口协商数据、Iub 接口协商数据），模板格式为 Excel（.xls）文件。进行 RAN 初始配置或扩容时，将协商数据文件中的数据导入 CME，生成 CME 配置数据。

CME Node B 模板文件：指为简化 Node B 侧的数据配置，按照常用的配置类型、解调模式、Iub 传输方式等预定制的一些规范的、典型的数据集合。进行 Node B 初始配置时，根据 Node B 类型导入 Node B 模板文件。

CME Node B 配置文件：指为使 Node B 正常工作，实现各部分功能而生成的 Node B 侧所有配置数据的集合。格式为.xml，又称为 Node B XML 文件。可以作为完成 Node B 数据配置后的导出文件直接加载到 Node B 前台。同时，还可以作为使用 CME 配置 Node B 的可选数据输入源。

使用 CME 完成 RAN 初始配置后导出文件，传递给 Node B 的 LMT 并加载到前台生效；使用 CME 对 RAN 进行配置调整时，通过导入已有的 Node B 配置文件来同步 Node B 的现网数据。

2．实训网中 RAN 的连接示意图

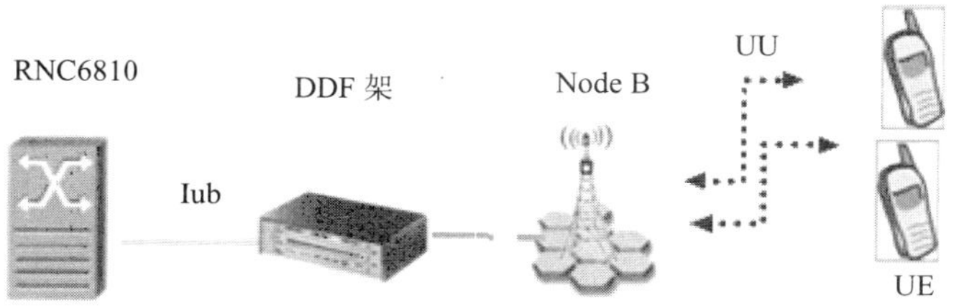

3．实训网中 RAN 的实际连线关系图

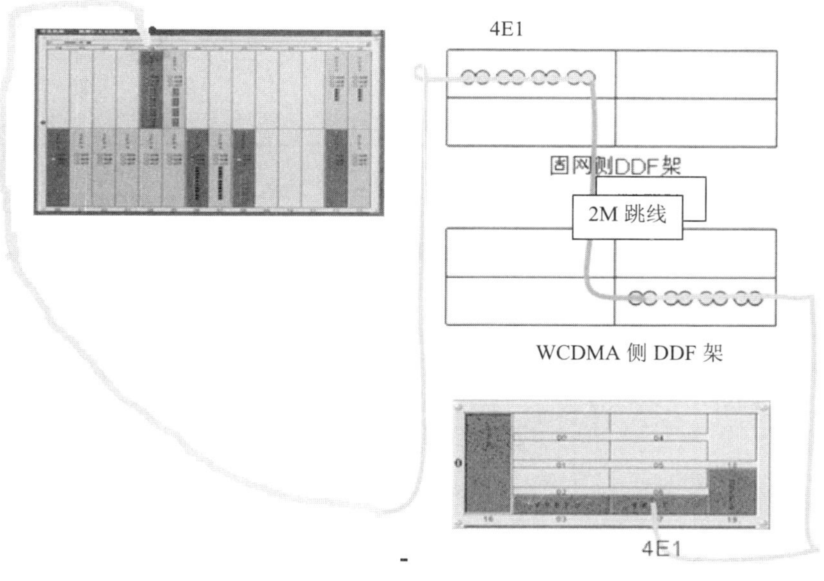

信号流向：BSC6810 的 AEU 单板出 2M 线，通过两个 DDF 以及 2M 跳线和 DBS3900 的 WMPT 板连接。

五、数据准备

1．Node B 数据采集

1）基本数据

Node B	位置区	小区	路由区	上行频点	下行频点	移动网号	LAISAI 号码	ATM 地址
	1	1	1	9612	10562	10	4601000010001	H'45861390075520000000000000000000000000000

2）接口 VPI/VCI

BSC6810	0	37-39	0	37-39
DBS3900	0	37-39	0	37-39

3）控制面数据

<table>
<tr><th colspan="6">Iub Control Plane Negotiation Data</th></tr>
<tr><th>SAAL LINK No.</th><th>SAAL Bearing Type</th><th>SAAL Bearing VPI</th><th>SAAL Bearing VCI</th><th>Signal Link Code</th><th>SAAL Bearing Upper Application</th></tr>
<tr><td>30</td><td>IMA</td><td>0</td><td>37</td><td></td><td>NCP</td></tr>
<tr><td>31</td><td>IMA</td><td>0</td><td>38</td><td></td><td>CCP</td></tr>
<tr><td>31</td><td>IMA</td><td>0</td><td>39</td><td></td><td>ALCAP</td></tr>
<tr><td>3</td><td>IMA</td><td>0</td><td></td><td></td><td>Others:______</td></tr>
</table>

4）用户面数据和 IPOA 参数

<table>
<tr><th colspan="6">Iub User Plane Negotiation Data</th><th colspan="3">IPoA Management Plane Negotiation Data</th></tr>
<tr><th>Node B ATM Address</th><th>AAL2 Path ID</th><th>AAL2 Path VPI/VCI</th><th>Node B OMIP Address/Subnetwork mask</th><th>M2000 IP address/Subnetwork mask</th><th>Gateway IP address/Subnetwork mask</th><th>IPOA Local IP address/Subnetwork mask</th><th>IPOA Peer IP address/Subnetwork mask</th><th>PVC VPI/VCI</th></tr>
<tr><td rowspan="4">H'4586139007552000000000000000000000000000</td><td>1</td><td>0/54</td><td rowspan="4">129.9.0.100</td><td rowspan="4">129.9.0.80</td><td rowspan="4"></td><td rowspan="4">20.20.20.21</td><td rowspan="4">20.20.20.20</td><td rowspan="4">0/56</td></tr>
<tr><td>2</td><td>0/55</td></tr>
<tr><td>3</td><td>0/57</td></tr>
<tr><td>4</td><td>0/58</td></tr>
</table>

六、实训步骤

1．进入电脑操作系统的 RNC-XP 系统，启动 CME 软件。

2．Node B 的配置顺序：

（1）设备层数据配置；

（2）传输层数据配置；

（3）本地小区数据配置。

3．Node B 设备层数据配置步骤。

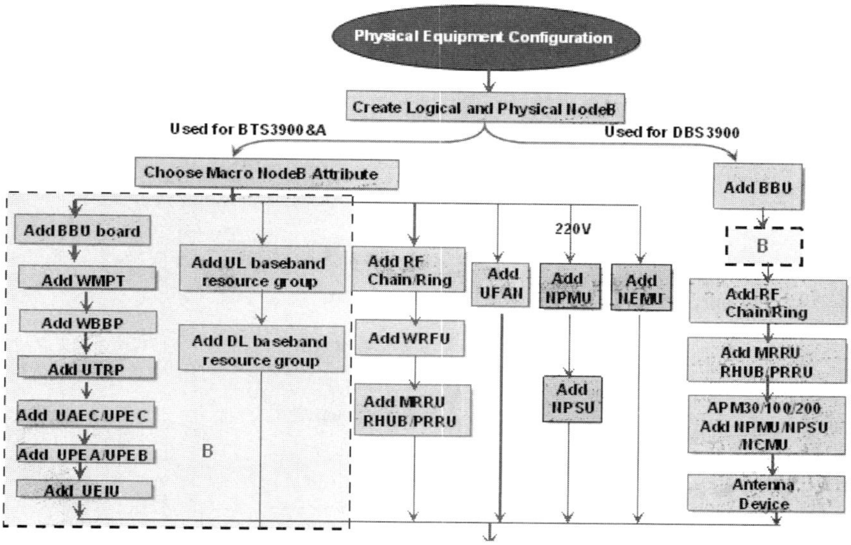

4．基于 ATM 的传输层数据配置。

（1）Iub 接口协议结构（ATM）。

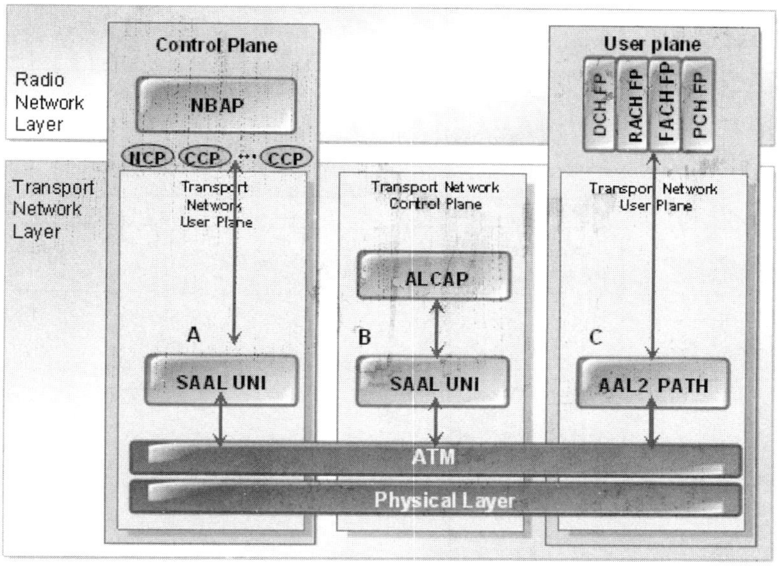

（2）基于 ATM 的传输层数据配置。

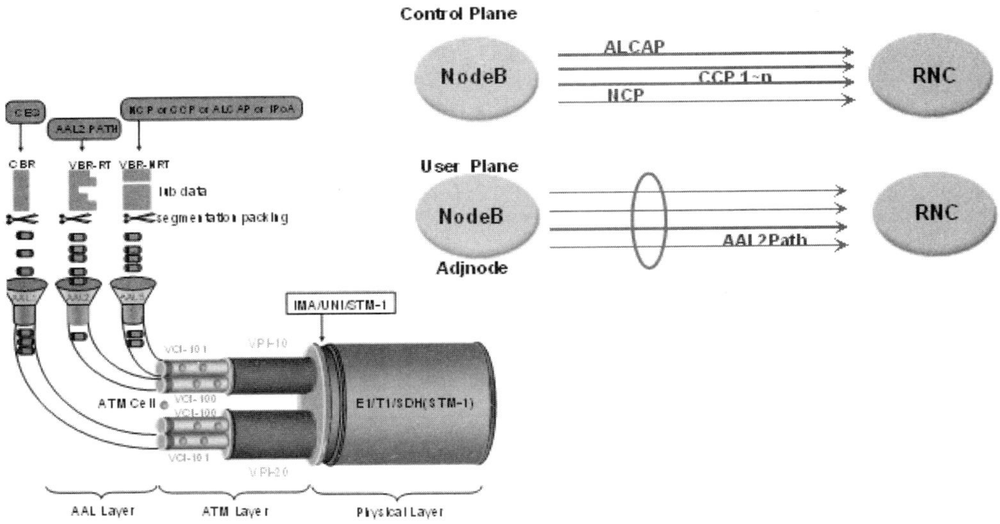

（3）传输层数据配置顺序。

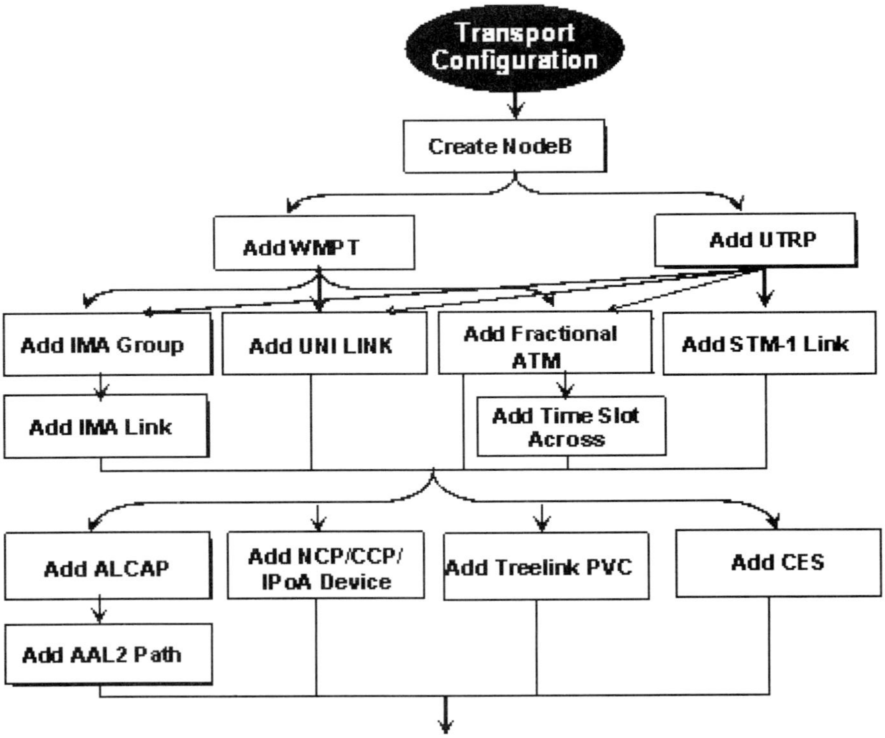

（4）Node B 的 IPOA 维护通道配置。

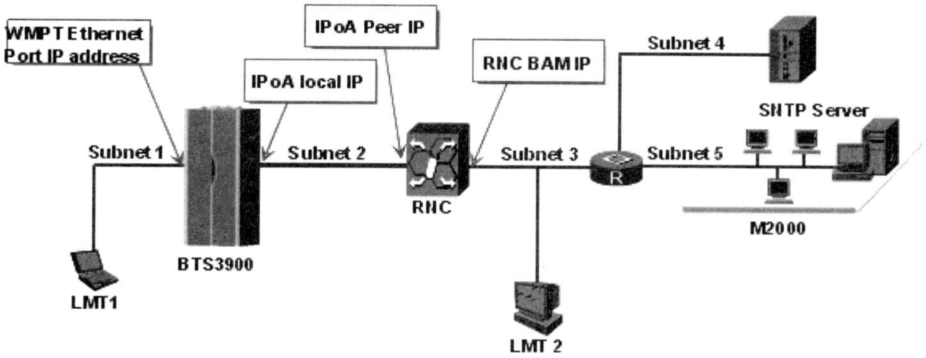

5．本地小区数据配置。

Adding Site：配置 Node B 站点。

说明：一个 Node B 内的站点号必须唯一。

Adding Sector：增加 Node B 扇区。

说明：一个 Node B 下的扇区号必须唯一；配置扇区主要是来配置相应的天馈系统。

七、结果验证

本课时的操作属于软件预配置，可以通过各自生成的数据脚本.xml 文件，按照数据规划进行核对。

（1）登录基站 LMT，通过命令，查看：

LST IUBCP:;　　　//对比软件配置中的 NCP/CCP 配置是否正确。

LST AAL2PATH:;　//对比软件配置中的 AAL2PATH 是否正确。

LST OMCH:;　　　//查询 OMC 维护参数是否正确。

（2）核对参考数据，对照 ATM 节点，对比小区数据

LST SITE:;　　//小区数据对比。

LST SEC:;

LST LOCELL: MODE=ALLLOCALCELL;　//查看小区数据。

八、课后巩固

1．简述 DBS3900 的结构。

2．请演示 Iub 接口的 NCP/CCP 链路的配置过程。

3．如何保证 Iub 接口的速率符合组网要求？怎样实现？

4．请画出实训室组网的 UTRAN 部分的物理网络连线图。

实训五　验证实训
WCDMA-BSC6810 的 Iu-CS 接口调试

一、目的

1．掌握 BSC6810 的基础配置；
2．掌握 BSC6810 的 Iu-CS 接口数据配置；
3．熟练掌握 LMT 的命令制作及查询。

二、实训器材

华为 WCDMA 移动设备无线部分之一：BSC6810；LMT 软件。

三、实训内容说明

1．通过 Iu-CS 接口数据和 MSC 的配合，掌握接口制作方法；
2．深入理解 Iu-CS 接口的协议栈；
3．了解 MTP3B 的信令结构作用；
4．了解 RNC 和核心网的组网方式（ATM/IP）。

四、知识准备

1．BSC6810 的组网拓扑

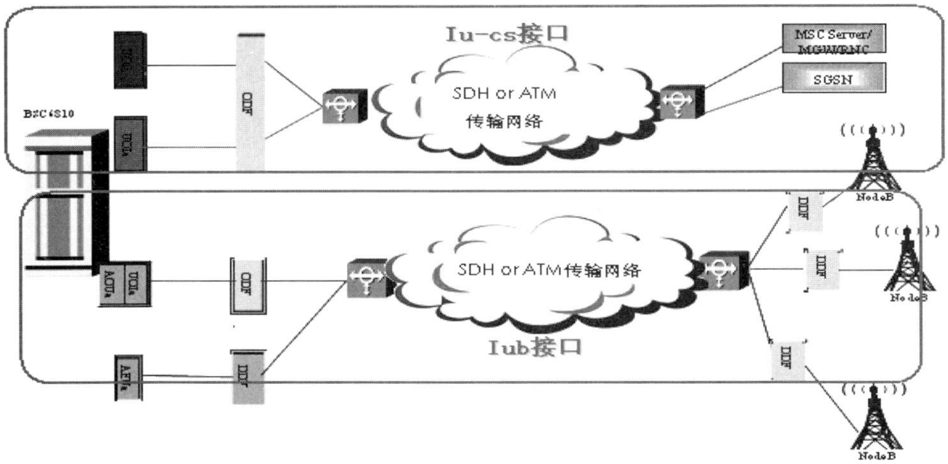

说明：BSC6810 通过 AEU 单板出 E1 跳接 DDF 连入各基站 Node B；通过 UOI_ATM 单板出光纤经 ODF，然后和 MSC 的 MGW 的 A4L 单板光口互通 Iu-CS 或者和 SGSN 的光口互通 Iu-PS。

2．Iu-CS 接口 ATM 传输协议栈

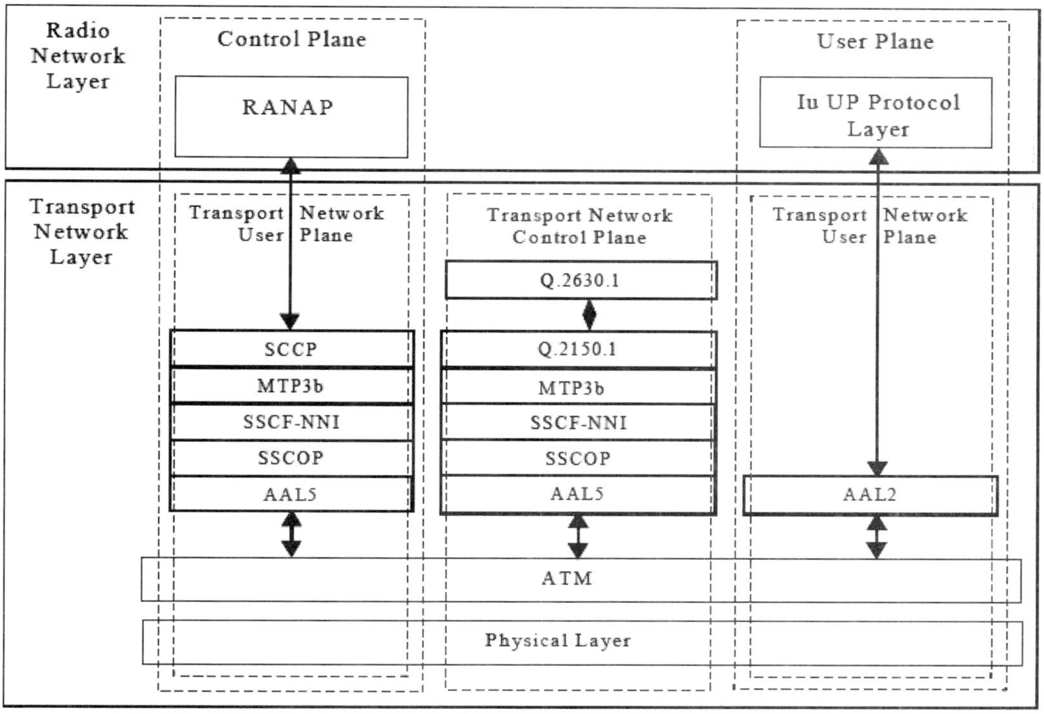

上图中 SSCF-NNI，SSCOP，AAL5 协议合称 SAAL-NNI 协议。

Iu 接口 CS 域的控制面采用 RANAP 协议，运用 SCCP 提供的 0 类与 2 类业务类型，与 GSM 的 A 接口功能类似。

Iu 接口 CS 域的用户面采用 AAL2（ATM 2 类适配层），为语音通信提供固定的持续的比特速率（AMR 语音速率）。

用户面微通道的建立与释放，采用传送网络控制协议（TNCP：ITU-T Q.2630.1）。

电路域信令面与用户面分离是 3G 比 2G 的一个突破。

3．一个 RNC 最多存在一个 Iu-PS 接口，一个 Iu-CS 接口，但可以有多个 Iu-BC 接口，Iu-PS 与 Iu-CS 接口使用 RANAP 协议，Iu-BC 域使用 SABP 协议

4．RANAP 主要消息流程概述/分类

从消息传送方式分，RANAP 的基本过程可以分为两类：面向连接型和无连接型。前者在 Iu 接口需要建立一个专用的连接，与特定的单个 UE 相关；后者在 RNC 与 CN 间传送，无须建立专用连接。其中，复位（Reset）、复位资源（Reset Resource）、流量控制（Overload Control）、寻呼（Paging）采用 SCCP 无连接业务进行传递；错误指示（Error Indication）按具体情况决定采用无连接业务还是面向连接业务；其他流程采用面向连接业务。

面向连接的消息都是与单个 UE 相关的消息，如 UE 的位置更新流程、呼叫流程；无

连接消息是与系统维护管理有关的消息，影响部分或所有的 UE 用户 RANAP 无连接消息大多是可以上下行双向的（Paging 消息除外），面向连接的消息大多是单向的（Error Indicaion 和 Direct Transfer 消息除外）。

5. Iu 接口主要业务流程

从业务角度，我们对 Iu 接口主要业务流程做一简要介绍。为方便起见，我们分为以下流程分别介绍：位置更新流程（Iu-CS），UE 主叫流程（Iu-CS），UE 被叫流程（Iu-CS），迁移流程（Iu-CS）。

6. Iu-CS 接口数据配置过程

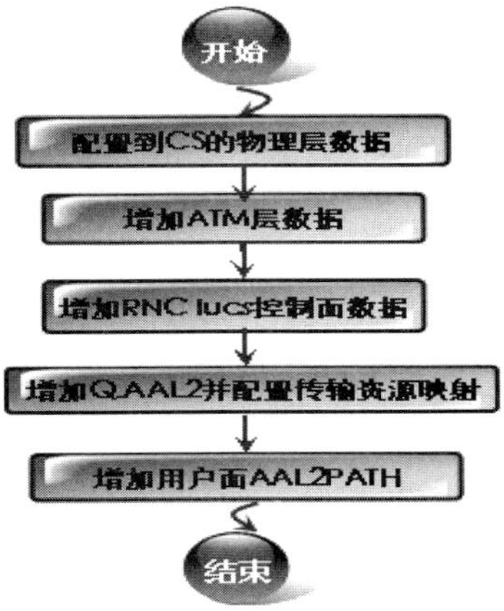

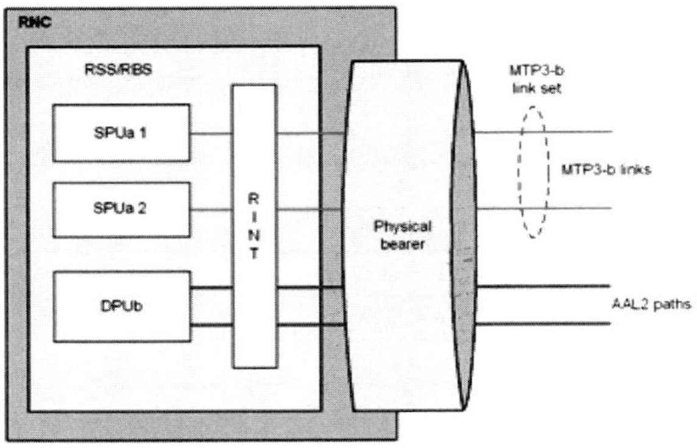

7. 接口配置相关命令的先后顺序

SET OPT（选配）

①增加 ATM 层数据

ADD ATMTRF

②增加 RNC Iu-CS 控制面数据

ADD SAALLNK（参考 Iub 接口）

ADD N7DPC

ADD CNDOMAIN

ADD CNNODE

ADD MTP3BRT

ADD MTP3BLKS

ADD MTP3BLNK

③增加 Q.AAL2 并配置传输资源映射

ADD ADJNODE B

ADD TRMMAP

ADD FACTORTABLE

ADD ADJMAP

④增加用户面 AAL2PATH

ADD PORTCTRLER

ADD AAL2PATH
ADD AAL2RT

五、数据规划

1．协商数据

	信令点编码	信令点编码	国家码	本地区号	移动国家码	移动网号	AISAI 号码	ATM 地址
UMG8900		H'D11（备用网）	86	20	460	10		H'4586139007550000000000000 000000000000000

	信令点编码	信令点编码	国家码	本地区号	移动国家码	移动网号	LAISAI 号码	ATM 地址
BSC6810		H'D12（备用网）	86	20	460	10	460100001	H'4586139007551000000000000 000000000000000

接口	对接设备	对接单板框/槽号	单板类型	对接地址	端口号
Iu-CS	UMG8900	0-15-0（后）	A4L	H'4586139007550000000000000000000000000000	
	BSC6810	0-18-0（后）	UOIa-0	H'4586139007551000000000000000000000000000	

2．命令脚本制作

SET OPT: SRN=0, SN=26, BT=UOI_ATM, PS=ALL, SCRAMBLESW=ON, OPTM=SDH, J0TXT=16byte, J0TXVALUE="SBS 155", J0RXT=16byte, J0RXVALUE="SBS 155", J1TXT=16byte, J1TXVALUE="SBS 155", J1RXT=16byte, J1RXVALUE="SBS 155", FLO

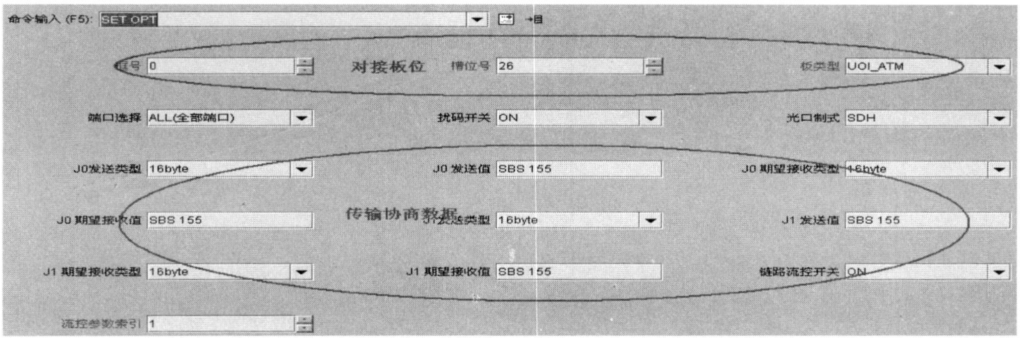

WCTRLSWITCH=ON, FCINDEX=1;

SET　MSP: SRN=0, SN=26, PN=0, RT=NON-REVERTIVE, MODE=MODE2;

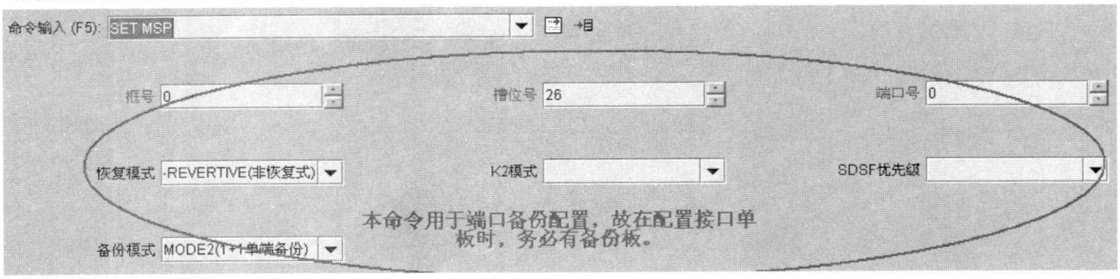

//配置端口备份数据，根据实际情况进行配置。

ADD ATMTRF: TRFX=100, ST=RTVBR, UT= KBIT/S, PCR=1100, SCR=1000, REMARK="IUCS_CP";

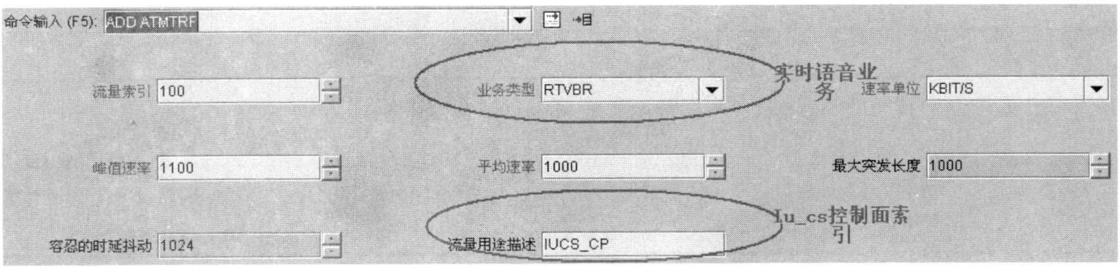

//ATM 流量索引配置，用于定义 IU_CS 接口的控制面等的带宽。

ADD ATMTRF: TRFX=101, ST=RTVBR, UT= KBIT/S, PCR=8000, SCR=5000, MBS=1000, CDVT=1024, REMARK="IUCS_UP";

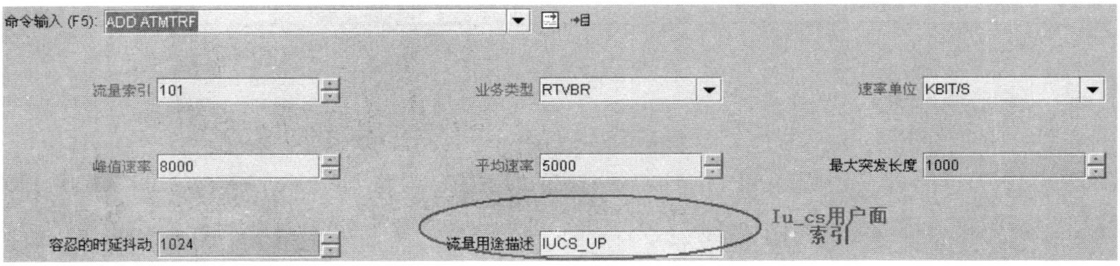

//参数的选择根据实际网络情况填写，本处的峰值速率其实是 MGW 和 BSC6810 之间的接口，可以最大支持 155 Mbit/s。

ADD N7DPC:DPX=0, DPC=H'00D11, SLSMASK=B0000, NEIGHBOR=YES, NAME= "UMG8900", DPCT=IUCS_ALCAP, STP=ON, PROT=ITUT, BEARTYPE=MTP3B;

//定义 RNC 和基于 R4 架构中的 MGW 之间的连接关系，信令承载类型为 MTP3B，STP 标志为是，信令点类型为 IU_CS ALCAP。

ADD N7DPC:DPX=1, DPC=H'00D10, SLSMASK=B0000, NEIGHBOR=NO, NAME= " MSOFTX3000", DPCT=IUCS_RANAP, STP=OFF, PROT=ITUT, BEARTYPE=MTP3B;

//定义 RNC 和基于 R4 架构中的 MSC server 之间的连接关系，信令承载类型为 MTP3B，STP 标志为否，信令点类型为 IU_CS RANAP。

ADD SAALLNK: SRN=0, SN=0, SSN=1, SAALLNKN=10, CARRYT=NCOPT, CARRYSRN=0, CARRYSN=26, CARRYNCOPTN=0, CARRYVPI=0, CARRYVCI=33, TXTRFX=100, RXTRFX=100, SAALLNKT=NNI;

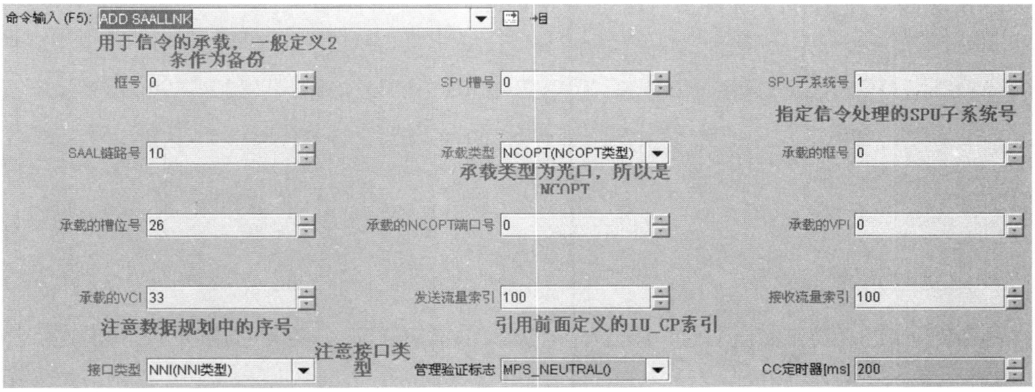

ADD SAALLNK: SRN=0, SN=0, SSN=1, SAALLNKN=11, CARRYT=NCOPT, CARRYSRN=0, CARRYSN=26, CARRYNCOPTN=0, CARRYVPI=0, CARRYVCI=34, TXTRFX=100, RXTRFX=100, SAALLNKT=NNI;

//定义了两条 SAALINK，用于 IU_CS 接口之间的信令交互。注意区别两条链路之间的数据不同仅仅是 VCI 编号不同，其余均相同。

ADD MTP3BLKS:SIGLKSX=0, DPX=0, LNKSLSMASK=B1111, EMERGENCY=OFF, NAME="UMG8900";

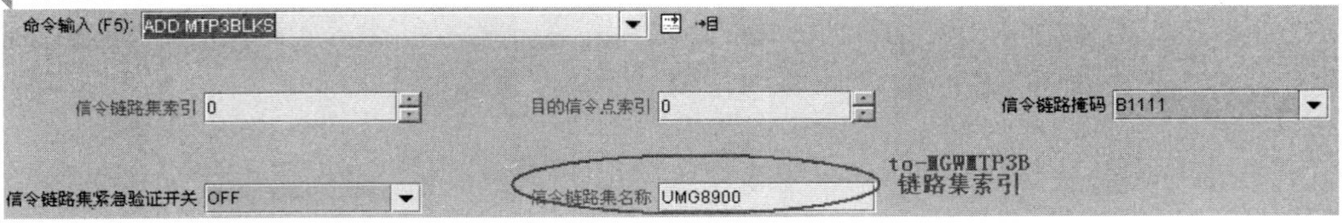

ADD MTP3BLNK: SIGLKSX=0, SIGSLC=0, SRN=0, SN=0, SSN=1, SAALLNKN=10, NAME="UMG8900-1";

ADD MTP3BLNK: SIGLKSX=0, SIGSLC=1, SRN=0, SN=0, SSN=1, SAALLNKN=11, NAME="UMG8900-2";

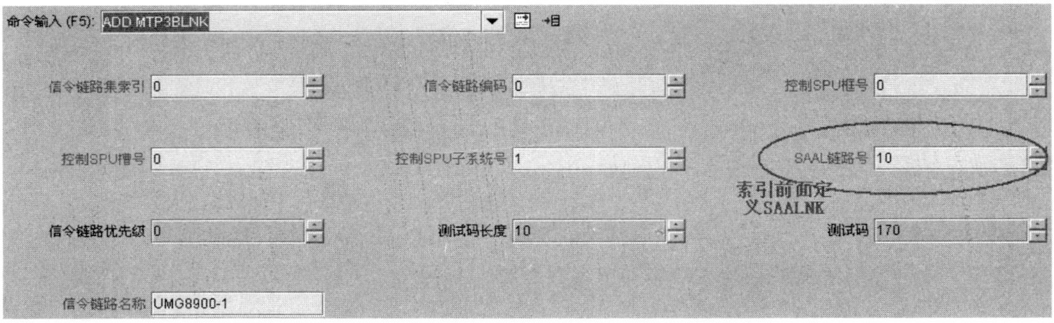

//根据网络情况一般组网至少需要两条链路作为负荷分担。

ADD MTP3BRT:DPX=0, SIGLKSX=0, PRIORITY=0, NAME="UMG8900";

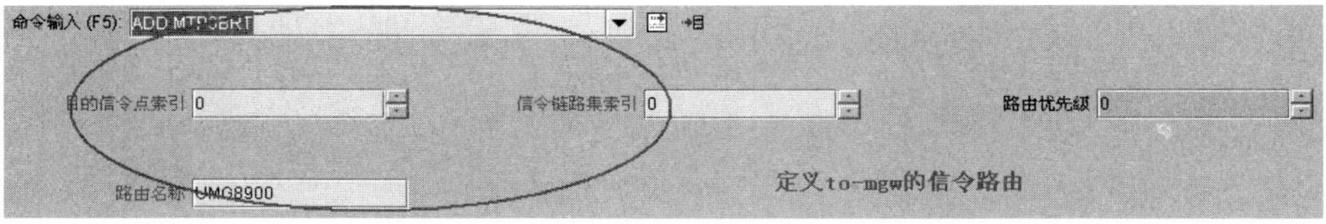

ADD MTP3BRT:DPX=1, SIGLKSX=0, PRIORITY=1, NAME=" MSOFTX3000";

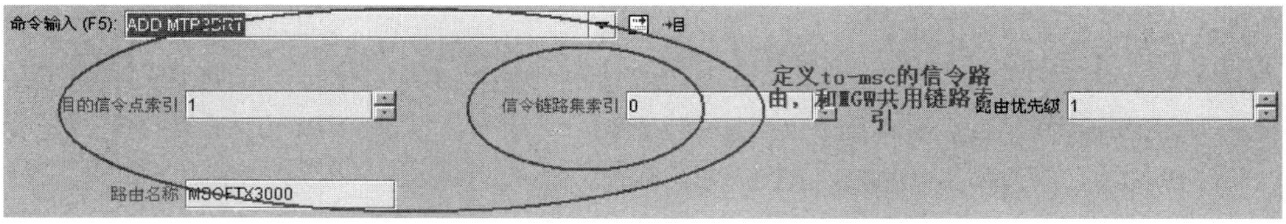

//特别地，由于组网中已经确定了连接方式，所以数据制作中要体现MGW作为网关路由和信令转发的作用。上述两条MTP3BRT的设定，是定义了RNC到MGW/ MSC之间的信令承载关系，均通过MGW转发。

ADD ADJNODE: ANI=0, NAME="UMG8900", NODET=IUCS, DPX=0, TRANST=ATM, IsROOTNODE=YES;

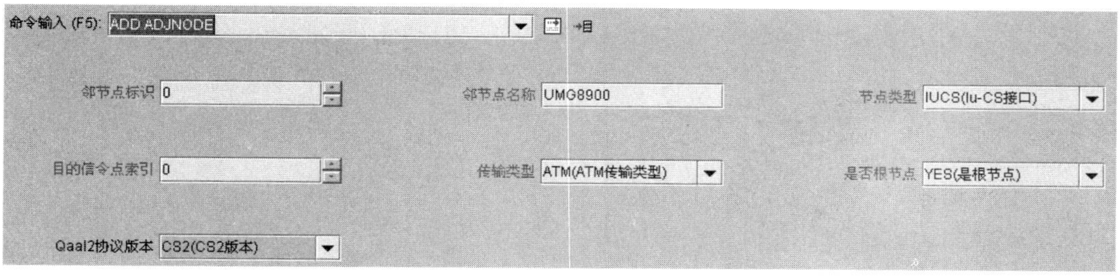

//增加传输节点配置，注意信令索引值和节点类型选择。

ADD CNDOMAIN:CNDOMAINID=CS_DOMAIN;

//定义 CS 域标识，其他参数默认。

ADD CNNODE: CnOpIndex=0, CNId=0, CNDomainId=CS_DOMAIN, Dpx=1, CNProtclVer=R6, CNLoadStatus=NORMAL, AvailCap=65535, TnlBearerType= ATM_TRANS;

ADD TRMMAP: TMI=0, ITFT=IUB_IUR_IUCS, TRANST=ATM;

ADD FACTORTABLE: FTI=0, REMARK="for all users";

ADD ADJMAP: ANI=0, CNMNGMODE=SHARE, TMIGLD=0, TMISLV=0, TMIBRZ=0, FTI=0;

//增加邻节点映射（ADD ADJMAP）：用于定义不同用户在网络忙时的优先级。

ADD PORTCTRLER:SRN=0, SN=26, PT=NCOPT, CARRYNCOPTN=0, CTRLSN=0, CTRLSSN=1, FWDHORSVBW=0, BWDHORSVBW=0, FWDCONGBW=0, BWDCONGBW=0, FWDCONGCLRBW=0, BWDCONGCLRBW=0;

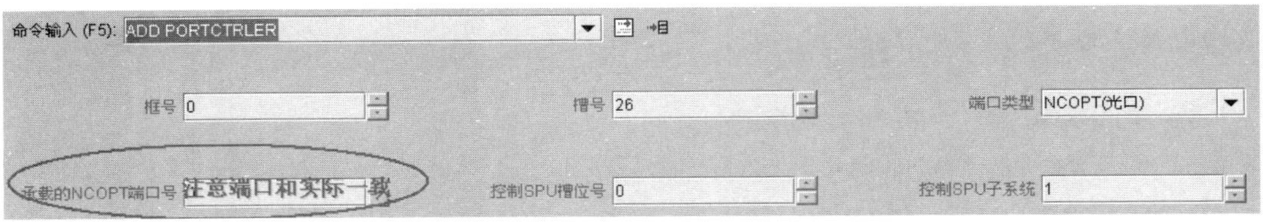

ADD AAL2PATH: ANI=0, PATHID=1, PT=RT, CARRYT=NCOPT, CARRYF=0, CARRYSN=26, CARRYNCOPTN=0, ADDTORSCGRP=NO, CARRYVPI=0, CARRYVCI=50, TXTRFX=101, RXTRFX=101, OWNERSHIP=LOCAL, FWDHORSVBW=0, BWDHORSVBW=0, FWDCONGBW=0, BWDCONGBW=0, FWDCONGCLRBW=0, BWDCONGCLRBW=0, TIMERCU=10;

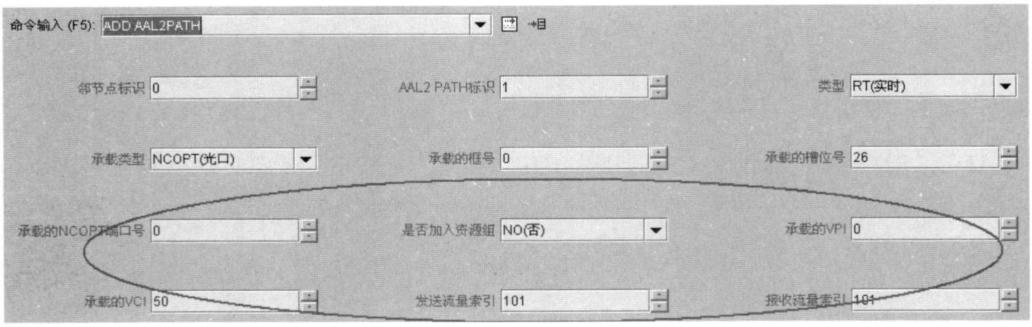

///定义IU_CS UP参数，用于承载用户的业务信号流。主要参数要确认：VPI/VCI要和UMGW8900侧的数据一一对应。流量索引引用ADD ATMTF定义的参数101，注意IU_CS接口只定义RT业务即可。

ADD AAL2RT: NSAP="H'45861390075500000000000000000000000000000", ANI=0, RTX=0, OWNERSHIP=YES;

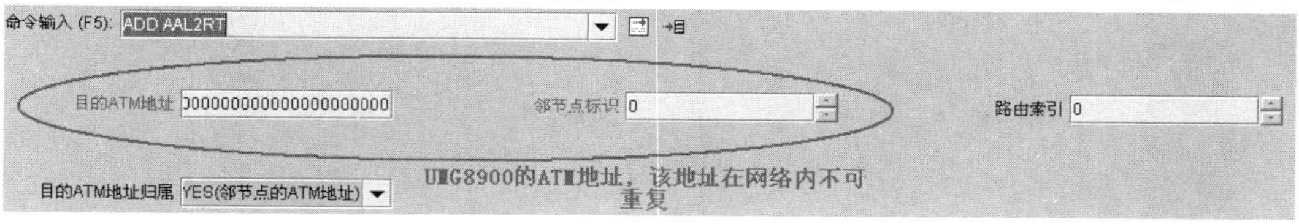

六、实训步骤

注意事项：本节内容需要实训三中的 BSC6810 的基础设备配置数据支持。

1. 首先提前 15 分钟打开 BSC6810 的电源，具体操作方式，请参考相关资料。**注意：BSC6810 关机一定要按照顺序先关闭机柜内的服务器单板，然后再断电。**

2. 启动 EB-SERVER 服务器端。（此步骤中包含学生的 IP 许可，实训时间长短设置，一次设定即可，该步骤由教师设定，与学生无关。服务端位于教师机机器上）

3. 启动 EB-TEACHER 控制端。（此步骤作为教师控制及查看学生实训进程及浏览日志使用，与学生无关。该软件一般位于教师机上。连接服务端的 IP 地址为地址 129.9.0.160）

4. 学生终端，双击桌面图标，启动 EB-Client。

5. 在下面的界面中，注意保持服务器地址是 129.9.0.160。

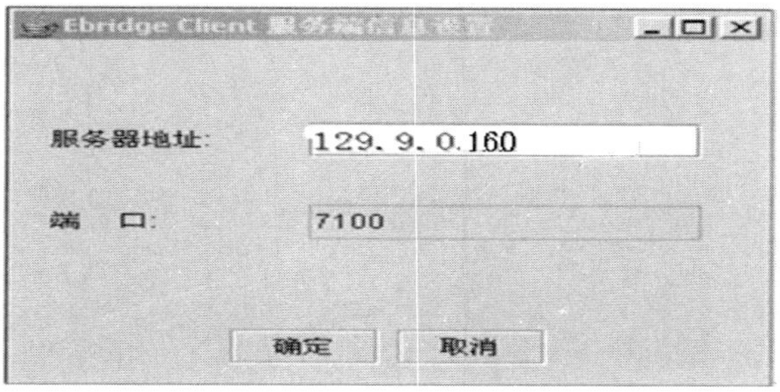

6. 确定之后，需要登录教师机上的控制器，请输入正确的用户名即学生名字，以及学号、班级等个人信息，在控制器 IP 地址栏输入教师机的地址 129.9.0.160 即可。

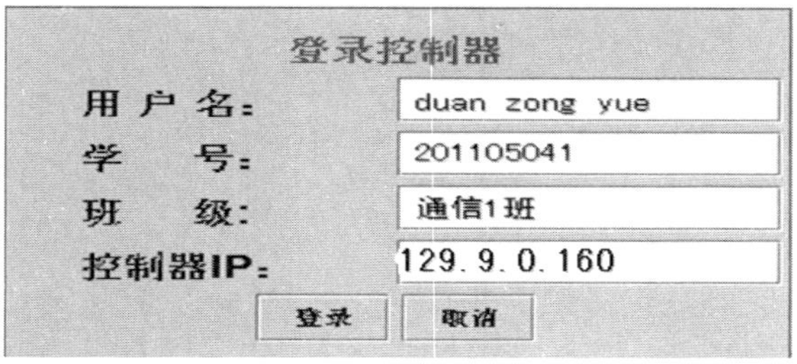

7. 登录之后，就会出现如下的界面，该界面为实训界面，通过在该界面上的一系列操作，即可完成实训过程。

8．学生终端在保持上述界面时，教师机是看不到学生的登录状态的，需要学生点击“开始 RNC 实训”，如下图所示。

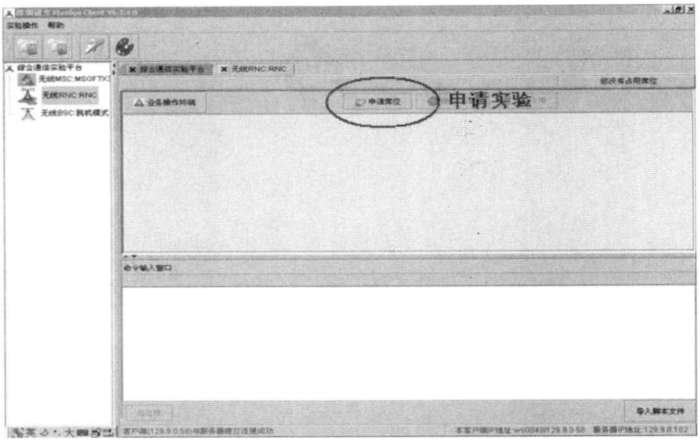

9．系统会自动进行线程请求和数据预处理，界面切换后如下图所示。

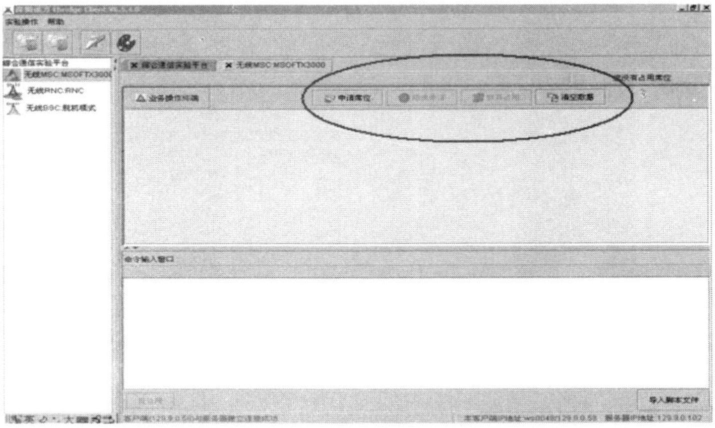

10．同时有提示终端，系统正在初始化数据。

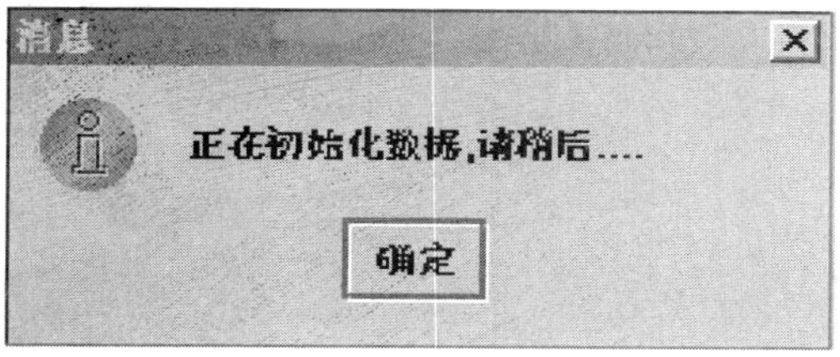

11．等窗口出现如下图的提示时，即占用席位成功，可以进行实训操作。

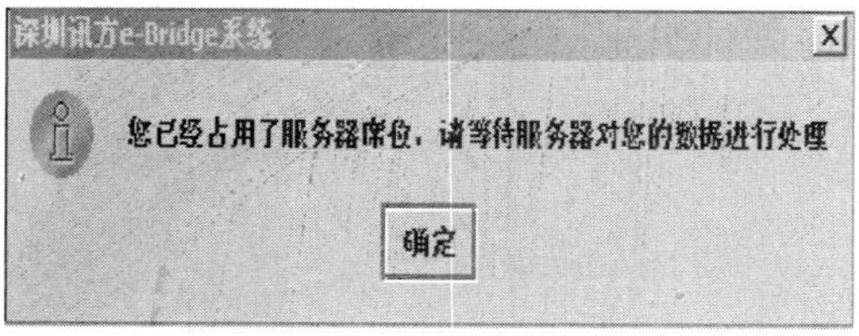

13．席位占用成功之后，EB 窗口的右下角可以导入前面制作好的 MML 脚本文件。

14．此时，EB 窗口的左下角的“批处理”按钮应该会变成黑色，点击“批处理”按钮即可自动导入脚本文件，然后等待设备进行处理及自动服务。大约需要 5 分钟时间，可以完成查看实训操作效果。

15．教师可以在教师机上通过查看日志来观察判断学生在操作过程中出现的错误命令等。

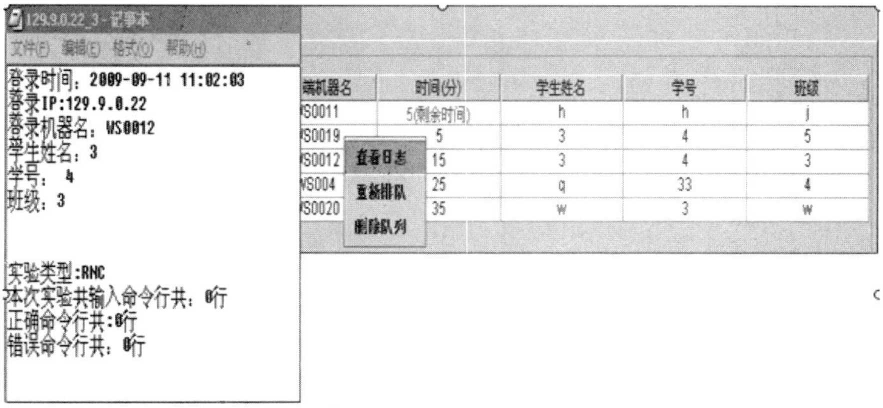

七、实训验证

1．CS 域邻节点状态查询

DSP ADJNODE: ANI=0;

```
%%DSP ADJNODE: ANI=0;%%
RETCODE = 0  执行成功.

邻接点状态信息
--------------
                          邻接点标识  =  0
                          运营商索引  =  <NULL>
                           QAAL2状态  =  可用
                  实时AAL2 Path的数目  =  2
                非实时AAL2 Path的数目  =  0
            实时HSDPA AAL2 Path的数目  =  0
          非实时HSDPA AAL2 Path的数目  =  0
            实时HSUPA AAL2 Path的数目  =  0
          非实时HSUPA AAL2 Path的数目  =  0
        可用的AAL2实时前向带宽[bps]  =  9057024
        可用的AAL2实时后向带宽[bps]  =  9057024
      可用的AAL2非实时前向带宽[bps]  =  0
```

2．CS 域邻节点 AAL2PATH 状态查询

DSP AAL2PATH: ANI=0;

```
%%DSP AAL2PATH: ANI=0;%%
RETCODE = 0  执行成功.

AAL2 path状态信息
-----------------
                            邻接点标识  =  0
                         AAL2 path标识  =  1
                             可用的CID数  =  248
                            前向拥塞状态  =  不拥塞
                            后向拥塞状态  =  不拥塞
    PATH可用的前向ATM净荷带宽[bps]  =  4528512
    PATH可用的后向ATM净荷带宽[bps]  =  4528512
PATH已经使用的前向ATM净荷带宽[bps]  =  0
PATH已经使用的后向ATM净荷带宽[bps]  =  0
    PATH配置的前向ATM净荷带宽[bps]  =  4528512
    PATH配置的后向ATM净荷带宽[bps]  =  4528512
                                管理状态  =  空闲
                                操作状态  =  可用
```

3．MTP3BRT 状态显示

DSP MTP3BRT: TOSPECSSN=NO;

```
%%DSP MTP3BRT: TOSPECSSN=NO;%%
RETCODE = 0  执行成功.

MTP3B路由状态信息
-----------------
 目的信令点索引  信令链路集索引  操作状态  拥塞状态

 0               0               可用      不拥塞
 1               0               可用      不拥塞
 2               2               可用      不拥塞
(结果个数 = 3)
```

4．UMG8900 信令点状态显示

```
%%DSP N7DPC: DPX=0, TOSPECSSN=NO;%%
RETCODE = 0  执行成功.

目的信令点信息
--------------
               目的信令点索引  =  0
               目的信令点名称  =  UMG8900
               目的信令点类型  =  IUCS_ALCAP
           目的信令点网络标识  =  国内备用网
               目的信令点编码  =  H'D11(3345)
           SCCP目的信令点状态  =  没有配置
   SCCP目的信令点状态改变时间  =  <NULL>
   SCCP目的信令点状态改变原因  =  <NULL>
                 对端SCCP状态  =  没有配置
       SCCP目的信令点拥塞状态  =  没有配置
      MTP3B目的信令点拥塞状态  =  不拥塞
          MTP3B目的信令点状态  =  可用
MTP3B目的信令点状态改变时间  =  2009-06-12 10:24:17
MTP3B目的信令点状态改变原因  =  由于路由恢复导致DSP状态变化.
```

5．MSOFTX3000 信令点状态显示

```
%%DSP N7DPC: DPX=1, TOSPECSSN=NO;%%
RETCODE = 0  执行成功.

目的信令点信息
--------------
                目的信令点索引  =  1
                目的信令点名称  =  MSOFTX3000
                目的信令点类型  =  IUCS_RANAP
            目的信令点网络标识  =  国内备用网
                目的信令点编码  =  H'D10(3344)
            SCCP目的信令点状态  =  可达
  SCCP目的信令点状态改变时间  =  2009-06-17 08:22:46
  SCCP目的信令点状态改变原因  =  收到底层上报MTP_RESUME_IND原语引起SCCP DPC状态变化.
                  对端SCCP状态  =  可用
        SCCP目的信令点拥塞状态  =  不拥塞
       MTP3B目的信令点拥塞状态  =  不拥塞
           MTP3B目的信令点状态  =  可用
MTP3B目的信令点状态改变时间  =  2009-06-17 08:22:46
MTP3B目的信令点状态改变原因  =  由于路由恢复导致DSP状态变化.
```

八、课后巩固

1．BSC6810 在 R4 组网中的网络结构。
2. BSC6810 和核心网对接时，分别与 UMG8900、MSOFTX3000 对接参数有哪些区别？
3．BSC6810 对接 IU_CS 接口时，需要配置哪些命令？
4．简述 MTP3B 的协议栈结构。
5．SAALNK 参数在哪些命令中会被索引？
6．在 ADD CNNODE 命令中，为什么 DPX 的索引填写的是 1？
7．如果 IU_CS 接口使用 IP 方式，如何规划是制作数据？

实训六 验证实训 WCDMA-BSC6810 的 Iu-PS 接口调试

一、目的

1．掌握 BSC6810 的基础配置；
2．掌握 BSC6810 的 IU-PS 接口数据配置；
3．熟练掌握 LMT 的命令制作及查询。

二、实训器材

华为 WCDMA 移动设备无线部分之一：BSC6810。LMT 软件。

三、实训内容说明

1．通过 Iu-PS 接口数据和 SGSN 的配合，掌握接口制作方法；
2．深入理解 Iu-PS 接口的协议栈；
3．熟练 MTP3B 的信令结构作用；
4．熟练 ATM 接口的基础上，了解 IP 组网的数据。

四、知识准备

1．BSC6810 的组网拓扑

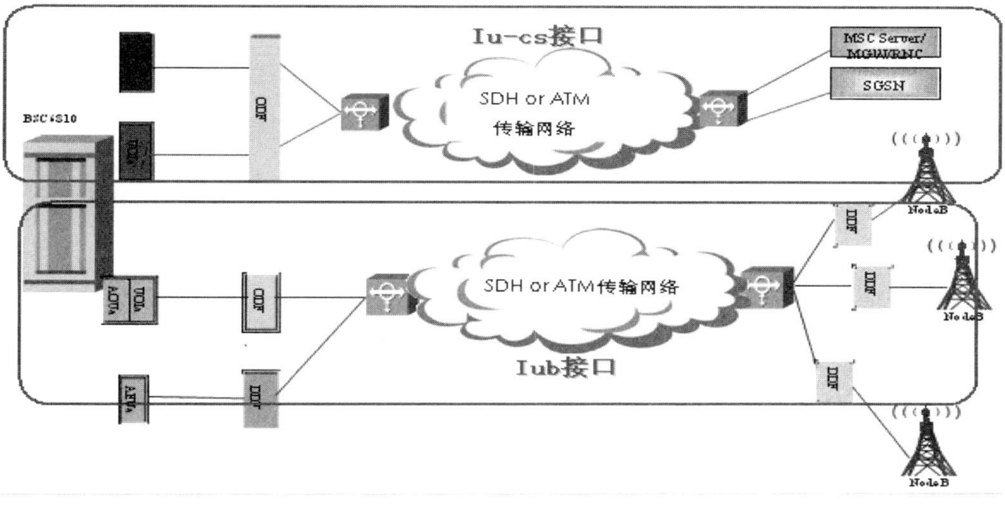

//BSC6810 通过 AEU 单板出 E1 跳接 DDF 连入各基站 Node B；通过 UOI_ATM 单板出光纤经 ODF，然后和 MSC 的 MGW 的 A4L 单板光口互通 Iu-CS；通过 UOI_ATM 单板出光纤经 ODF，然后和 SGSN 的 3 框 12 槽的 UGFU 的光口互通 Iu-PS。

2. Iu-CS 接口 ATM 传输协议栈

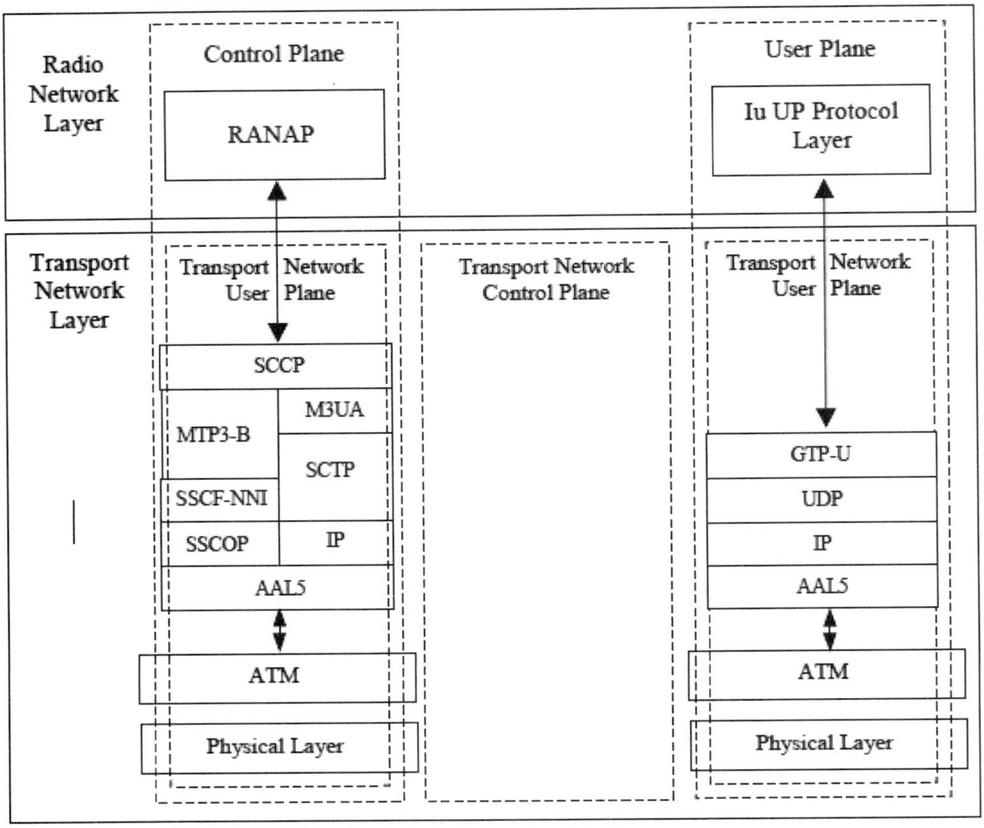

在 SCCP 与 AAL5 两个层次之间，有两种协议方案：SAAL+ MTP3B 和 SIGTRAN，只需使用其中的一种。

由于 PS 呼叫的特性，即数据突发性和可变的速率要求，用户面使用 AAL5（可变比特速率）来与 ATM 适配；由于每个呼叫不需要单独专用的微通道，PS 域没有 SVC 的分配与释放流程，所以不需要传输网络的控制面功能。

单个用户的数据包的相关性的标识，通过 GTP-U 协议实现（RANAP 分配 TEID 与 GTP-U 联系）。

3. PS 域特有流程

数据流量报告→SRNS 上下文转发→SRNS 上下文传送和 SRNS 数据转发。

1）数据流量报告

①CN 要求 UTRAN 汇报在指定 RABs 的下行方向上不成功传输的数据量，RNC 将向 CN 汇报最近一次汇报以来，在指定 RABs 的下行方向上成功传输的数据量，然后将计数器清零。

②此流程用于 PS 域的计费。

2）SRNS 上下文转发

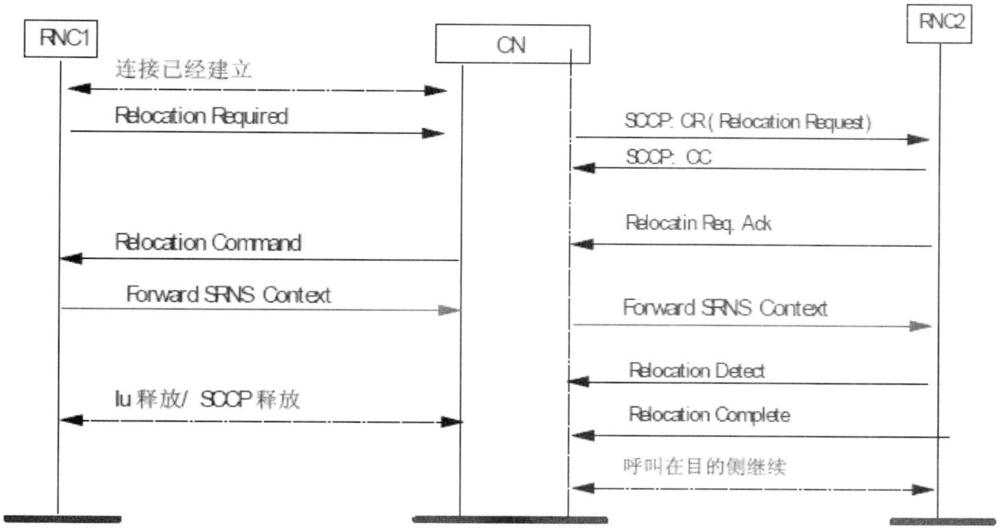

PORWARD SRNS CONTEXT	PAB Contexts	
	>RAB ID	
	>Dl GTP-PDU Sequence Number	GGSN 下载给 UE 的 GTP-PDU 序列号
	>UL GTP-PDU Sequence Number	上传给 GGSN 的 GTP-PDU 序列号
	>DL N-PDU Sequence Number	下传给 UE 的 PDCP 序列号
	>UL N-PDU Sequence Number	从 UE 接收到上传 PDCD 序列号

SRNS Context Forwarding from Source RNC to CN：从 SRNC 发送“Forward SRNS Context”消息到 CN，该流程发生在重定位流程中。消息中包含相关的 RABs 上下文信息，包括：

>RAB ID：RAB 的标识，可以请求转发多个 RAB 的上下文

>DL GTP-PDU Sequence Number

>UL GTP-PDU Sequence Number

>DL N-PDU Sequence Number

>UL N-PDU Sequence Number

SRNS Context Forwarding to Target RNC from CN：从 CN 发送“Forward SRNS Context”消息到 SRNC，该流程发生在重定位流程中。消息中的内容与上述流程相同。

以上两个流程仅用于 Iu-PS 接口的迁移流程。

3）SRNS 上下文传送和 SRNS 数据转发

①CN 发起的 SRNS 上下文转发过程触发 RNC 转发 SRNS 上下文到 CN，该流程用在系统间切换流程中（UMTS→GSM）。

②CN 向 SRNC 发送 SRNS Context Request 消息来发起该过程，消息中包含需要转发上下文的 RABs 列表。

③SRNC 的响应消息中包含请求的 RAB 上下文。

SRNS Context Request	RABs Subject To Data Forwarding	需要数据前转的 RAB ID
SRNS Context Request	>RAB ID	
	RABs Contexts	RAB 的上下文
	>RAB ID	
	>DL GTP-PDU Sequence Nunber	GGSN 下载给 UE 的 GTP-PDU 序列号
	>UL GTP-PDU Sequence Nunber	上传给 GGSN 的 GTP-PDU 序列号
	>DL N-PDU Sequence Nunber	下传给 UE 的 PDCP 序列号
	>UL N-PDU Sequence Nunber	从 UE 接收的上传 PDCP 序列号
	RABs Contexts Failed To Transfer	未成功传送的 RAB 上下文
	>RAB ID	RAB ID 的值
	>Cause	原因值
	Criticality Diagnostics	诊断 IE
SRNS Data Forward Conmand	RABs Subject to Data Forwarding	需要数据前转的 RAB ID 及传输信息
	>RAB ID	
	>Transport Layer Address	传送层地址（ATM 地址）
	>Iu Transport Association	GTP TEID

4．Iu-PS 用户面简介

Iu-PS 用户平面协议用来传输与无线接入承载（RAB）绑定的用户数据。

一个 Iu 用户平面协议实例与一个而且只有一个 RAB 绑定。如果针对一个给定的 UE 建起了几个 RAB，那么这些 RAB 就使用几个 Iu 用户平面协议实例。

Iu-PS 用户面的处理实际上主要由传输网络层的 GTP-U 完成，所以也可以称 GTP-U 协议为分组域 Iu 用户面协议。

1）Iu-PS 用户面协议栈

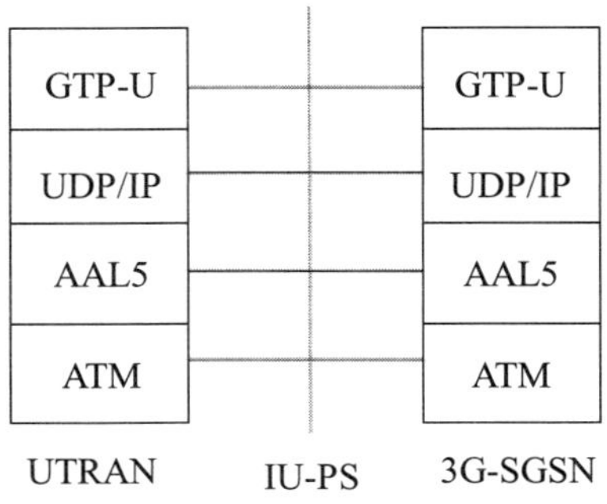

GTP-U：GPRS 遂道用户面协议

UDP：用户数据报协议

IP：互联网协议

AAL5：ATM Adaptation Layer 5

ATM：异步传输模式

2）用户面 GTP 隧道

对应于 GSN 上的每一个 PDP 上下文或 RNC 上的每一个 RAB。一个隧道在端点由 TEID、IP 地址和端口号唯一标识。

路径：一个用来复用 GTP 隧道的 UDP/IP 路径。

UDP/IP 是唯一的传输 GTP 的路径协议；GTP-U 的请求消息的目的端口号是 2152；

GTP-U 的回应消息的目的端口是请求消息的原端口；GTP-U 的数据的目的端口是 2152；Iu 接口不存在 GTP-C，控制面的协议是 RANAP。

（3）隧道建立过程

SGSN 通过控制面的消息交互完成 PDP 上下文激活，建立 PDP 上下文，建立隧道。隧道的修改、删除过程也由控制面完成。RNC 在创建 RAB 的同时，用户面获得实例号以及 SGSN 分配的 TEID，申请资源，创建隧道。

五、数据准备

1．数据规划

接口	对接设备	对接单板框/槽号	单板类型	对接地址	端口号	
Iu-PS	SGSN9811	3-12	UPIU（UAIC）-1	13.13.13.13/24		
	BSC6810	0-26	UOIa-1	13.13.13.14/24		

	信令点编码	信令点编码	国家码	本地区号	移动国家码	移动网号	SGSN 号码	ATM 地址
SGSN9810	333333	H'D13（备用网）	86	20	460	10	8613900756	

	信令点编码	信令点编码	国家码	本地区号	移动国家码	移动网号	LAISAI 号码	ATM 地址
BSC6810		H'D12（备用网）	86	20	460	10	460100001	H'4586139007551000000000000000000000000000

对接网元	控制面 VPI	控制面 VCI	用户面 VPI	用户面 VCI
UMG8900	0	33-34	0	50-51
BSC6810	0	33-34	0	50-51
BSC6810	0	35-36	0	52-53
SGSN9810	0	35-36	0	52-53
BSC6810	0	37-39	0	54-58
DBS3900	0	37-39	0	54-58

2．命令脚本准备

SET OPT: SRN=0, SN=26, BT=UOI_ATM, J0TXT=NULL, J0RXT=NULL, J1TXT=NULL, J1RXT=NULL;

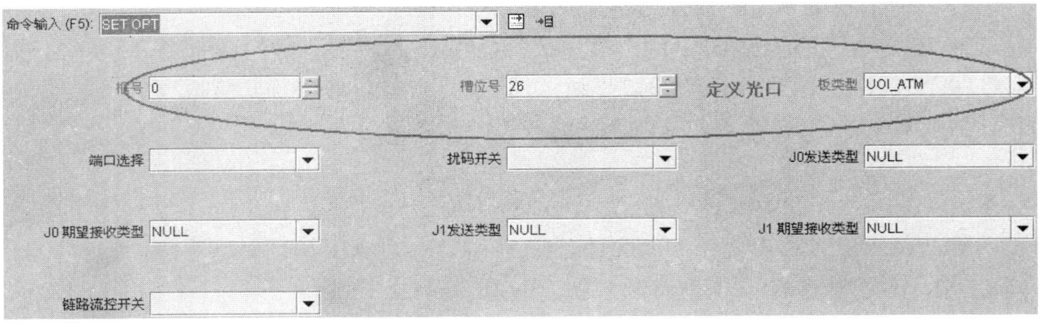

//设置光口属性（SET OPT）。

ADD ATMTRF:TRFX=110, ST=RTVBR, UT= KBIT/S, PCR=1210, SCR=1100, MBS=1000, CDVT=1024, REMARK="for IUCS IUPS control panel";

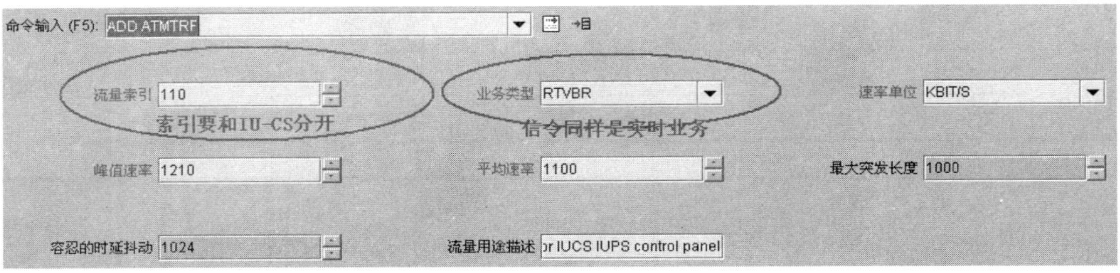

ADD ATMTRF:TRFX=111, ST=UBR, UT= KBIT/S, PCR=7000, CDVT=1024, REMARK="IUPS";

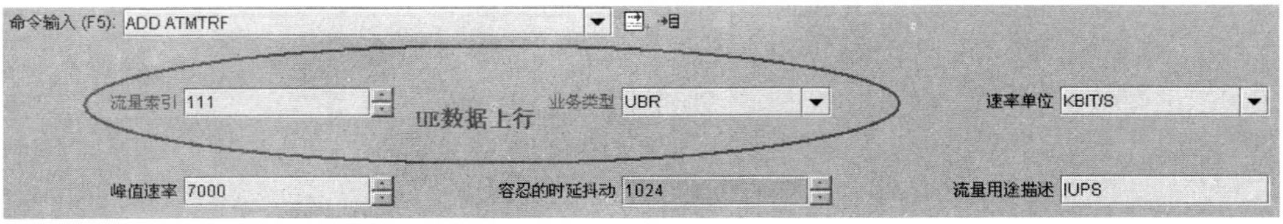

ADD SAALLNK: SRN=0, SN=0, SSN=2, SAALLNKN=20, CARRYT=NCOPT, CARRYSRN=0, CARRYSN=26, CARRYNCOPTN=1, CARRYVPI=0, CARRYVCI=35, TXTRFX=110, RXTRFX=110, SAALLNKT=NNI;

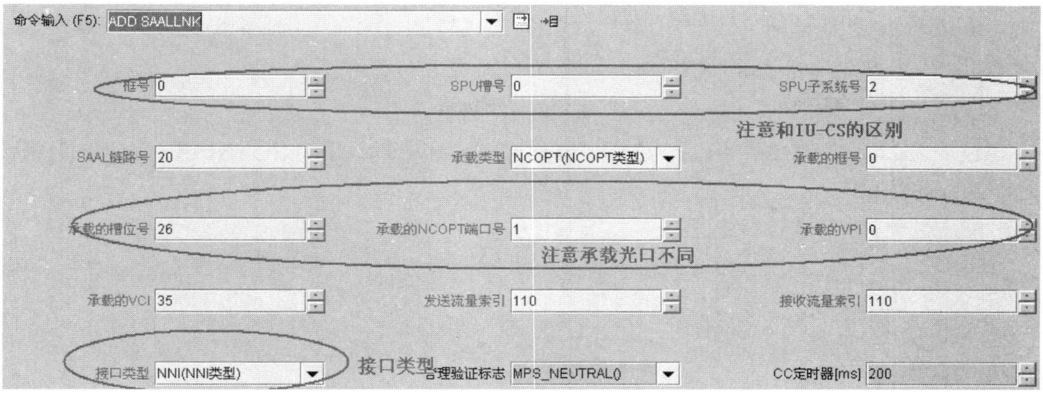

ADD SAALLNK: SRN=0, SN=0, SSN=2, SAALLNKN=21, CARRYT=NCOPT, CARRYSRN=0, CARRYSN=26, CARRYNCOPTN=1, CARRYVPI=0, CARRYVCI=36, TXTRFX=110, RXTRFX=110, SAALLNKT=NNI;

//一般 2 条链路作为负荷分担，区别在于 VCI 标识。

ADD N7DPC: DPX=2, DPC=H'D13, SLSMASK=B0000, NEIGHBOR=YES, NAME="SGSN", DPCT=IUPS, STP=ON, PROT=ITUT, BEARTYPE=MTP3B;

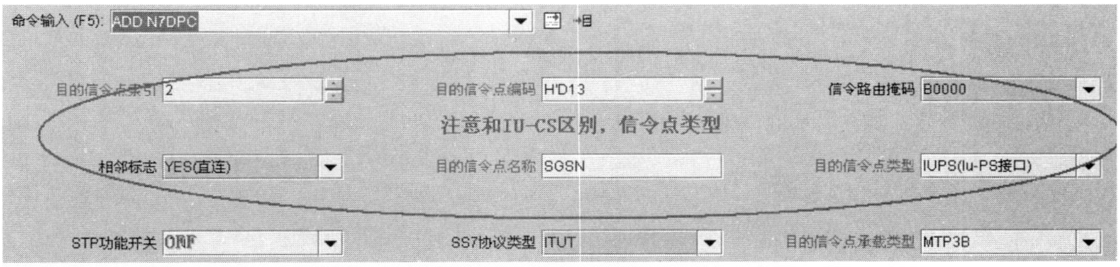

ADD MTP3BLKS: SIGLKSX=2, DPX=2, NAME="TO-SGSN";

ADD MTP3BRT: DPX=2, SIGLKSX=2, NAME="TO-SGSN";

ADD MTP3BLNK: SIGLKSX=2, SIGSLC=0, SRN=0, SN=0, SSN=2, SAALLNKN=20, NAME="TO-SGSN-1";

ADD MTP3BLNK: SIGLKSX=2, SIGSLC=1, SRN=0, SN=0, SSN=2, SAALLNKN=21, NAME="TO-SGSN-2";

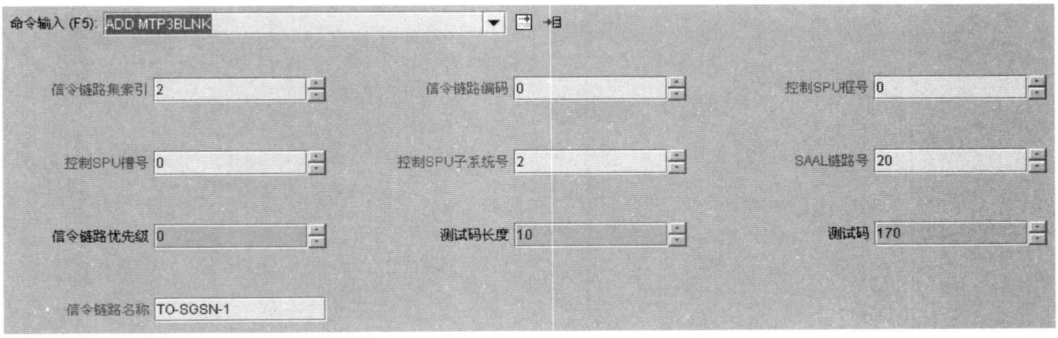

//以上四条均为增加 MTP3B 信令，包含了链路集、路由、链路等数据。一定要关注相应的索引关系，不要和之前的 Iu-CS 数据之间重复。

ADD ADJNODE: ANI=1, NAME="SGSN", NODET=IUPS, SGSNFLG=YES, DPX=2, TRANST=ATM;

ADD CNDOMAIN: CNDomainId=PS_DOMAIN;

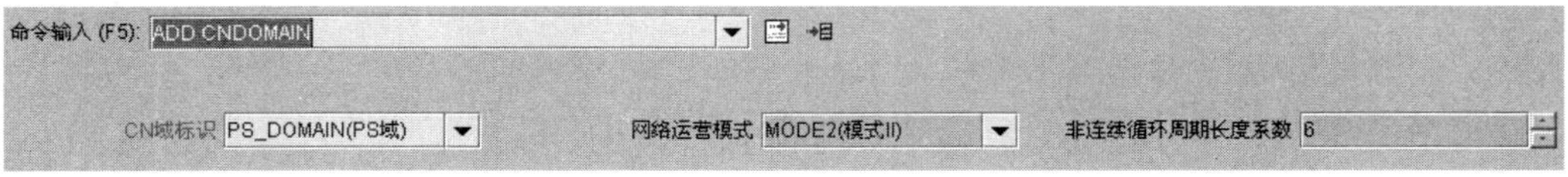

ADD CNNODE: CnOpIndex=0, CNId=1, CNDomainId=PS_DOMAIN, Dpx=2, CNProtclVer=R6, CNLoadStatus=NORMAL, AvailCap=65535, TnlBearerType=ATM_TRANS;

ADD TRMMAP: TMI=1, ITFT=IUPS;

ADD ADJMAP: ANI=1, CNMNGMODE=SHARE, TMIGLD=1, TMISLV=1, TMIBRZ=1, FTI=0;

//可以和 Iu-CS 域的配置相同。

ADD PORTCTRLER: SRN=0, SN=26, PT=NCOPT, CARRYNCOPTN=1, CTRLSN=0,

CTRLSSN=2;

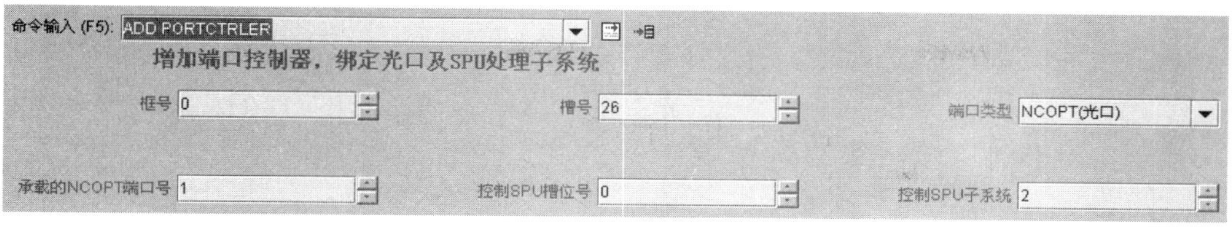

ADD DEVIP: SRN=0, SN=26, IPADDR="13.13.13.14", MASK="255.255.255.0";

ADD IPOAPVC: IPADDR="13.13.13.14", PEERIPADDR="13.13.13.13", CARRYT=NCOPT, CARRYNCOPTN=1, CARRYVPI=0, CARRYVCI=52, TXTRFX=111, RXTRFX=111, PEERT=IUPS;

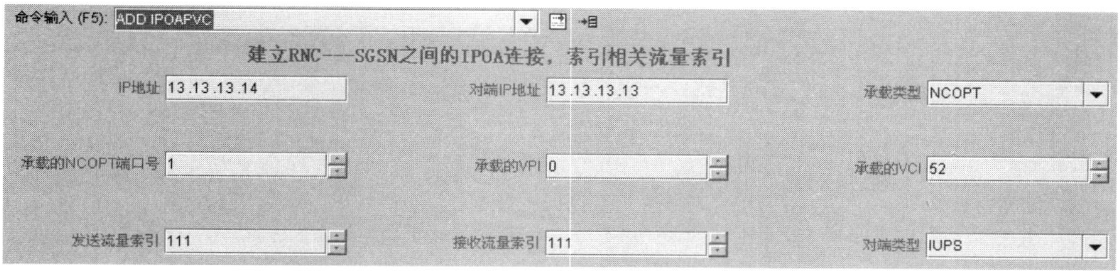

ADD IPPATH:ANI=1, PATHID=0, PATHT=HQ_QOSPATH, IPADDR="13.13.13.14", PEERIPADDR="12.12.12.12", PEERMASK="255.255.255.255", TXBW=50000, RXBW=50000, CARRYFLAG=NULL, FPMUX=NO, FWDHORSVBW=0, BWDHORSVBW=0, FWDCONGBW=0, BWDCONGBW=0, FWDCONGCLRBW=0, BWDCONGCLRBW=0, VLANFLAG=DISABLE, PATHCHK=DISABLED;

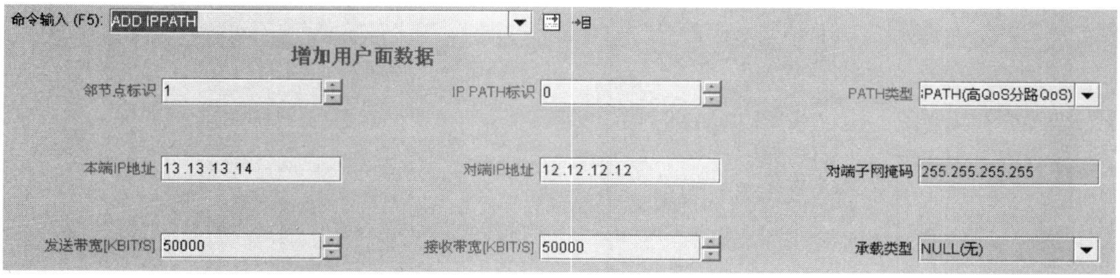

ADD IPRT:SRN=0, SN=26, DESTIP="12.12.12.12", MASK="255.255.255.255", NEXTHOP="13.13.13.13", PRIORITY=HIGH;

六、实训步骤

注意事项：本节内容需要实训三中的 BSC6810 的基础设备配置数据支持。

1. 首先提前 15 分钟打开 BSC6810 的电源，具体操作方式，请参考相关资料。**注意：BSC6810 关机一定要按照顺序先关闭机柜内的服务器单板，然后再断电。**

2. 启动 EB-SERVER 服务器端。（此步骤中包含学生的 IP 许可，实训时间长短设置，一次设定即可，该步骤由教师设定，与学生无关。服务端位于教师机机器上）

3. 启动 EB-TEACHER 控制端。（此步骤作为教师控制及查看学生实训进程及浏览日志使用，与学生无关。该软件一般位于教师机上。连接服务端的 IP 地址为 129.9.0.160）

4. 学生终端，双击桌面图标，启动 EB-Client。

5. 在下面的界面中，注意保持服务器地址是 129.9.0.160。

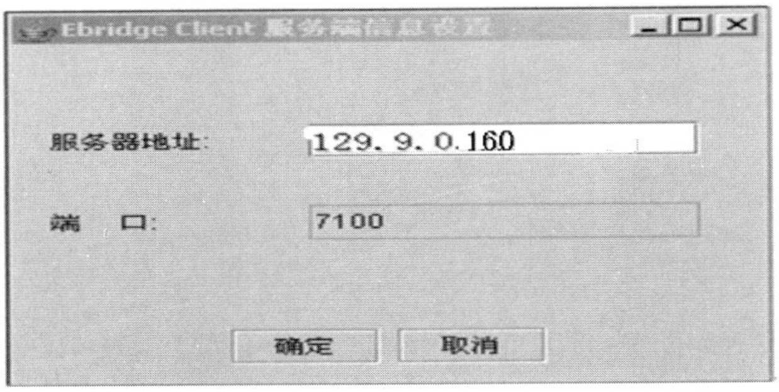

6. 确定之后，需要登录教师机上的控制器，请输入正确的用户名即学生名字，以及学号、班级等个人信息，在控制器 IP 地址栏输入教师机的地址 129.9.0.160 即可。

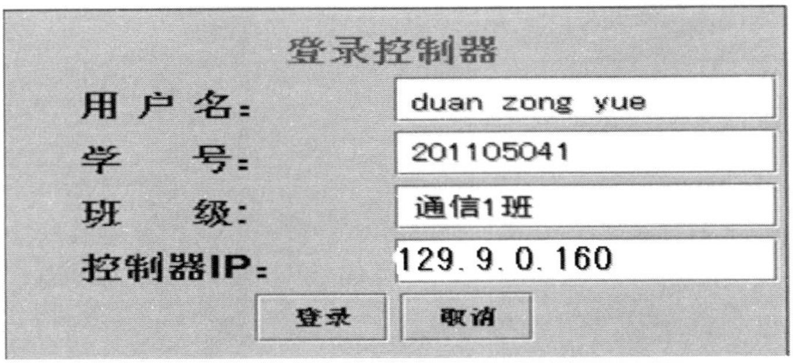

7. 登录之后，就会出现如下的界面，该界面为实训界面，通过在该界面上的一系列操作，即可完成实训过程。

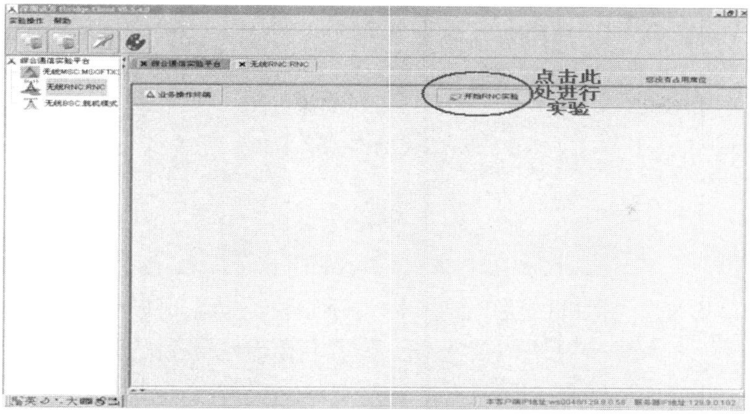

8．学生终端在保持上述界面时，教师机是看不到学生的登录状态的，需要学生点击“开始 RNC 实训”，如下图所示。

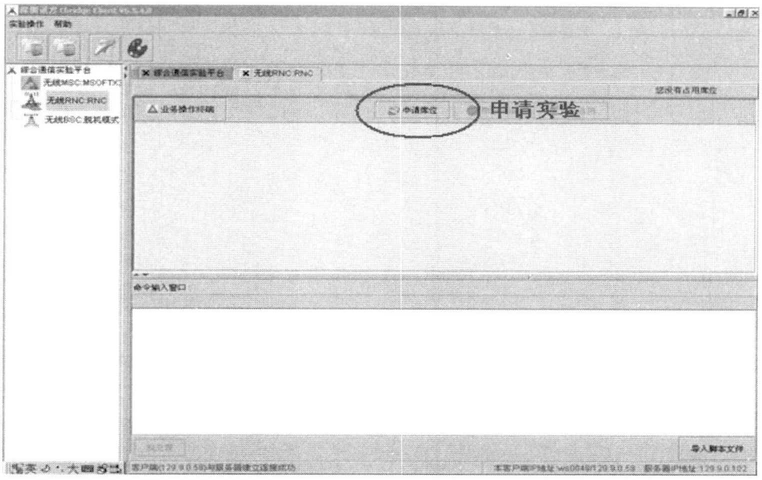

9．系统会自动进行线程请求和数据预处理，界面切换如下图所示。

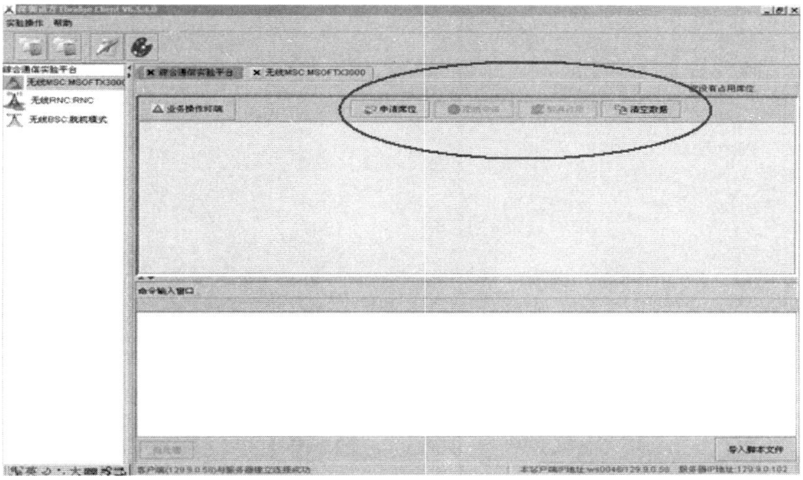

10．同时有提示终端，系统正在初始化数据。

11．等窗口出现如下图的提示时候，即占用席位成功，可以进行实训操作。

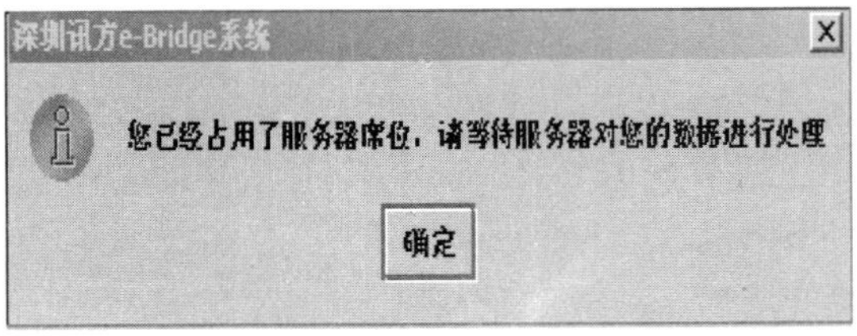

12．席位占用成功之后，EB 窗口的右下角可以导入前面制作好的 MML 脚本文件。

13．此时，EB 窗口的左下角的“批处理”按钮应该会变成黑色，点击“批处理”按钮即可自动导入脚本文件，然后等待设备进行处理及自动服务。大约需要 5 分钟时间，可以完成查看实训操作效果。

14．教师可以在教师机上通过查看日志来观察判断学生在操作过程中出现的错误命令等。

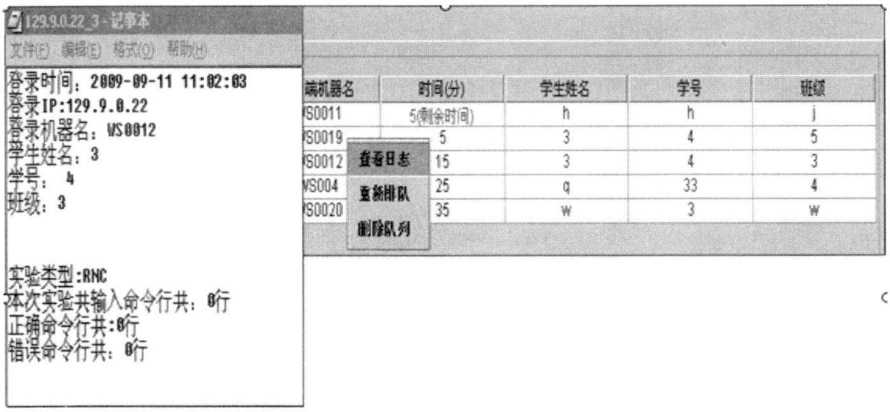

七、实训验证

1．Iu-PS 节点查询

```
+++    WCDMA-RNC        2009-06-17 08:42:22
O&M    #3509
%%DSP ADJNODE: ANI=1;%%
RETCODE = 235178262  邻接点类型为IUPS,不支持该查询

---    END
```

说明：不能按照 CS 接口的查询方式。

2．MTP3BRT 状态查询

```
%%DSP MTP3BRT: TOSPECSSN=NO;%%
RETCODE = 0  执行成功.

MTP3B路由状态信息
------------------
 目的信令点索引  信令链路集索引  操作状态  拥塞状态

 0               0               可用      不拥塞
 1               0               可用      不拥塞
 2               2               可用      不拥塞
(结果个数 = 3)
```

3．MTP3B 链路状态查询

```
%%DSP MTP3BLKS: SIGLKSX=2, TOSPECSSN=NO;%%
RETCODE = 0  执行成功.

MTP3B信令链路集状态信息
-----------------------
 信令链路集索引  操作状态  状态改变时间           状态改变原因

 2               可用      2009-06-12 10:24:33  由于链路恢复导致链路集状态变化.
```

4．显示 SAALLNK 状态

```
%%DSP SAALLNK: SRN=0, SN=0, SSN=2;%%
RETCODE = 0  执行成功.

SAAL链路状态信息
----------------
 槽位号  子系统号  链路号  应用类型   操作状态  状态改变时间          状态改变原因

 0       2         20      MTP3B链路  可用      2009-06-12 10:24:16  建链成功,状态可用.
 0       2         21      MTP3B链路  不可用    2009-06-12 10:23:34  链路初始化配置.
(结果个数 = 2)
```

说明：思考为什么 21 号链路不可用。

5．查询 SGSN 目的信令点状态

```
%%DSP N7DPC: DPX=2, TOSPECSSN=NO;%%
RETCODE = 0  执行成功.

目的信令点信息
--------------
                目的信令点索引  =  2
                目的信令点名称  =  SGSN
                目的信令点类型  =  IUPS
            目的信令点网络标识  =  国内备用网
                目的信令点编码  =  H'D13(3347)
            SCCP目的信令点状态  =  可达
    SCCP目的信令点状态改变时间  =  2009-06-12 10:24:16
    SCCP目的信令点状态改变原因  =  收到底层上报MTP_RESUME_IND原语引起SCCP DPC状态变化.
                   对端SCCP状态  =  可用
        SCCP目的信令点拥塞状态  =  不拥塞
       MTP3B目的信令点拥塞状态  =  不拥塞
           MTP3B目的信令点状态  =  可用
   MTP3B目的信令点状态改变时间  =  2009-06-12 10:24:16
   MTP3B目的信令点状态改变原因  =  由于路由恢复导致DSP状态变化.
```

6．可以使用 PING 命令，对 IP 地址进行维护操作

八、课后巩固

1．简述 Iu-PS 的协议栈。
2．浅谈 PS 域的位置更新流程。
3．BSC6810 对接 Iu-PS 接口时，需要配置哪些命令？
5．简述 Iu-PS 和 Iu-CS 接口数据的异同。
6．如果 Iu-PS 接口使用 IP 方式，如何规划是制作数据？

实训七 验证实训
WCDMA-BSC6810 的 Iub 接口及无线数据调试

一、目的

1. 掌握 BSC6810 的基础配置；
2. 掌握 BSC6810 的 Iub 接口数据配置；
3. 熟练掌握 LMT 的命令制作及查询。

二、实训器材

华为 WCDMA 移动设备无线部分之一：BSC6810。LMT 软件。

三、实训内容说明

1. 通过 Iub 接口数据制作，掌握 WCDMA 的物理组网；
2. 深入理解 Iub 接口的协议栈；
3. 熟练有关无线小区方面的配置；
4. 熟练 ATM 接口的基础上，了解 IP 组网的数据。

四、知识准备

1. BSC6810 的组网拓扑

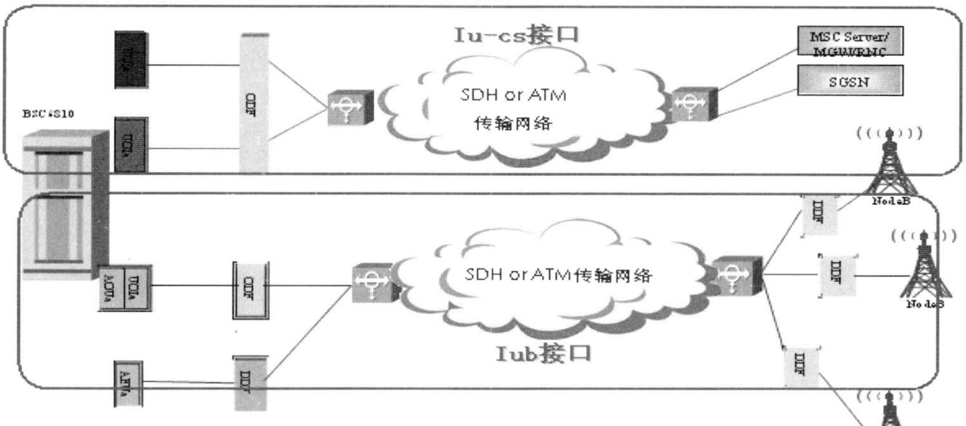

2．Iub 接口 ATM 传输协议栈

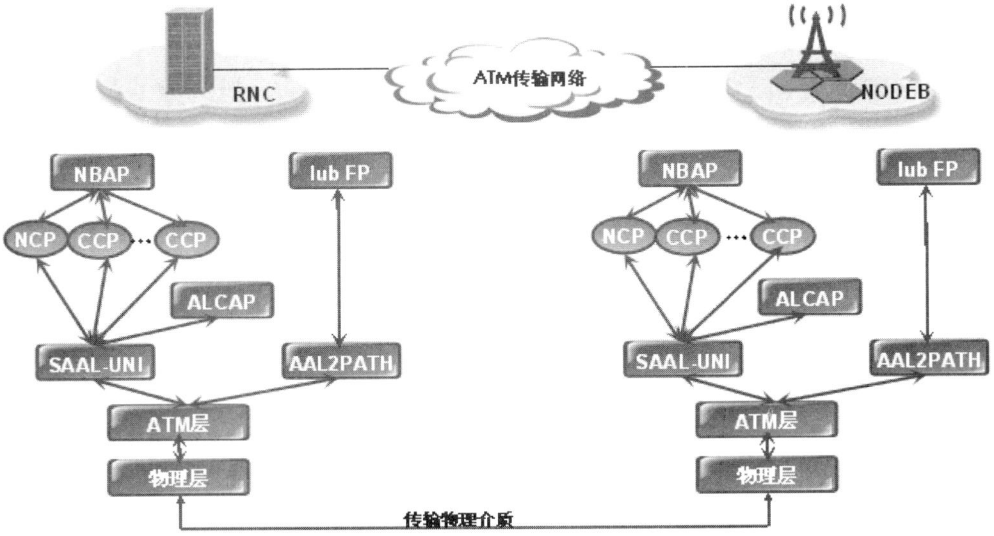

3．Iub 接口协议栈的详解

无线网络层的控制面 NBAP 用于传输信令；无线网络层的用户面（各种 FP）用于传输用户业务数据。这两种数据分别是通过 IuB 接口的 NCP/CCP（信令）和 AAL2 PATH（业务）传输和承载的。

NCP/CCP 分别用来传输 Iub 接口（也就是 433 协议）中的公共信令和专用信令，基本 NCP 是一个基站配置一条，CCP 一般一个小区配置一条（由话务模型决定）。

AAL2 PATH 的数量也由话务模型决定。要知道，AAL2 PATH 是一条静态的“管道”，而实际上传输业务数据时是在 AAL2 PATH 这条静态的管道内动态建立、释放 AAL2 连接，每条 AAL2 PATH 可最多建立 256 条 AAL2 连接（0～7 协议保留，业务实际可用的最多为 8～255）。

这也是为什么传输网络层的控制面（ALCAP）存在的原因，它的作用就是负责 RNC 和对端（Node B、CS CN 节点、邻近 RNC）之间 AAL2 连接的动态建立、释放等过程。

控制面和用户面只是高层和 AAL 层不同，而 ATM 层和物理层并不区分用户和控制面，对这两个平面的处理是完全相同的。

AAL 即 ATM 适配层，它存在的理由在于在下行方向上把高层传来的数据（控制面和用户面不同）适配成 ATM 的数据单元格式，上行方向同理。由于控制面和用户面具有不同的业务特点，因此使用不同的适配层 SAAL（信令适配层）、AAL2（比较适合业务）。

ATM 层和物理层是底层的传输手段，在此就不再赘述。

4．ATM 流量描述含义

参数	缩写词	含义
峰值速率	PCR	信元发送的最大速率
平均速率	SCR	长时间的平均信元传输速率
最小速率	MCR	信元发送的最小速率
容忍的时延抖动	CDVT	最大的可接受的信元抖动，单位：0.1 微秒
信元丢失优先级	CLP	标识在网络发生拥塞时，哪些信息元可以丢弃（CLP=1），哪些信息元最好不要丢弃（CLP=0）
标签	TAGGNG	对于 CLP=0 违规信元，打标签

5．IMA 实现原理

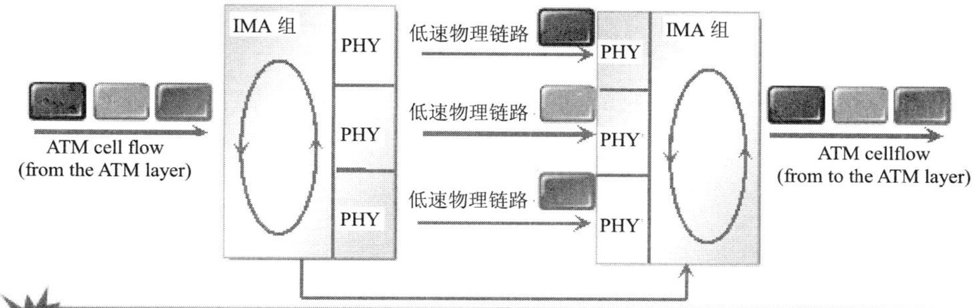

ATM 反向复用是把多个低速的物理链路捆绑在一起，把要传输的调整数据流通过统计复用到这些低速的链路上来，从而增加传输的可靠性，其中任何一条链路的中断不会导致业务中断

6．Iub 接口数据配置

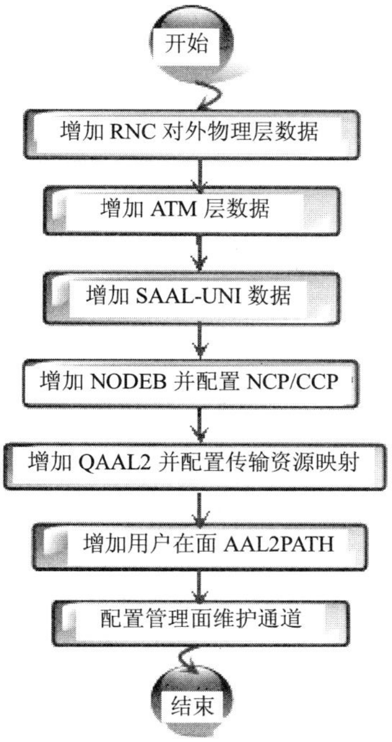

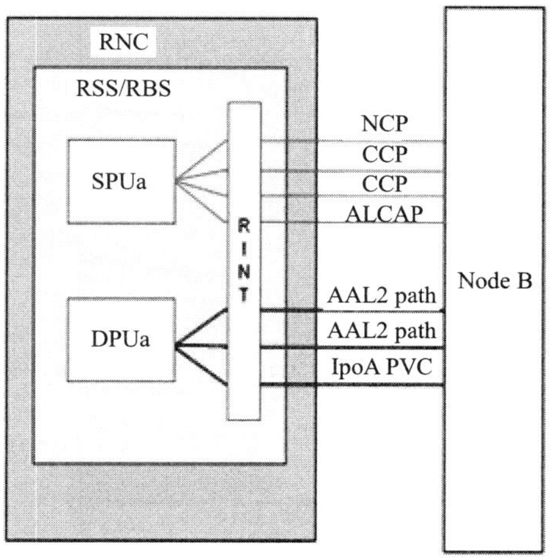

五、数据准备

1. 数据规划

BSC6810	信令点编码	信令点编码	国家码	本地区号	移动国家码	移动网号	LAISAI 号码	ATM 地址
		H'D12（备用网）	86	20	460	10	460100001	H'45861390075510000000000000 00000000000000

Node B	位置区	小区	路由区	上行频点	下行频点	移动网号	LAISAI 号码	ATM 地址
	1	1	1	9612	10562	10	460100001	H'45861390075520000000000000 00000000000000

接口	对接设备	对接单板框/槽号	单板类型	对接地址	端口号	
Iub	BSC6810	0-18	AEUa	H'4586139007551000000000000000000000000000		通过 DDF 架
	DBS3900	0-7	WMPT	H'4586139007552000000000000000000000000000		

对接网元	控制面 VPI	控制面 VCI	用户面 VPI	用户面 VCI
BSC6810	0	37-39	0	54-58
DBS3900	0	37-39	0	54-58

Iub Control Plane Negotiation Data					
SAAL LINK No.	SAAL Bearing Type	SAAL Bearing VPI	SAAL Bearing VCI	Signal Link Code	SAAL Bearing Upper Application
30	IMA	0	37		NCP
31	IMA	0	38		CCP
32	IMA	0	39		ALCAP
3	IMA	0			Others:_______

Iub User Plane Negotiation Data						IPoA Management Plane Negotiation Data			
Node B ATM Address	AAL2 Path ID	AAL2 Path VPI/VCI	Node B OMIP Address/Subnetwork mask	M2000 IP address/Subnetwork mask	Gateway IP address/Subnetwork mask	IPOA Local IP address/Subnetwork mask	IPOA Peer IP address/Subnetwork mask	PVC VPI/VCI
H'45861390075520000000000000000000000000000	1	0/54	129.9.0.106	129.9.0.102		20.20.20.21	20.20.20.20	0/56
	2	0/55						
	3	0/57						
	4	0/58						

2．命令脚本制作

本部分数据可以分为 Iub 接口数据和无线数据部分，需要设备及基础数据支持。

SET E1T1: SRN=0, SN=18, BT=AEU, LS=ALL, WORKMODE=E1_UNBA, LNKT=E1_CRC4_MULTI_FRAME, LNKCODE=HDB3, SCRAMBLESW=ON;;

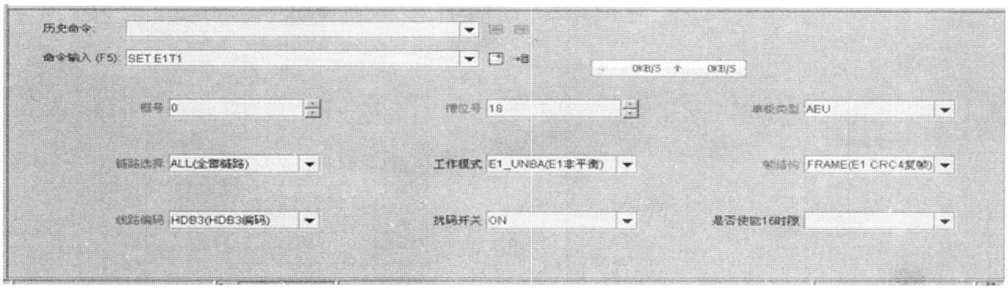

ADD IMAGRP: SRN=0, SN=18, BT=AEU, IMAGRPN=0, FLOWCTRLSWITCH=ON;

ADD IMALNK: SRN=0, SN=18, IMAGRPN=0, IMALNKN=0;

ADD IMALNK: SRN=0, SN=18, IMAGRPN=0, IMALNKN=1;

ADD IMALNK: SRN=0, SN=18, IMAGRPN=0, IMALNKN=2;

ADD IMALNK: SRN=0, SN=18, IMAGRPN=0, IMALNKN=3;

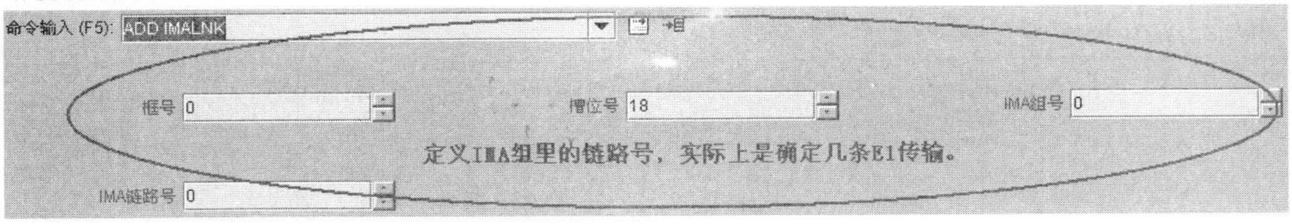

//根据实际组网情况，以及为了实现高速上网，保证 Iub 的带宽，一般用 4 条 E1 以上传输数据业务。

ADD ATMTRF:TRFX=120, ST=RTVBR, UT= KBIT/S, PCR=120, SCR=100, MBS=1000, CDVT=1024, REMARK="for NCP";

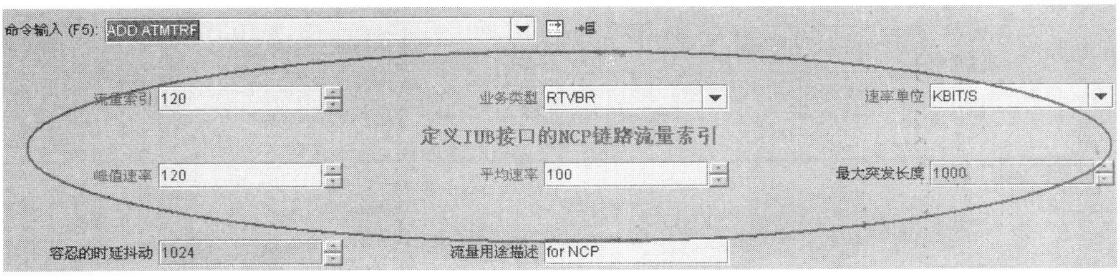

ADD ATMTRF:TRFX=121, ST=RTVBR, UT= KBIT/S, PCR=89, SCR=74, MBS=1000, CDVT=1024, REMARK="for CCP";

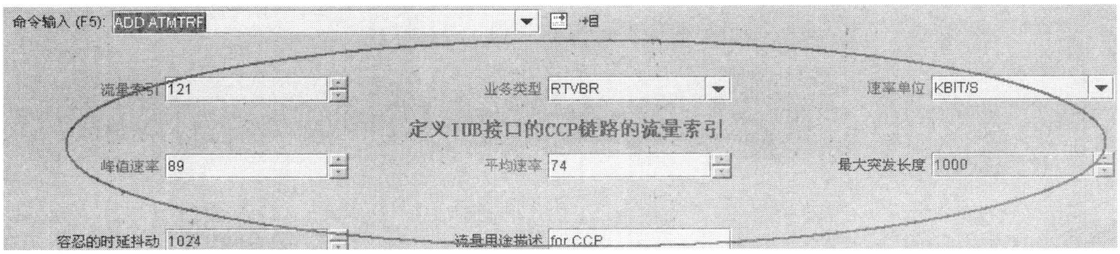

ADD ATMTRF:TRFX=122, ST=RTVBR, UT= KBIT/S, PCR=90, SCR=75, MBS=1000, CDVT=1024, REMARK="for ALCAP";

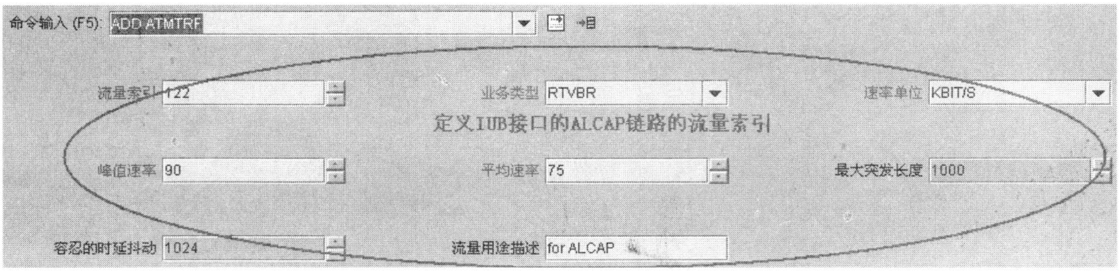

//上述三条链路索引的定义要特别明确，不能少了任意一条。

ADD ATMTRF:TRFX=123, ST=RTVBR, UT= KBIT/S, PCR=1993, SCR=1661, MBS=1000, CDVT=1024, REMARK=" for Iub RT AAL2PATH";

ADD ATMTRF:TRFX=124, ST=NRTVBR, UT= KBIT/S, PCR=2000, SCR=1800,

MBS=1000, CDVT=1024, REMARK=" for Iub NRT AAL2PATH";

ADD ATMTRF:TRFX=125, ST=RTVBR, UT= KBIT/S, PCR=7000, SCR=6500, MBS=1000, CDVT=1024, REMARK="for Iub IPOAPVC";

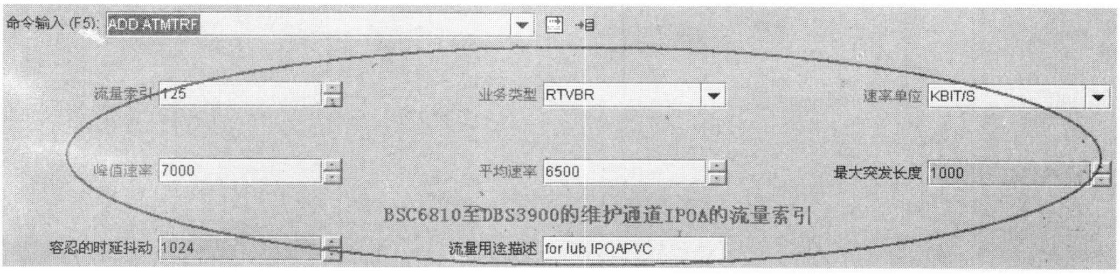

ADD ATMTRF:TRFX=126, ST=RTVBR, UT= KBIT/S, PCR=5000, SCR=3000, MBS=1000, CDVT=1024, REMARK="fo hsdpa-up";

ADD ATMTRF:TRFX=127, ST=NRTVBR, UT= KBIT/S, PCR=7000, SCR=6500, MBS=1000, CDVT=1024, REMARK="fo hsdpa-dw";

ADD ATMTRF:TRFX=130, ST=RTVBR, UT=CELL/S, PCR=2415, SCR=1207, MBS=150, CDVT=1024;

//以上流量索引时根据不同业务的需求而定义，一般业务上归类有语音实时、非实时业务，HSDPA 实时、非实时业务，以及 BSC6810 至 DBS3900 的维护通道带宽索引等。

ADD SAALLNK: SRN=0, SN=0, SSN=3, SAALLNKN=30, CARRYT=IMA, CARRYSRN=0, CARRYSN=18, CARRYIMAGRPN=0, CARRYVPI=0, CARRYVCI=37, TXTRFX=120, RXTRFX=120, SAALLNKT=UNI;

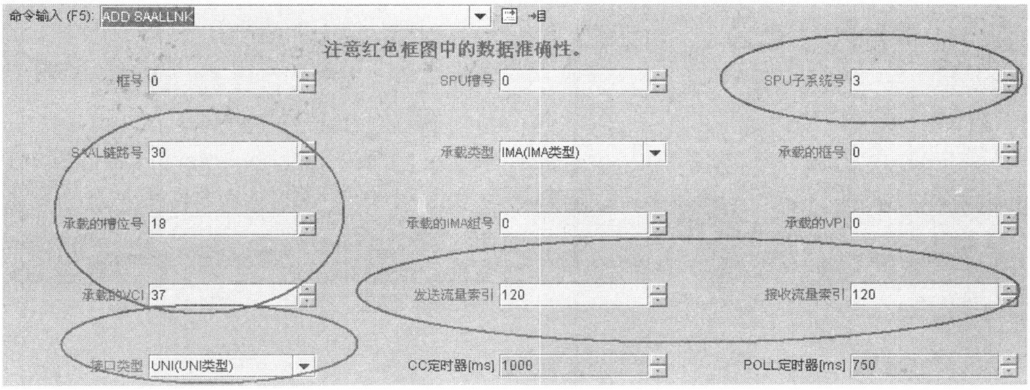

//SPU 子系统要按照规划选，不能和其他接口混了。链路号建议从 30 开始编号，物理端口要注意准确，承载 VPI/VCI 要符合数据规划，流量索引要用前面已经定义的相应索引号。注意接口类型，有 NNI/UNI 的区别。

ADD SAALLNK: SRN=0, SN=0, SSN=3, SAALLNKN=31, CARRYT=IMA, CARRYSRN=0, CARRYSN=18, CARRYIMAGRPN=0, CARRYVPI=0, CARRYVCI=38,

TXTRFX=121, RXTRFX=121, SAALLNKT=UNI;

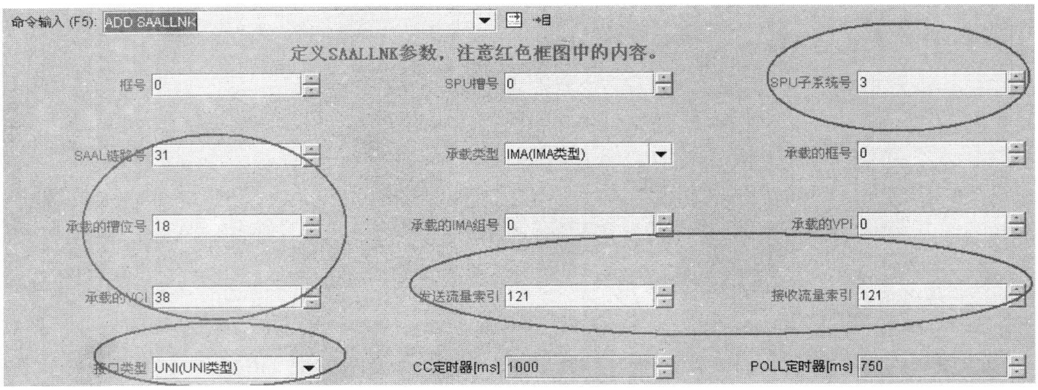

ADD SAALLNK: SRN=0, SN=0, SSN=3, SAALLNKN=32, CARRYT=IMA, CARRYSRN=0, CARRYSN=18, CARRYIMAGRPN=0, CARRYVPI=0, CARRYVCI=39, TXTRFX=122, RXTRFX=122, SAALLNKT=UNI;

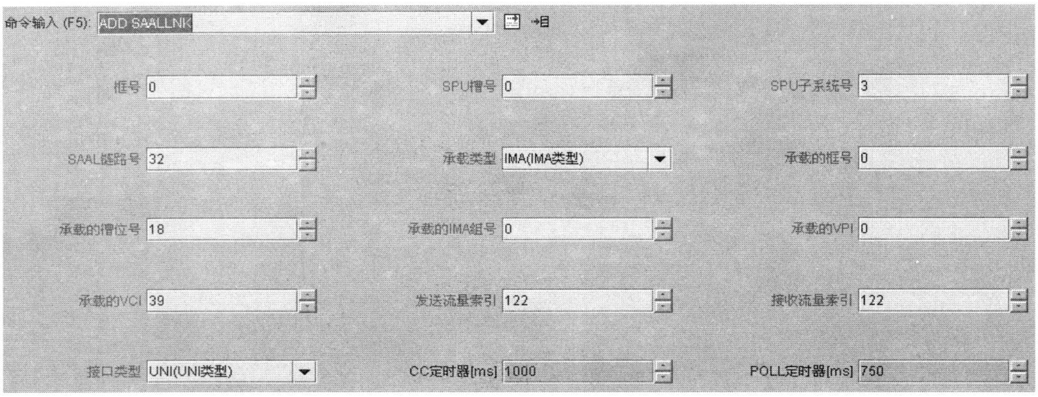

ADD NODE B: Node BName="DBS3900", Node BId=1, SRN=0, SN=0, SSN=3, TnlBearerType=ATM_TRANS, Nsap="H'458613900755200000000000000000000000000", SharingSupport=NON_SHARED, CnOpIndex=0;

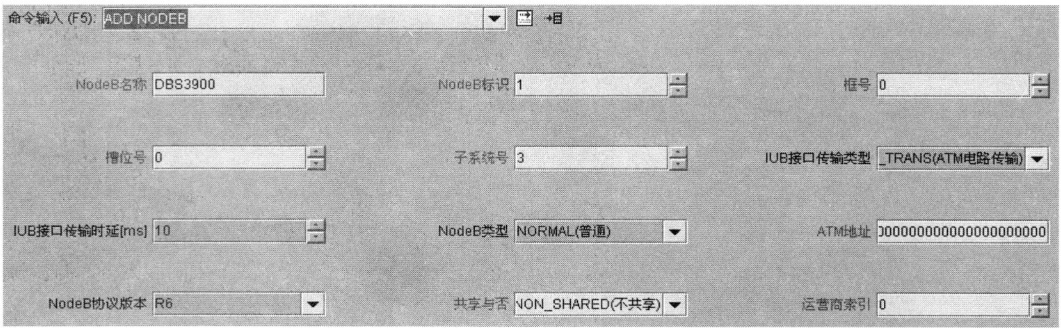

//该数据要和 DBS3900 侧的规划一致。

ADD NODE BALGOPARA: Node BName="DBS3900";

ADD NODE BLDR: Node BName="DBS3900";

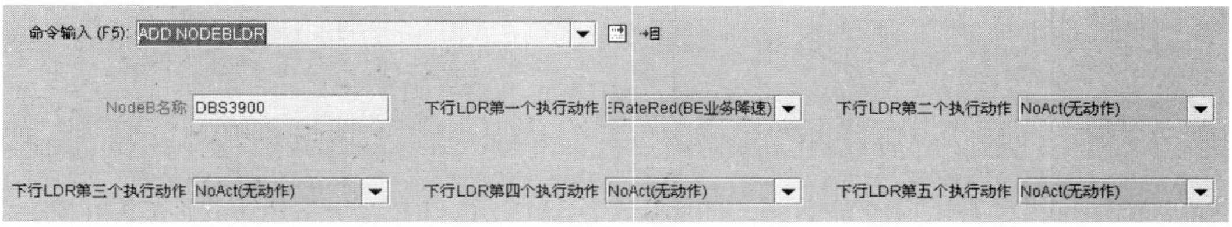

//上述两条是定义基站的算法参数，一般默认值。

ADD NCP: NODE BNAME="DBS3900", CARRYLNKT=SAAL, SAALLNKN=30;

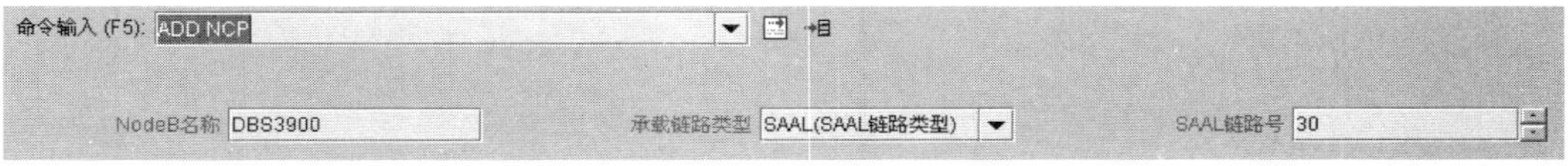

ADD CCP: NODE BNAME="DBS3900", PN=0, CARRYLNKT=SAAL, SAALLNKN=31;

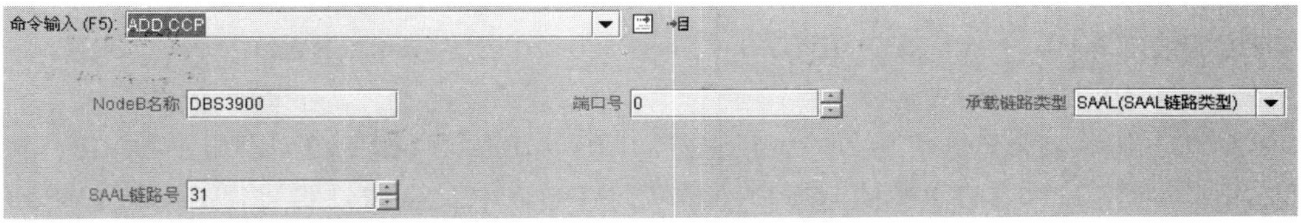

//上述两条即为 NCP/CCP 链路的定义，和基站侧保持一致，也要和之前定义的流量索引保持一致。

ADD ADJNODE: ANI=2, NAME="DBS3900", NODET=IUB, NODE BID=1, TRANST=ATM, IsROOTNODE=YES, SRN=0, SN=0, SSN=3, SAALLNKN=32;

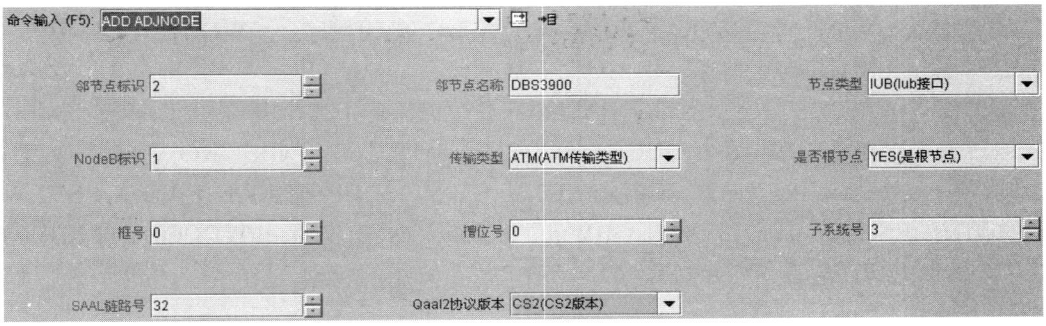

//SAAL 链路号是 32，是什么链路？

ADD ADJMAP: ANI=2, CNMNGMODE=SHARE, TMIGLD=0, TMISLV=0, TMIBRZ=0, FTI=0;

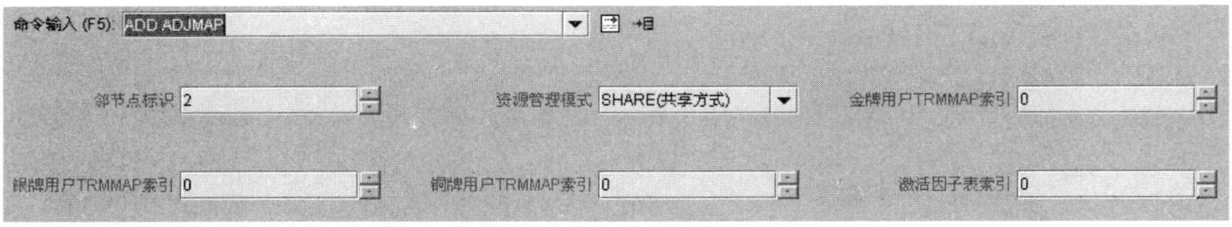

ADD PORTCTRLER: SRN=0, SN=18, PT=IMA, CARRYIMAGRPN=0, CTRLSN=0, CTRLSSN=3;

ADD AAL2PATH:ANI=2, PATHID=1, PT=RT, CARRYT=IMA, CARRYF=0, CARRYSN =18, CARRYIMAGRPN=0, ADDTORSCGRP=NO, CARRYVPI=0, CARRYVCI=54, TXTRFX =123, RXTRFX=123, OWNERSHIP=LOCAL, FWDHORSVBW=0, BWDHORSVBW=0, FWDCONGBW=0, BWDCONGBW=0, FWDCONGCLRBW=0, BWDCONGCLRBW=0, TIMERCU=10;

ADD AAL2PATH:ANI=2, PATHID=2, PT=NRT, CARRYT=IMA, CARRYF=0, CARRYSN=18, CARRYIMAGRPN=0, ADDTORSCGRP=NO, CARRYVPI=0, CARRYVCI=55, TXTRFX=124, RXTRFX=124, OWNERSHIP=LOCAL, FWDHORSVBW=0, BWDHORSVBW=0, FWDCONGBW=0, BWDCONGBW=0, FWDCONGCLRBW=0, BWDCONGCLRBW=0, TIMERCU=10;

ADD AAL2PATH:ANI=2, PATHID=3, PT=HSDPA_RT, CARRYT=IMA, CARRYF=0, CARRYSN=18, CARRYIMAGRPN=0, ADDTORSCGRP=NO, CARRYVPI=0, CARRYVCI=57, TXTRFX=126, RXTRFX=126, OWNERSHIP=LOCAL, FWDHORSVBW=0, BWDHORSVBW=0, FWDCONGBW=0, BWDCONGBW=0, FWDCONGCLRBW=0, BWDCONGCLRBW=0, TIMERCU=10;

ADD AAL2PATH:ANI=2, PATHID=4, PT=HSDPA_NRT, CARRYT=IMA, CARRYF=0, CARRYSN=18, CARRYIMAGRPN=0, ADDTORSCGRP=NO, CARRYVPI=0, CARRYVCI=58, TXTRFX=127, RXTRFX=127, OWNERSHIP=LOCAL, FWDHORSVBW=0, BWDHORSVBW=0, FWDCONGBW=0, BWDCONGBW=0, FWDCONGCLRBW=0, BWDCONGCLRBW=0, TIMERCU=10;

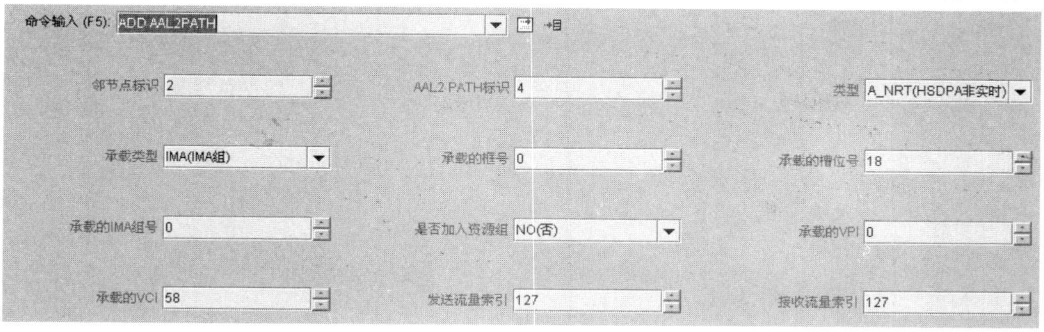

//以上为定义的 AAL2PATH，作为用户面的定义，注意根据业务的不同，选择不同的 PATH。

ADD AAL2RT: NSAP="H'45861390075520000000000000000000000000000", ANI=2;

ADD DEVIP: SRN=0, SN=18, IPADDR="20.20.20.20", MASK="255.255.255.0";

ADD IPOAPVC: IPADDR="20.20.20.20", PEERIPADDR="20.20.20.21", CARRYT=IMA, CARRYIMAGRPN=0, CARRYVPI=0, CARRYVCI=56, TXTRFX=125, RXTRFX=125, PEERT=IUB;

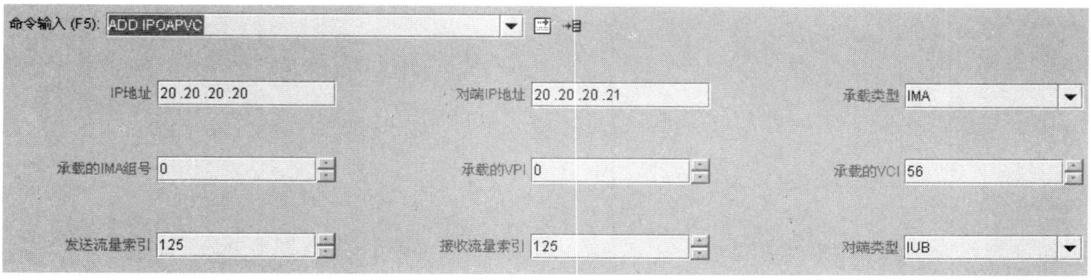

//增加 IPOAPVC。

ADD NODE BIP: NODE BID=1, NBTRANTP=ATMTRANS_IP, NBATMOAMIP="20.20.20.21", NBATMOAMMASK="255.255.255.0", AT MSRN=0, AT MSN=18, ATMGATEWAYIP="20.20.20.21";

//基站的维护通道。

ADD LOCELL: Node BName="DBS3900", LoCell=1;

ADD SPG: SpgId=1;

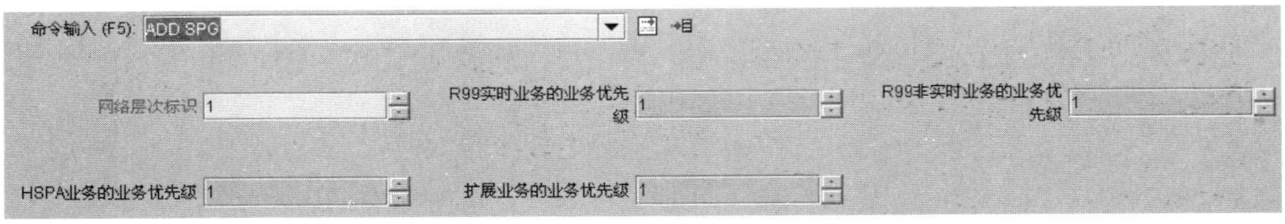

ADD QUICKCELLSETUP: CellId=1, CellName="GZMH", CnOpIndex=0, BandInd=Band1, UARFCNUplink=9612, UARFCNDownlink=10562, PScrambCode=0, TCell=CHIP0, LAC=1, SAC=1, CfgRacInd=REQUIRE, RAC=1, SpgId=1, URANUM=D1, URA1=0, Node BName="DBS3900", LoCell=1, SupBmc=FALSE, MaxTxPower=400;

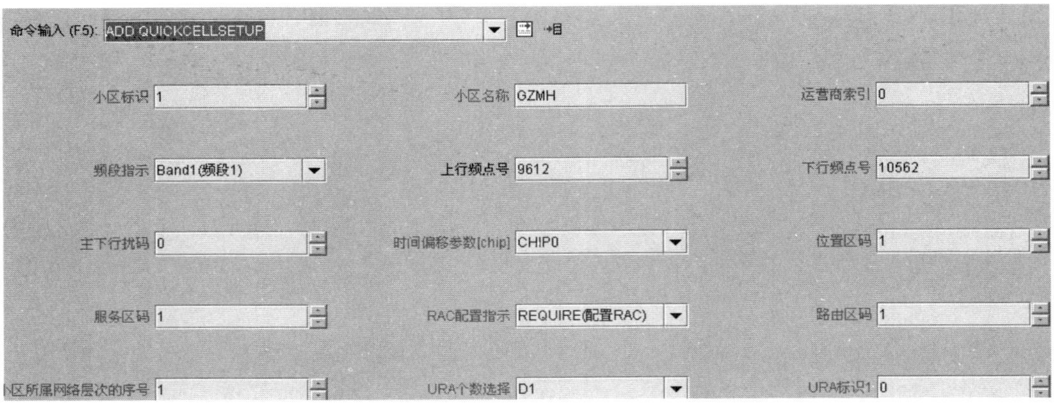

//快速小区建立，必须命令。

ADD CELLHSDPA: CellId=1, AllocCodeMode=Automatic, CodeAdjForHsdpaSwitch= ON;

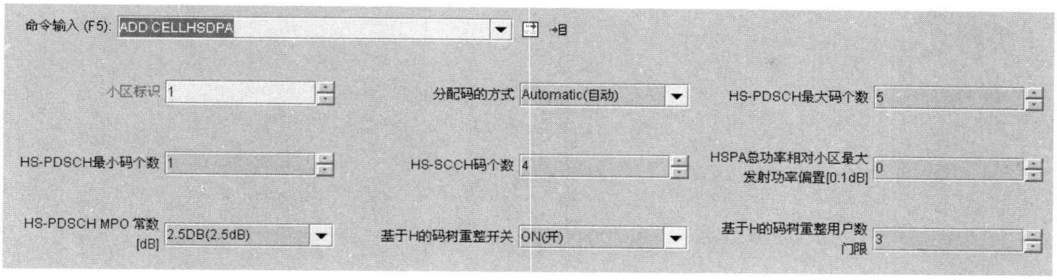

//HSDPA 小区。

ACT CELLHSDPA: CellId=1;

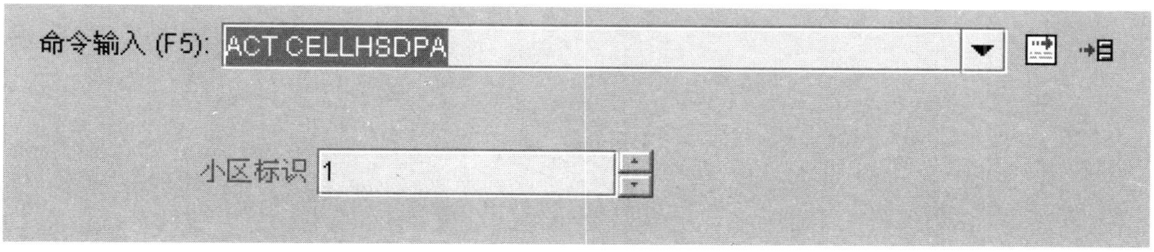

//必须激活小区。

六、实训步骤

注意事项：本节内容需要实训三中的 BSC6810 的基础设备配置数据支持。

1. 首先提前 15 分钟打开 BSC6810 的电源，具体操作方式，请参考相关资料。**注意：BSC6810 关机一定要按照顺序先关闭机柜内的服务器单板，然后再断电。**

2. 启动 EB-SERVER 服务器端。（此步骤中包含学生的 IP 许可，实训时间长短设置，一次设定即可，该步骤由教师设定，与学生无关）

3. 启动 EB-TEACHER 控制端。（此步骤作为教师控制及查看学生实训进程及浏览日志使用，与学生无关。该软件一般位于教师机上。连接服务端的 IP 地址为 129.9.0.160）

4. 学生终端，双击桌面图标，启动 EB-Client。

5. 在下面的界面中，注意保持服务器地址是 129.9.0.160。

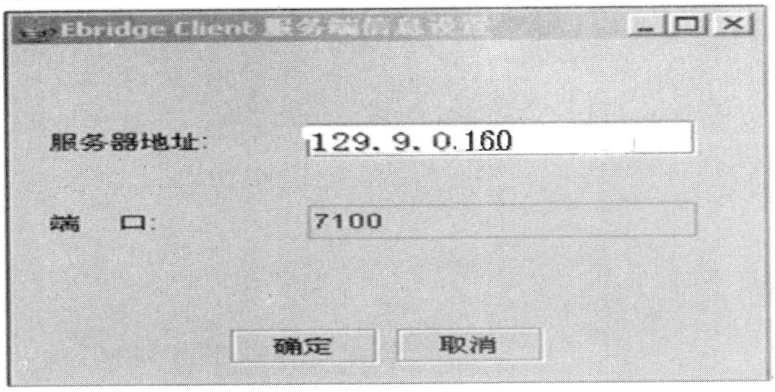

6．确定之后，需要登录教师机上的控制器，请输入正确的用户名即学生名字，以及学号，班级等个人信息，在控制器 IP 地址栏输入教师机的地址 129.9.0.160 即可。

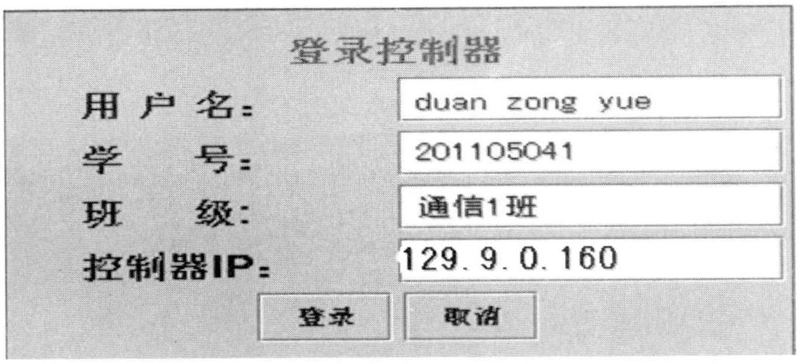

7．登录之后，就会出现如下的界面，该界面为实训界面，通过在该界面上的一系列操作，即可完成实训过程。

8．学生终端在保持上述界面时，教师机是看不到学生的登录状态的，需要学生点击“开始 RNC 实训”，如下图所示。

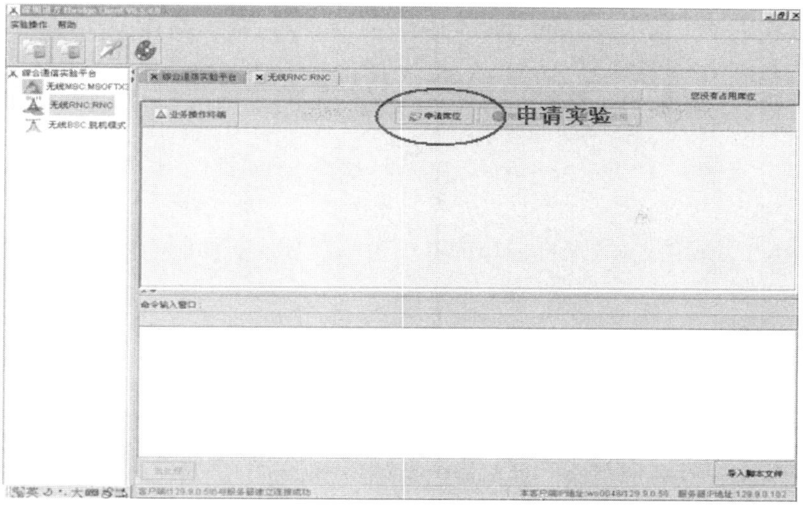

9．系统会自动进行线程请求和数据预处理，界面切换如下图所示。

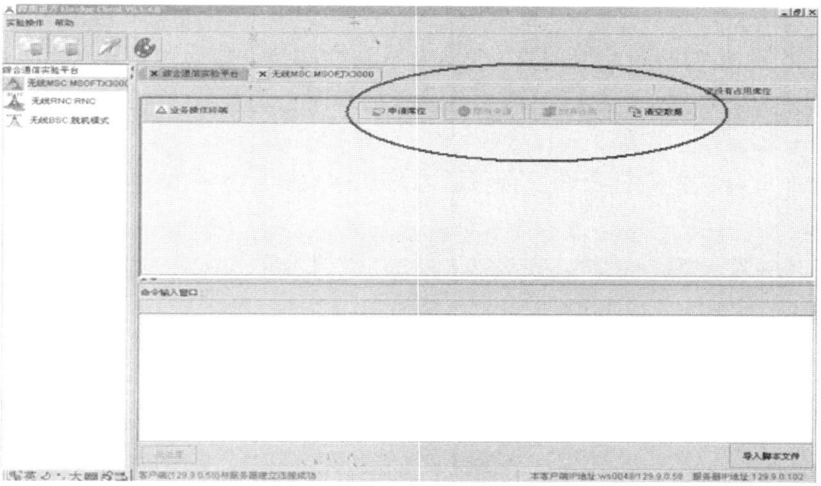

10．同时有提示终端，系统正在初始化数据。

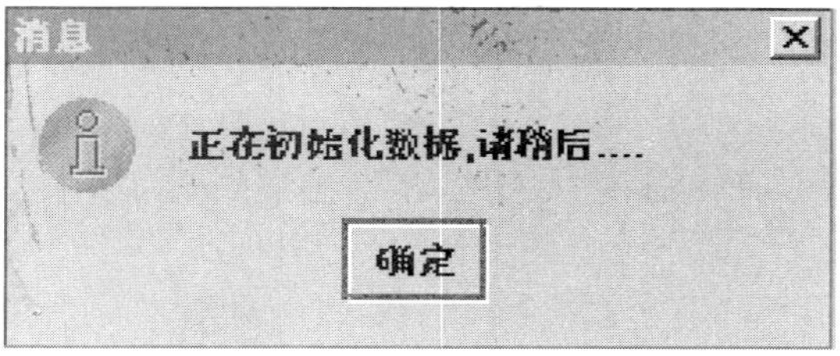

11．等窗口出现如下图的提示时，即占用席位成功，可以进行实训操作。

12．席位占用成功之后，EB 窗口的右下角可以导入前面制作好的 MML 脚本文件。

13．此时，EB 窗口的左下角的“批处理”按钮应该会变成黑色，点击“批处理”按钮即可自动导入脚本文件，然后等待设备进行处理及自动服务。大约需要 5 分钟时间，可以完成查看实训操作效果。

14．教师可以在教师机上通过查看日志来观察判断学生在操作过程中出现的错误命令等。

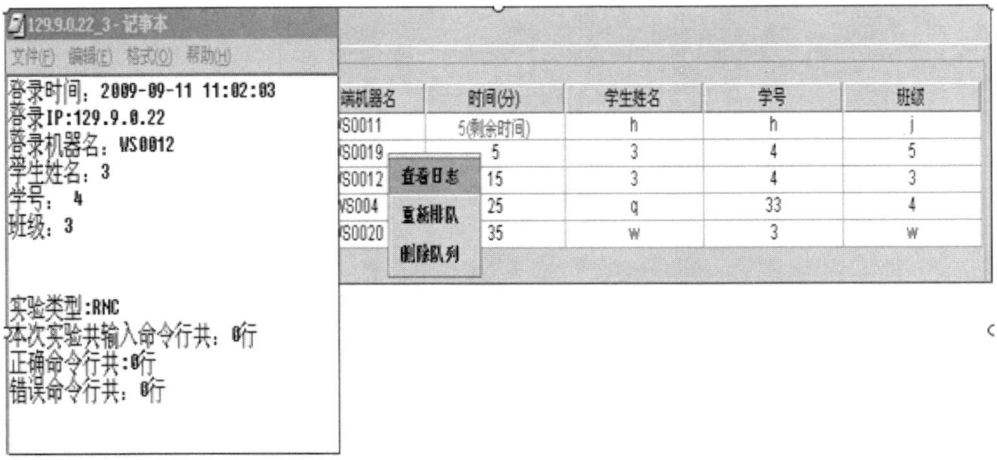

七、实训验证

1．查询基站节点状态

```
%%DSP ADJNODE: ANI=2;%%
RETCODE = 0  执行成功.

邻接点状态信息
--------------
                        邻接点标识  =  2
                        运营商索引  =  <NULL>
                         QAAL2状态  =  可用
              实时AAL2 Path的数目  =  1
            非实时AAL2 Path的数目  =  1
         实时HSDPA AAL2 Path的数目  =  1
       非实时HSDPA AAL2 Path的数目  =  1
         实时HSUPA AAL2 Path的数目  =  0
       非实时HSUPA AAL2 Path的数目  =  0
       可用的AAL2实时前向带宽[bps]  =  1451060
       可用的AAL2实时后向带宽[bps]  =  1485192
     可用的AAL2非实时前向带宽[bps]  =  1630464
```

2．显示基站节点的 AAL2PATH 状态

```
%%DSP AAL2PATH: ANI=2;%%
RETCODE = 0  执行成功.

AAL2 path状态信息
-----------------
                              邻接点标识  =  2
                          AAL2 path标识  =  1
                              可用的CID数  =  244
                            前向拥塞状态  =  不拥塞
                            后向拥塞状态  =  不拥塞
     PATH可用的前向ATM净荷带宽[bps]  =  1451060
     PATH可用的后向ATM净荷带宽[bps]  =  1485192
PATH已经使用的前向ATM净荷带宽[bps]  =  53452
PATH已经使用的后向ATM净荷带宽[bps]  =  19320
     PATH配置的前向ATM净荷带宽[bps]  =  1504512
     PATH配置的后向ATM净荷带宽[bps]  =  1504512
                                管理状态  =  空闲
                                操作状态  =  可用
```

3．显示小区状态

```
%%DSP CELL: DSPT=BYCELL;%%
RETCODE = 0  执行成功.

小区状态信息
------------
小区标识  =  1
小区名称  =  GZMH
操作状态  =  可用
管理状态  =  解闭塞
状态说明  =  小区已建立且可用

NODEB发起的小区状态信息
-----------------------
管理状态  =  解闭塞
操作状态  =  可用
可用状态  =  空
```

4．显示基站状态

```
%%DSP NODEB: DSPT=BYID, NODEBID=1;%%
RETCODE = 0  执行成功.

    NodeB ID  =  1
   NodeB名称  =  DBS3900
   NodeB状态  =  可用
  SAAL链路号  =  30
  SCTP链路号  =  <NULL>
NCP操作状态  =  可用

NodeB CCP信息
-------------
      CCP ID  =  0
  SAAL链路号  =  31
  SCTP链路号  =  <NULL>
CCP操作状态  =  可用
```

八、课后巩固

1．基站节点数据配置注意要点有哪些？（从 SPU/IMA/AAL2PATH 以及节点类型等来讲）

2．无线数据中的小区数据和之前实训中配置的哪些命令有关？（实训三内容）

3．如果要实现 HSDPA，关键是哪些参数或者命令？

4．Iub 接口的协议栈中，请分析其结构。

5．简述 WCDMA 无线部分的组网方式。

实训八 验证实训
WCDMA-DBS3900 基站维护操作

一、目的

1. 掌握 Node B 的组网连接；
2. 掌握 Node B 的实际开站配置过程；
3. 掌握 Node B 的联机数据调整方法。

二、实训器材

华为 WCDMA 移动设备无线部分之一：DBS3900。

三、实训内容说明

1. 掌握 DBS3900 的各种操作维护；
2. 掌握 DBS3900 的数据配置的特点；
3. 掌握 Node B 的各种天线分类等相关知识。

四、知识准备

1. 天线

1）天线概述

天线是无线收发信机与外界传播介质之间的接口。同一副天线既可以发射又可以接收无线电波。发射时，把高频电流转换为电磁波；接收时把电磁波转换为高频电流。网络覆盖最终是通过天线来实现的，因此网络覆盖质量、干扰控制等都很大程度上依赖于天线选型的正确性。

2）天线分类

与 GSM 基站一样，WCDMA 所用天线类型按辐射方向也可分为：全向天线、定向天线。

按极化方式来区分主要有：垂直极化天线（也叫单极化天线）、交叉极化天线（也叫双极化天线）。

按外形来区分主要有：鞭状天线、板状天线、帽状天线等。

3）天线主要技术性能

天线的技术性能主要包括：工作频段、增益、极化方式、波瓣宽度、预置倾角、下倾方式、下倾角调整范围、前后抑制比、副瓣抑制比、零点填充、回波损耗、功率容量、阻抗、三阶互调等。机械性能主要包括：尺寸、重量、天线输入接口、风载荷等。

4）工作频段

上行：1920 MHz～1980 MHz。

下行：2110 MHz～2170 MHz。

频点说明：在无线网络中，对于频段的使用是通过频点配置来实现的，WCDMA 的频点如下。

下行频点是普通频点则按照以下原则处理：

频段 1：上行=下行-950；

频段 2：上行=下行-400；

频段 3：上行=下行-475；

频段 4：上行=下行-2000；

频段 5：上行=下行-225；

频段 6：上行=下行-225。

下行频点是特殊频点按照以下原则处理：

频段 2：上行=下行-400；

频段 4：上行=下行-300；

频段 5：上行=下行-225；

频段 6：上行=下行-225。

在跟基站或者无线侧配置有关的频点数据时，均要依据上述公式。

5）极化方式

不同频段的电磁波适合采用不同的极化方式进行传播，移动通信系统通常采用垂直极化，而广播系统通常采用水平极化，椭圆极化通常用于卫星通信。

WCDMA 天线的极化方式有单极化天线、双极化天线两种，其本质都是线极化方式。WCDMA 中的单极化天线通常使用垂直极化方式。双极化天线利用极化分集来减少移动通信系统中多径衰落的影响，以提高基站接收信号的质量，WCDMA 中的双极化天线通常使用±45°交叉极化方式。

6）不同应用环境下的天线选型

（1）市区基站天线选择。

应用环境特点：基站分布较密，要求单基站覆盖范围小，希望尽量减少越区覆盖的现象，减少基站之间的干扰，提高频率复用率。

天线选用遵循以下原则。

①极化方式选择：由于市区基站站址选择困难，天线安装空间受限，建议选用双极化天线。

②方向图的选择：在市区主要考虑提高频率复用度，因此一般选用定向天线。

③半功率波束宽度的选择：为了能更好地控制小区的覆盖范围来抑制干扰，市区天线水平半功率波束宽度选 60°～65°。在天线增益及水平半功率角度选定后，垂直半功率角也就定了。

④天线增益的选择：由于市区基站一般不要求大范围的覆盖距离，因此建议选用中等增益的天线。同时天线的体积和重量可以变小，有利于安装和降低成本。根据目前天线型号，建议市区天线增益视基站疏密程度及城区建筑物结构等选用 15～18 dBi 增益的天线。若市区内用作补盲的微蜂窝天线增益可选择更低的天线，如 10～12 dBi 的天线。

⑤预置下倾角及零点填充的选择：市区天线一般来说都要设置一定的下倾角，因此为增大以后的下倾角调整范围，可以选择具有固定电下倾角的天线（建议选 3°～6°）。由于市区基站覆盖距离较小，零点填充特性可以不做要求。

⑥下倾方式选择：由于市区的天线倾角调整相对频繁，且有的天线需要设置较大的倾角，而机械下倾不利于干扰控制，所以在可能的情况下建议选用预置下倾天线。条件成熟时可以选择电调天线。

⑦下倾角调整范围选择：在市区出于干扰控制的原因，所以需要将天线的下倾角调得较大，一般来说电调天线在下倾角的调整范围方面是不会有问题的。但是在选择机械下倾的天线时，建议选择下倾角调整范围更大的天线，最大下倾角要求不小于 14°。

⑧在城市内，为了提高频率复用率，减小越区干扰，有时需要设置很大的下倾角，而当下倾角的设置超过了垂直面半功率波束宽度的一半时，需要考虑上副瓣的影响。所以建议在城区选择第一上副瓣抑制的赋形技术天线，但是这种天线通常无固定电下倾角。

推荐：半功率波束宽度 65°/中等增益/带固定电下倾角或可调电下倾＋机械下倾的双极化天线。

（2）农村基站天线选择。

应用环境特点：基站分布稀疏，话务量较小，覆盖要求广。有的地方周围只有一个基站，覆盖成为最为关注的对象，这时应结合基站周围需覆盖的区域来考虑天线的选型。一般情况下是希望在需要覆盖的地方能通过天线选型来得到更好的覆盖。

天线选用遵循以下原则。

①极化方式选择：从发射信号的角度，在较为空旷地方采用垂直极化天线比采用其他极化天线效果更好；从接收的角度，在空旷的地方由于信号的反射较少，信号的极化方向改变不大，采用双极化天线进行极化分集接收时，分集增益不如空间分集。所以建议在农村选用垂直单极化天线。

②方向图选择：如果要求基站覆盖周围的区域，且没有明显的方向性，基站周围话务分布比较分散，此时建议采用全向基站覆盖。需要特别指出的是：这里的广覆盖并不是指覆盖距离远，而是指覆盖的面积大而且没有明显的方向性。同时需要注意的是：全向基站由于增益小，覆盖距离不如定向基站远。同时全向天线在安装时要注意塔体对覆盖的影响，并且天线一定要与地平面保持垂直，具体要求见《全向天线安装规范》。如果对基站的覆盖距离有更远的覆盖要求，则需要用定向天线来实现。一般情况下，应当采用水平面半波束宽度为 90°、105°、120°的定向天线；在某些基站周围需要覆盖的区域呈现很明显的形状，可选择地形匹配波束天线进行覆盖。

③天线增益的选择：视覆盖要求选择天线增益，建议在农村地区选择较高增益（16～18 dBi）的定向天线或 9～11 dBi 的全向天线。

④预置下倾角及零点填充的选择：由于预置下倾角会影响到基站的覆盖能力，所以

在农村这种以覆盖为主的地方建议选用不带预置下倾角的天线。但天线挂高在 50 m 以上且近端有覆盖要求时，可以优先选用零点填充（大于 15%）的天线来避免“塔下黑”问题。

⑤下倾方式的选择：在农村地区对天线的下倾调整不多，其下倾角的调整范围及特性要求不高，建议选用价格较便宜的机械下倾天线。

对于定向站型推荐选择：半功率波束宽度 90°、105°/中、高增益/单极化空间分集，或 90°双极化天线，主要采用机械下倾角/零点填充大于 15%。

对于全向站型推荐：零点填充的天线，若覆盖距离不要求很远，可以采用电调下倾（3°或 5°）。天线相对主要覆盖区挂高不大于 50m 时，可以使用普通天线。

另外，对全向站还可以考虑双发天线配置以减小塔体对覆盖的影响。必须通过功分器把发射信号分配到两个天线上。

（3）郊区基站天线选择。

应用环境特点：郊区的应用环境介于城区环境与农村环境之间，有的地方可能更接近城区，基站数量不少，频率复用较为紧密，这时覆盖与干扰控制在天线选型时都要考虑。而有的地方可能更接近农村地方，覆盖成为重要因素。因此在天线选型方面可以视实际情况参考城区及农村的天线选型原则。

在郊区，情况差别比较大。可以根据需要的覆盖面积来估计大概需要的天线类型。一般可遵循以下几个基本原则。

①根据情况选择水平面半功率波束宽度为 65°的天线或选择半功率波束宽度为 90°的天线。当周围的基站比较少时，应该优先采用水平面半功率波束宽度为 90°的天线。若周围基站分布很密，则其天线选择原则参考城区基站的天线选择。若周围基站较少，且将来扩容潜力不大，则可参考农村的天线选择原则。

②考虑到将来的平滑升级，所以一般不建议采用全向站型。

③是否采用预置下倾角应根据具体情况来定。即使采用下倾角，一般下倾角也比较小。

推荐选择：半功率波束宽度 90°/中、高增益的天线，可以用电调下倾角，也可以是机械下倾角。

具体在选择时可以参考市区与农村的天线选择列表。

（4）公路覆盖基站天线选择。

应用环境特点：该应用环境下话务量低、用户高速移动，此时重点解决的是覆盖问题。而公路覆盖与大中城市或平原农村的覆盖有着较大区别，一般来说它要实现的是带状覆盖，故公路的覆盖多采用双向小区；在穿过城镇，旅游点的地区也综合采用三向、全向小区；再就是强调广覆盖，要结合站址及站型的选择来决定采用的天线类型。不同的公路环境差别很大，一般来说有较为平直的公路，如高速公路、铁路、国道、省道等等，推荐在公路旁建站，采用 S1/1/1，或 S1/1 站型，配以高增益定向天线实现覆盖。有蜿蜒起伏的公路如盘山公路、县级自建的山区公路等。需结合在公路附近的乡村覆盖，选择高处建站。站型必须灵活配置，可能会用到全向加定向等特殊站型。不同的路段环境差别也很大，如高速公路与铁路所经过的地形往往复杂多变，有平原、高山、树林、隧道等，还要穿过乡村和城镇，所以对其无线网络的规划及天线选型时一定要在充分勘查的基础上具体对待各段公路，灵活规划。

在初始规划进行天线选型时，应尽量选择覆盖距离广的高增益天线进行广覆盖，在覆盖不到的盲区路段可选用增益较低的天线进行补盲。

天线选型遵循以下原则。

①方向图的选择：在以覆盖铁路、公路沿线为目标的基站，可以采用窄波束高增益的定向天线。可根据布站点的道路局部地形起伏和拐弯等因素来灵活选择天线形式。如果覆盖目标为公路及周围零星分布的村庄，可以考虑采用全向天线或变形全向天线，如八字形或心形天线。纯公路覆盖时根据公路方向选择合适站址采用高增益（14dBi）“8”字形天线（O2/O1），或考虑 S0.5/0.5 的配置，最好具有零点填充；对于高速公路一侧有小村镇，用户不多时，可以采用 210°～220°变形全向天线。

②极化方式选择：从发射信号的角度，在较为空旷地方采用垂直极化天线比采用其他极化天线效果更好。从接收的角度，在空旷的地方由于信号的反射较少，信号的极化方向改变不大，采用双极化天线进行极化分集接收时，分集增益不如空间分集。所以建议在进行公路覆盖时选用垂直单极化天线。

③天线增益的选择，若不是用来补盲，定向天线增益可选 17～22 dBi 的天线（有些高增益天线目前还未认证）。全向天线的增益选择 11 dBi。若是用来补盲，则可根据需要选择增益较低的天线。

④预置下倾角及零点填充的选择：由于预置下倾角会影响到基站的覆盖能力，所以在公路这种以覆盖为主的地方建议选用不带预置下倾角的天线。在 50 m 以上且近端有覆盖要求时，可以优先选用零点填充（大于 15%）的天线来解决“塔下黑”问题。

⑤下倾方式的选择：公路覆盖一般不打下倾。地区对天线的下倾调整不多，其下倾角的调整范围及特性要求不高，建议选用价格较便宜的机械下倾天线。

⑥前后比：由于公路覆盖大多数用户都是快速移动用户，所以为保证切换的正常进行，定向天线的前后比不宜太高，否则可能会由于两定向小区交叠深度太小而导致切换不及时造成掉话的情况。

对于高速公路和铁路覆盖，建议优先选择“8”字形天线或 S0.5/0.5 配置，以减少高速移动用户接近/离开基站附近时的切换。

（5）山区覆盖基站天线选择。

应用环境特点：在偏远的丘陵山区，山体阻挡严重，电波的传播衰落较大，覆盖难度大。通常为广覆盖，在基站很广的覆盖半径内分布零散用户，话务量较小。基站或建在山顶上、山腰间、山脚下或山区里的合适位置。需要区分不同的用户分布、地形特点来进行基站选址、选型、选择天线。以下这几种情况比较常见：盆地型山区建站、高山上建站、半山腰建站、普通山区建站等。在盆地中心选址建站，如果盆地范围不大，推荐采用全向 O2 站型；如果盆地范围较大，或需要兼顾到某条出入盆地的交通要道，推荐采用 S1/1/1 或 O+S 的站型。有时受制于微波传输的因素，必须在某些很高的山上建站，此时天线离用户分布面往往有 150 m 以上的落差。如果覆盖的目标区域就在山脚下附近，此时需配以带电子下倾角的全向天线，使信号波形向下，避免出现“塔下黑”的现象。在半山腰建站，基站天线的挂高低于山顶，山的背面无法覆盖。因此只需用定向小区，用半功率角较大的天线，覆盖山的正面。普通地形起伏不大的山区，推荐采用 S1/1/1 站型，尽量增加信号强度，给信号衰减留下更多的余量。

天线选择遵循以下原则。

①方向图的选择：视基站的位置、站型及周边覆盖需求来决定方向图的选择，可以选择全向天线，也可以选择定向天线。对于建在山上的基站，若需要覆盖的地方位置相对较低，则应选择垂直半功率角较大的方向图，更好地满足垂直方向的覆盖要求。

②天线增益选择：视需覆盖的区域的远近选择中等天线增益，全向天线（9～11 dBi），定向天线（15～18 dBi）。

③预置下倾与零点填充选择：在山上建站，需覆盖的地方在山下时，要选用具有零点填充或预置下倾角的天线。对于预置下倾角的大小视基站与需覆盖地方的相对高度做出选择，相对高度越大预置下倾角也就应选择更大一些的天线。

（6）近海覆盖基站天线选择。

应用环境特点：话务量较少，覆盖面广，无线传播环境好。经研究表明在海上的无线传播模型接近于自由空间传播模型。对近海的海面进行覆盖时，覆盖距离将主要受三个方面的限制，即地球球面曲率、无线传播衰减、TA 值的限制。考虑到地球球面曲率的影响。因此对海面进行覆盖的基站天线一般架设得很高，超过 100 m。

天线选择遵循以下原则。

①方向图的选择：由于在近海覆盖中，面向海平面与背向海平面的应用环境完全不同，因此在进行近海覆盖时不选择全向天线，而是根据周边的覆盖需求选择定向天线。一般垂直半功率角可选择小一些的。

②天线增益的选择，由于覆盖距离很大，在选择天线增益时一般选择高增益（16 dBi 以上）的天线。

③从发射信号的角度，在较为空旷地方采用垂直极化天线比采用其他极化天线效果更好。从接收的角度，在空旷的地方由于信号的反射较少，信号的极化方向改变不大，采用双极化天线进行极化分集接收时，分集增益不如空间分集。所以建议在进行近海覆盖时选用垂直单极化天线。

④预置下倾与零点填充选择，在进行海面覆盖时，由于要考虑地球球面曲率的影响，所以一般天线架设得很高，会超过 100 m，因此在近端容易形成盲区。因此建议选择具有零点填充或预置下倾角的天线，考虑到覆盖距离要优先选用具有零点填充的天线。

（7）隧道覆盖基站天线选择。

应用环境特点：一般来说靠外部的基站不能对隧道进行良好的覆盖，必须针对具体的隧道规划站址及选择天线。这种应用环境下话务量不大，也不会存在干扰控制的问题，主要是天线的选择及安装问题，在很多种情况下大天线可能会由于安装受限而不能采用。对不同长度的隧道，基站及天线的选择有很大的差别。另外还要注意到隧道内的天线安装调整维护十分困难。特别是铁路隧道在火车通过时剩余空间会很小，在隧道里面安装大天线不可能。

天线选择遵循以下原则。

①方向图选择：隧道覆盖方向性明显，所以一般选择定向天线，并且可以采用窄波束天线进行覆盖；

②极化方式选择：考虑到天线的安装及隧道内壁对信号的反射作用，建议选择双极化天线。

③天线增益选择：对于公路隧道长度不超过 2 km 的，可以选择低增益（10～12 dBi）的天线。对于更长一些隧道，也可采用很高增益（22 dBi）的窄波束天线进行覆盖，不过此时要充分考虑大天线的可安装性。

④天线尺寸大小的选择：这在隧道覆盖中很关键，针对每个隧道设计专门的覆盖方案，充分考虑天线的可安装性，尽量选用尺寸较小便于安装的天线。

⑤除了采用常用的平板天线、八木天线进行隧道覆盖外，也可常用分布式天线系统对隧道进行覆盖，如采用泄漏电缆、同轴电缆、光纤分布式系统等；特别是针对铁路隧道，安装天线分布式系统将会受到很大的限制。这时可考虑采用泄漏电缆等其他方式进行隧道覆盖。

⑥前后比：由于隧道覆盖大多数用户都是快速移动用户，所以为保证切换的正常进行，定向天线的前后比不宜太高，否则可能会由于两定向小区交叠深度太小而导致切换不及时造成掉话的情况。

④适合于隧道覆盖的最新天线是环形天线，该种天线对铁路隧道可以提供性价比更好的覆盖方案。该天线的原理、技术指标仍有待研究。

推荐选择：10～12 dBi 的八木/对数周期/平板天线安装在隧道口内侧对 2km 以下的公路隧道进行覆盖。

（8）室内覆盖基站天线选择。

应用环境特点：现代建筑多以钢筋混凝土为骨架，再加上全封闭式的外装修，对无线电信号的屏蔽和衰减特别厉害，很难进行正常的通信。在一些高层建筑物的低层，基站信号通常较弱，存在部分盲区；在建筑物的高层，则信号杂乱，干扰严重，通话质量差。在大多数的地下建筑，如地下停车场、地下商场等场所，通常都是盲区。在大中城市的中心区。基站密度都比较大，通常进入室内的信号通常比较杂乱、不稳定。手机在这种环境下使用，未通话时，小区重选频繁，通话过程中频繁切换，话音质量差，掉话现象严重。为解决室内覆盖问题，通常是建设室内分布系统，将基站的信号通过有线方式直接引到室内的每一个区域，再通过小型天线将基站信号发送出去，从而达到消除室内覆盖盲区，抑制干扰，为室内的移动通信用户提供一稳定、可靠的信号供其使用。室内分布系统主要由三部分组成：信号源设备（微蜂窝、宏蜂窝基站或室内直放站）；室内布线及其相关设备（同轴电缆、光缆、泄漏电缆、电端机、光端机等）；干线放大器、功分器、耦合器、室内天线等设备。

天线选型遵循以下原则：根据分布式系统的设计，考察天线的可安装性来决定采用哪种类型的天线，泄漏电缆不需要天线。室内分布式系统常用到的天线单元有：室内吸顶天线单元；室内壁挂天线单元；小茶杯状吸顶单元，超小尺寸，适用于小电梯内部、小包间内嵌入式的吸顶小灯泡内部等多种安装受限的应用场合；板斧状天线单元，有不同的大小尺寸，可用于电梯行道内、隧道、地铁、走廊等不同场合的应用。

这些天线的尺寸很小，方便安装且美观。增益一般也很低，可依据覆盖要求选择全向及定向天线。如推荐室内使用的全向天线：2 dBi/垂直极化/全向天线。定向天线：7 dBi/

垂直极化/90°的定向天线。

7）天馈系统组成

天馈系统是指在 Node B 机柜机顶和天线之间，传输射频信号的设备（包括天线）。天馈系统组成如下图：

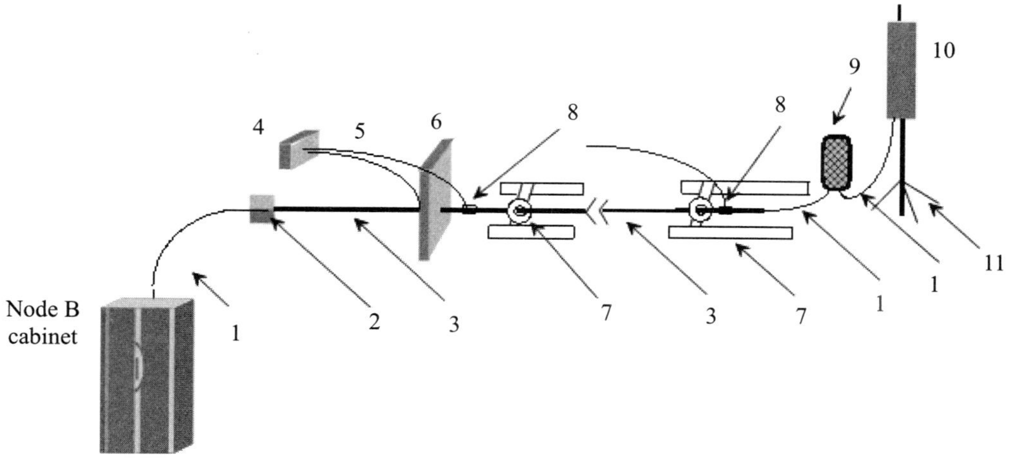

1-跳线；2-天馈避雷器；3-馈线；4-接地排；5-接地线；6-馈线密封窗；7-馈线固定夹；8-馈线接地夹；9-塔放；10-天线；11-天线支架

2．WCDMA 的小区扇区关系和区别

WCDMA 中扇区（sector）和小区（cell）是不同的概念。扇区现在完全是一个地理的概念，区别一个小区用扰码和频率，如果一个小区的扰码或者频率不同，那么就属于不同的小区。一个扇区中可以有多个小区，它们的频率不同，扰码可以相同。如果是 1/1/1 配置，只有一个频率，三个扇区，每个扇区有一个小区，这些小区用相同的频率，但是扰码不同，比如说扰码用 1、2、3。

3．基站 BOOTP 现象解释

1）BOOTP 原理

BOOTP 的全称是 BOOT strap Protocol（引导程序协议）。BOOTP 的本质就是通过服务器获取 IP 地址，然后建立通道。

2）BOOTP 场景

Node B：Node B 发起的 BOOTP 过程触发场景分为静态触发和动态触发。静态触发主要是配置文件检查的结果导致，包括：读配置文件失败，配置文件中 IPOA 配置项不存在，配置文件中 IPOA 配置项非法，配置文件中传输数据参数检查非法，配置文件 E1T1 不匹配。动态触发的原理是 IPOA 检测机制，主要分以下两种情况。①传输启动过程检测：传输部分启动后，会发起 IPOA 维护通道的检测，具体动作是首先查询当前有可用的传输链路（E1T1/STM），如果存在可用传输链路，传输就会持续 Ping RNC 端的 IPOA 地址，如果可以 Ping 通，则停止检测，否则持续检测 15 分钟。维护通道在检测阶段始终不通，则启动 BOOTP 过程。②传输运行过程中检测：BOOTP 开关打开的情况下，在传输正常运行过程中，如果发现 IPOA 承载的中继线路由断变通，就发起 IPOA 检测过程，如果

120 分钟内不能检测成功，就再次发起 BOOTP 过程。

3）BOOTP 功能实现

Node B：根据获得的 IP 地址与缺省 PVC（vpi/vci：1/33）创建 IPOA 通道，从而完成 Node B 与 RNC 之间的操作维护通道的建立。一般来说，我们的配置文件中都有 IPOA 设备的数据。如果数据配置正确，就可以从远端对基站进行维护。但若不正确，BOOTP 就起作用了，它可以根据一定的机制获取到正确的 IP 数据，重新建立起维护通道，而不必到近端修改数据，大大地节省了人力物力，提高了维护工作效率。

4．驻波比异常告警

排除设备自身的问题，一般有如下情况会产生驻波比告警：

①现场制作的馈线，跳线接头质量不良导致连接处的驻波值异常高；

②跳线（包括 MAFU 到机柜顶的内部跳线）拧得不紧导致连接处的驻波值异常高；

③因来料质量原因或安装时弯曲半径太小，超过要求而引起的跳线内外导体断裂，导致连接处的驻波值异常高；

④因下雨导致天线内部进水，引起天线的驻波值异常高（室内的话没有这个问题）；

⑤因接头处防水处理不当导致下雨时连接处进水，导致连接处的驻波值异常高（室内的话没有这个问题）；

⑥在天线、跳线、馈线等固定得不是很牢固的情况下，因台风等原因引起连接处松动，导致连接处的驻波值异常高；

⑦天线接收到异常高的干扰信号，可能出现 RTWP 上升的情况，引起驻波检测误差过大，会产生驻波误告警；

⑧告警门限设置不合理，导致误告警（这个是由软件内部写死成 1.8，不能改）。

5．基站维护方式

1）近端维护

基站默认出厂有一个维护地址：17.21.2.15，可以把电脑的 IP 地址修改为 17.21.2.××，然后通过 LMT 进行近端登录维护。

2）远端维护

一般通用维护方式为远程维护方式，即在 BSC6810 侧通过 IPOAPVC 方式，登录数据配置设定的 IP 地址进行远程登录维护。

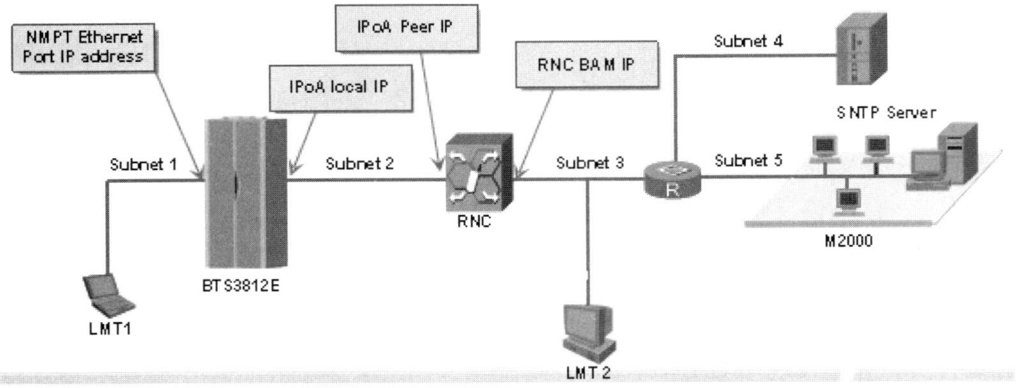

在本次实训内容中，BSC6810 侧配置的 IP 为 20.20.20.20，DBS3900 侧为 20.20.20.21。

五、实训内容（需要 BSC6810 运行态而且 IUB 数据已经配置）

1．加载基站配置文件（可选操作，一般不做）。

工程或者实际组网维护中，一般采用 M2000 综合网管进行操作维护，对基站数据进行集中下发。在实训四中，通过 CME 已经做了 Node B-DBS3900 的配置，

基站配置文件加载方式为：

2．重启基站后，配置文件生效。

3．使用 LMT 登录基站。

（1）使用近端维护登录模式：（一般不建议）。

修改当前电脑 IP 地址为 17.21.2.×××，登录 17.21.2.15。

（2）使用远程登录模式登录基站：（通过 BSC6810 转发）。

①当前计算机 IP 地址设置，需要增加网关项：129.9.0.100，其中 100 地址是 BSC6810 的 OMU 的外 IP 地址，增加此地址的目的是表示 DBS3900 的维护消息通过 BSC6810 转发。

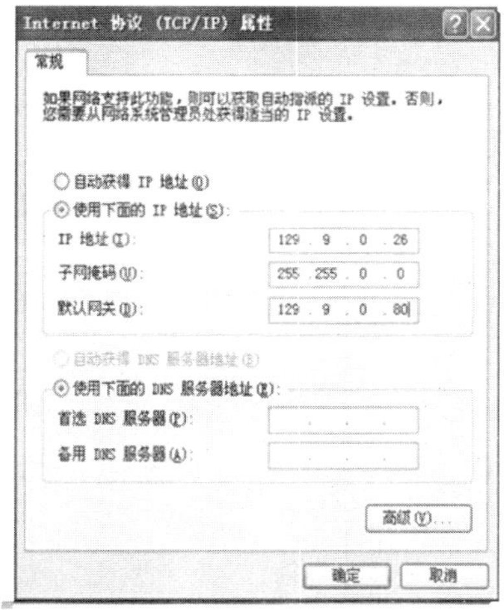

②DBS3900 的局向维护地址设置。

③进入 LMT，选择登录局向信息。

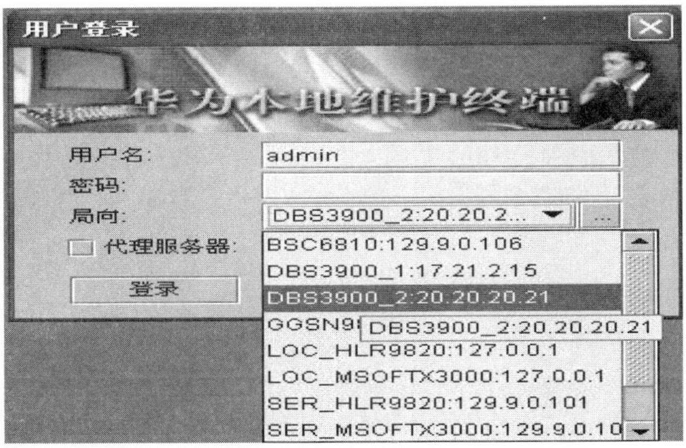

④输入登录密码：NodeB。

⑤选择配套的软件版本

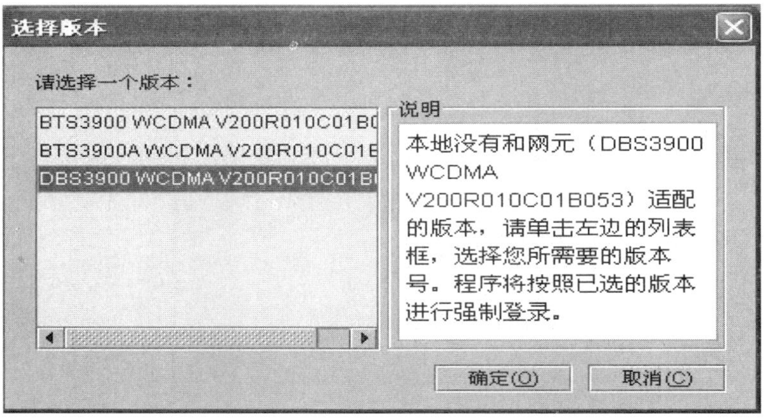

⑥进入联机软件界面后，在 LMT 的维护界面/业务导航界面/拓扑管理/主柜，查看 Node B 硬件。

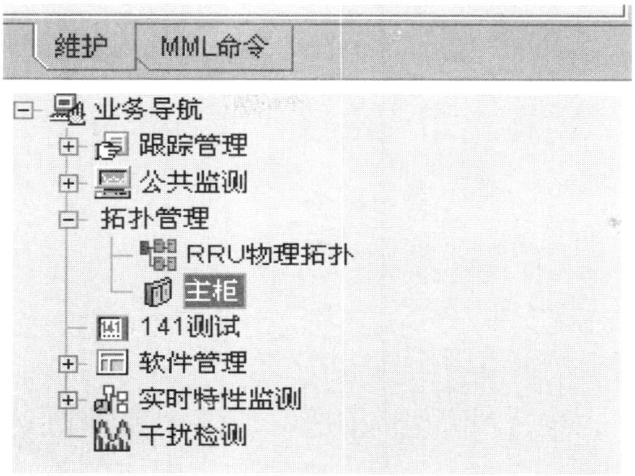

结果如下：

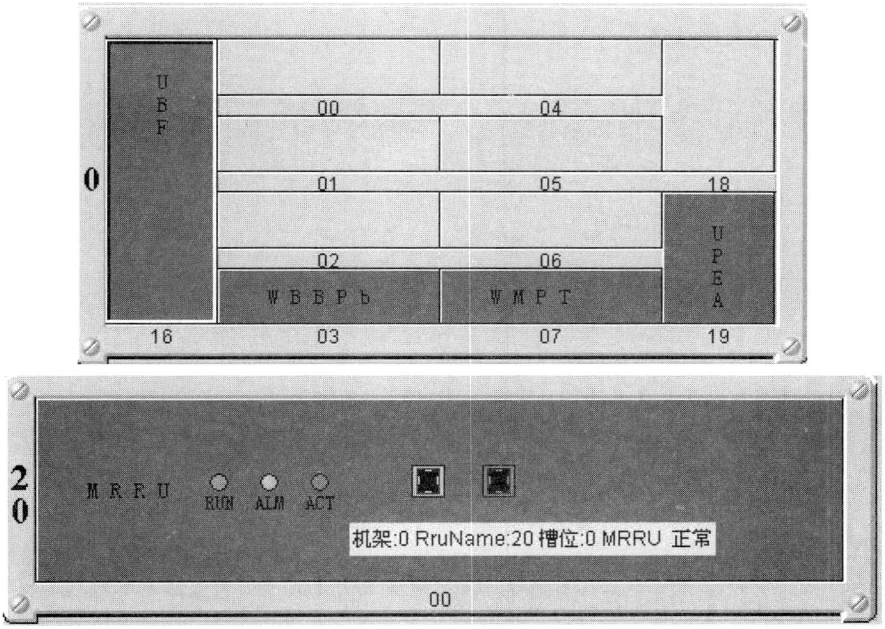

⑦Node B 基站的 RRU 拓扑：

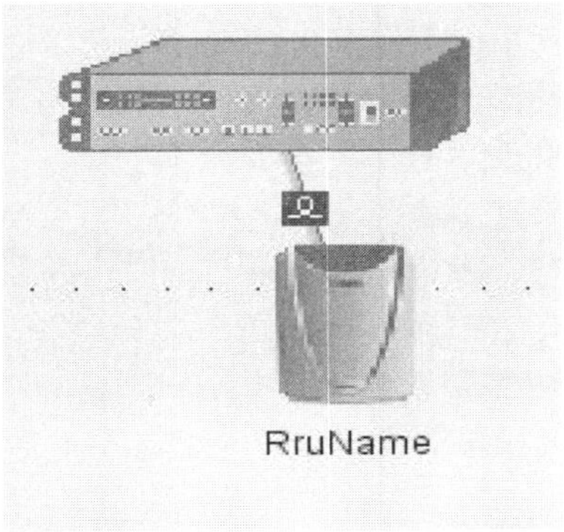

4．基站维护操作

①查询 AAL2PATH 状态。

```
%%DSP AAL2PATH:;%%
RETCODE = 0  执行成功。

AAL2 PATH状态
-------------
 AAL2节点类型  =  端节点
AAL2 PATH编号  =  1
AAL2 PATH状态  =  正常

 AAL2节点类型  =  端节点
AAL2 PATH编号  =  2
AAL2 PATH状态  =  正常

 AAL2节点类型  =  端节点
AAL2 PATH编号  =  3
AAL2 PATH状态  =  正常
```

②查询邻节点状态。

```
%%DSP AAL2NODE:;%%
RETCODE = 0  执行成功。

AAL2节点状态
------------
AAL2节点类型  =  端节点
AAL2节点状态  =  正常
(结果个数 = 1)

---    END
```

③显示 IMA 组状态。

```
        机柜编号  =  主柜
        机框编号  =  0
        槽位编号  =  7
        子板类型  =  基板
       IMA链路号  =  1
   IMA组子板类型  =  基板
         IMA组号  =  0
近端发送链路状态  =  激活
近端接收链路状态  =  激活
远端发送链路状态  =  激活
远端接收链路状态  =  激活
近端接收失效状态  =  正常
远端接收失效状态  =  正常
```

5．传输类故障

1）故障现象及常见原因

（1）传输电路中断。

➢ 基站和 RNC 之间传输环节越多，传输中断可能性越大；

➢ 传输码不同；

➢ 如果一方使用 CRC4 校验，而另一方未使用，则传输不通。

（2）传输误码率高，频繁闪断。

➢ E1 接头接触不良；

➢ 工程质量问题，会造成传输时有时无，话音质量差，严重时会造成基站传输中断；

➢ 使用微波、XDSL 的基站一般误码率较高，阴雨天气闪断更频繁；

➢ 传输接地不好；

2）案例：传输不通

故障现象：传输不通，E1 出现告警。

故障处理：可能由单板故障，E1 端口故障或者线缆故障引起。具体处理步骤如下。

（1）检查单板和 E1 端口的报警信息。

• DSP BRD;

• DSP E1T1;

• 如果单板故障，更换单板。

（2）单板正常但 E1 仍有报警，先进行本端环回测试

• SET E1T1LOP （Loopback Type = LOCAL）;

• LOP E1T1（RNC）;

• DSP E1T1（Node B）;

• SET E1T1LOP （Loopback Type = NOLOOP）;

• 如果是 E1 端口故障，更换单板。

（3）单板和 E1 端口正常，仍有报警，此时进行远端环回，并在 RNC 侧监视。

• SET E1T1LOP （Loop type=remote）;

• DSP E1T1（RNC）;

• 如果是传输网络故障，请检查传输线路及传输设备。

6．小区类故障

案例 1：Node B 状态正常，但 RNC 不下发 Cell Setup Request 消息，Iub 口无 RNC 的小区建立消息。

故障现象：

➢ 逻辑小区无法建立，在 Node B 操作维护系统，通过 MML 命令查询到本地小区资源可用，NCP、CCP 的状态均正常；

➢ 在 Node B 操作维护系统使用 MML 命令 ADT RES 请求 RNC 下发资源审计，RNC 下发资源审计命令，但是不下发 Cell Setup Request 消息。

故障处理：

➢ 查看 Node B 的审计消息中上报的最大下行功率是否小于 RNC 配置的值；

➢ 在 Node B 的操作维护系统，通过 MML 命令（DSP Cell）查看该小区的本地小

区号是否和 RNC 协商的一致。

案例 2：Node B 上报小区及公共传输信道建立响应后，RNC 删除小区。

故障现象：

- RNC 下发 Cell Setup Request 消息；
- Node B 上报 Cell Setup Response 消息；
- 之后 RNC 下发两条 Common Transport Channel Setup Request 消息；
- 收到 Node B 上报的两条 Common Transport Channel Setup Response 消息后，RNC 没有下发 System Information Update Request 消息，而是下发 Cell Deletion Request 消息；
- 从 Node B 侧和 RNC 侧观察，此刻均无告警。

故障处理：

- 在 Node B 操作维护系统使用 MML 命令（LST AAL2PATH）获得 AAL2PATH 的配置数据；
- 将 Node B 的 AAL2 PATH 的配置数据与 RNC 侧的配置数据进行比较，把不一致的数据修改为一致；
- 检查 Node B 和 RNC 之间配置了 AAL2 的 E1/T1 或 STM1 物理端口连接是否正确，如果有错则需要重新对接；
- 检查 Node B 的 ALCAP 配置的 ATM 物理地址是否同 RNC 侧的相应配置数据一致，如果不一致则修改为一致。

六、课后巩固

1．WCDMA 的频点划分原则有哪些？
2．WCDMA 基站中小区、扇区的区别是什么？
3．简单描述天线的分类。
4．基站的操作维护分为哪些内容？
5．简述 Iub 接口的维护管理工作具体内容。

实训九 验证实训 WCDMA-BSC6810 故障处理

一、目的

1．了解 BSC6810 的常见故障；

2．掌握 BSC6810 联机故障处理方法；

3．掌握 BSC6810 的各个接口的 ATM/IP 传输时的各种问题处理。

二、实训器材

华为 WCDMA 移动设备无线部分之一：BSC6810、DBS3900。

三、实训内容说明

1．了解 BSC6810 运行时的各种故障现象；

2．掌握 BSC6810 运行时的基本故障处理能力；

3．深入了解 BSC6810 运行时，各接口故障快速处理能力。

四、知识准备

1．故障处理概述

1）故障处理的一般流程

信息收集：在处理故障前，一般需要收集必要的故障信息。

故障判断：在获取故障信息后，需要对故障现象有一个大致的定义，以确定故障的范围与种类。

故障定位：故障定位是从众多可能原因中找出故障原因的过程。

故障排除：故障排除是指采取适当的措施或步骤清除故障、恢复系统的过程，如检修线路、更换单板、修改配置数据、倒换系统、复位单板等。

2）故障的分类

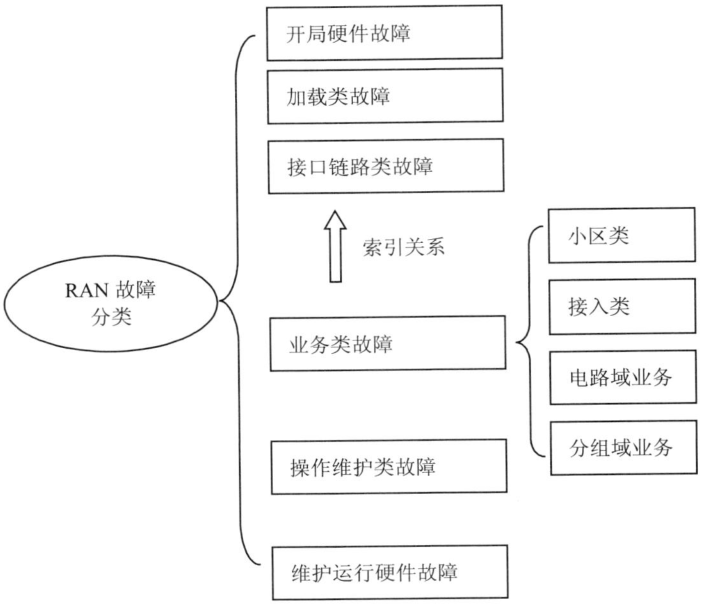

3）故障定位常用手段

• 查看告警、指示灯和错误提示：RAN 设备为每一条告警提供了丰富的告警处理的操作步骤，按照告警处理的详细操作步骤可以排除大部分故障。

• 接口和协议跟踪。

• 业务演示辅助分析。

• 仪器、仪表辅助分析。

• 性能测量辅助分析。

• 测试辅助分析。

• 对比/互换。

• 主备倒换/复位。

4）故障信息收集的常用方式

当设备出现异常时，而现场又无法及时定位解决，往往需要求助后方技术支持。这就需要现场搜集尽可能多的相关信息，信息越全面，对问题的定位越有利，可以减少定位人员与现场操作人员之间的交互，以便快速定位解决问题。

• 告警信息。

• 主机错误日志。

• BAM 错误日志。

• 维护台操作日志。

• 自诊断输出信息。

• 单用户的 CDR（呼叫数据记录）信息。

• 标准接口信令跟踪消息。

• 数据配置信息。

2．故障处理一般流程

1）故障处理一般流程

发现故障：多种途径、越早越好。

判断故障：确定故障位置、范围、种类。

定位故障：确定故障原因。

解决故障：清除故障、恢复系统。

2）发现故障的途径

告警：反映系统的“硬伤”。

话务统计：全面的系统监控。

用户投诉：越少越好。

全面巡检：设备“体检”。

3）故障范围判断

RNC 故障一般是全网性故障，影响多个基站或所有基站。

Node B 故障一般只影响本基站覆盖区域或周边基站切换指标。

判断是否为 Node B 故障的方法：新开局或扩容时，可以通过“替换法”快速定位是否是 RNC 问题导致 Node B 故障；维护期间，除了数据修改发生错误外，其他 RNC 故障一般不会对单个 Node B 造成影响

4）常见故障种类

RAN 侧故障：传输类故障，小区类故障，业务类故障，链路类故障，对接类故障，时钟类故障，天馈类故障。

操作维护问题：OMC 类故障，加载类故障。

网络优化问题：接入类故障，掉话类故障，拥塞类故障，切换类故障。

5）故障定位的常用方法

（1）告警信息分析：包含故障或异常现象的具体描述、可能的发生原因、有哪些修复建议等等，涉及硬件、链路、中继、CPU 负荷等 RAN 的各个方面，是进行故障分析和定位的重要依据之一。

（2）指示灯状态分析：反映诸如端口、电路、链路、光路、节点、主备用等的工作状态，常常与告警信息分析配合使用。

（3）话务统计分析：定位、解决网络问题（尤其是呼叫问题）最有效的手段。

（4）仪器、仪表辅助分析：以直观、量化的数据直接反映故障的本质。主要仪器有信令分析仪、误码仪、测试手机、天馈分析仪等。

（5）接口跟踪：利用跟踪的结果，常常可以直接得到呼叫失败的原因，找出问题的症结所在，或者从中得到启发，为后续分析提供宝贵的思路。

（6）业务测试：判断 RAN 侧的业务处理功能和相关设备是否正常最直接的方法。

（7）对比/互换。

对比：将故障的部件或现象与正常的部件或现象进行比较分析，查出不同点，从而找出问题的所在，一般适用于故障范围单一的场合。

互换：将处于正常状态的部件（如单板、光纤，甚至整个基站等）与可能故障的部件对调，比较对调后二者运行状况的变化，以此判断故障的范围或部位，一般适用于故障范围复杂的场合。

（8）倒换/复位：只能作为应急措施，迫不得已时谨慎使用。相对于其他方法而言，倒换或复位不能对故障的原因进行精确定位；倒换或复位后，故障现象一般难以在短期内重现，从而容易掩盖故障的本质，给设备的安全、稳定运行带来隐患。

3．BSC6810 常见故障

BSC6810 常见故障有接口链路类故障、业务类故障。

五、实训步骤

1．小区维护

1）小区配置

ADD LOCELL: Node BName="DBS3900", LoCell=1;//可以增加小区。

RMV LOCELL: Node BName="DBS3900", LoCell=1; //可以删除小区，激活态不能进行。

2）建立小区

MOD CELL: CellId=1; //重新配置小区，配置各种接入信道功率。

MOD CELLNAME: RncId=1, CellId=1, CellName="csust"; //修改小区名字。

MOD CELLFREQUENCY: RncId=1, CellId=1, BandInd=Band1, UARFCNUplinkInd=TRUE, UARFCNUplink=9612, UARFCNDownlink=10562; //可以重新配置小区的频点信息，在网络优化时候可以使用。

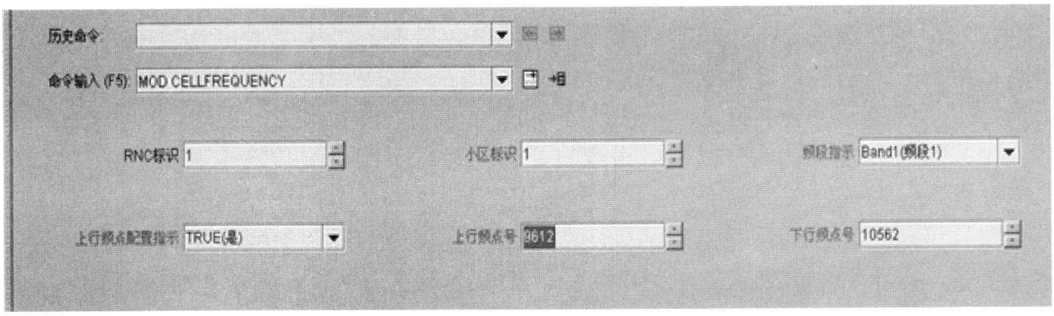

3）小区切换数据维护

ADD INTRAFREQNCELL: CellId=1, RncId=1, NCellId=2, SIB11Ind=TRUE, SIB12Ind=FALSE, TpenaltyHcsReselect=D0, NPrioFlag=FALSE; //增加同频邻近小区，同一 RNC 下。

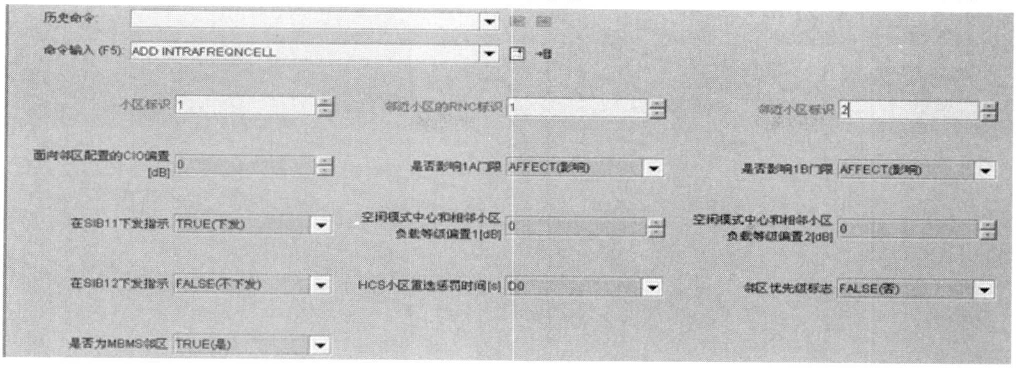

ADD INTERFREQNCELL: CellId=1, RncId=1, NCellId=2, SIB11Ind=TRUE, SIB12Ind=FALSE, TpenaltyHcsReselect=D0, BlindHOFlag=FALSE, NPrioFlag=FALSE; //增加异频邻近小区，同一 RNC 下。

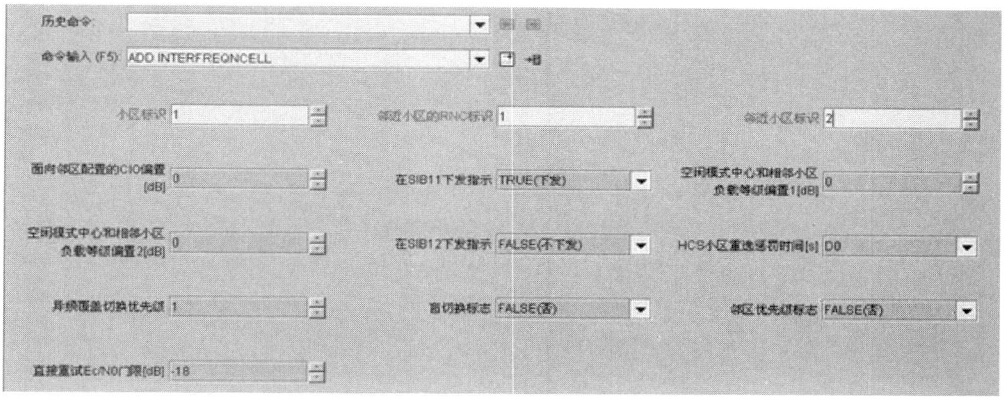

邻近 RNC 小区配置，为了在相邻 RNC 间进行切换使用。

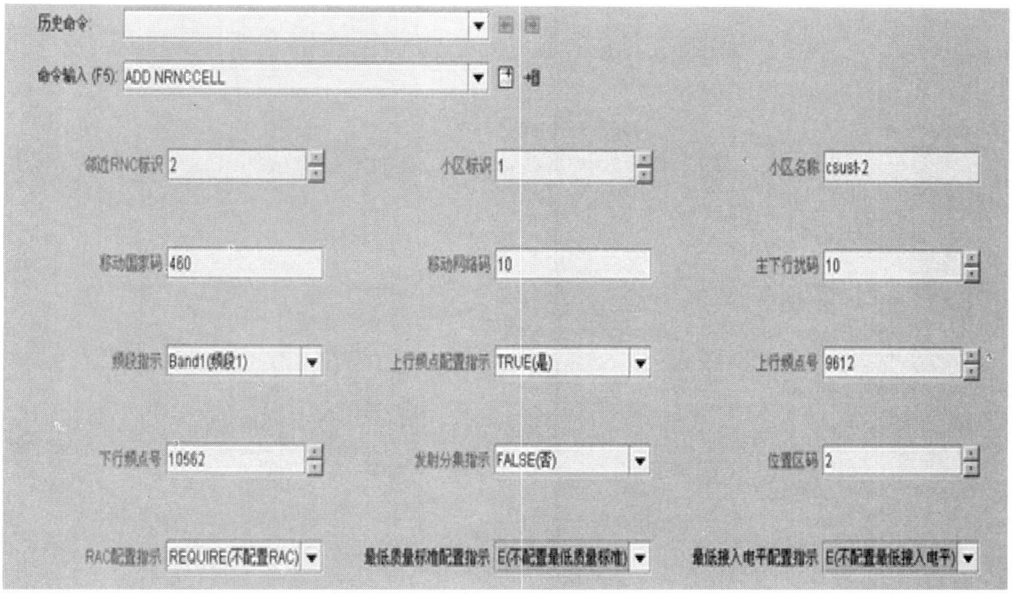

3．Node B 逻辑操作维护

1）基站闭塞

2）基站解闭塞

3）小区闭塞

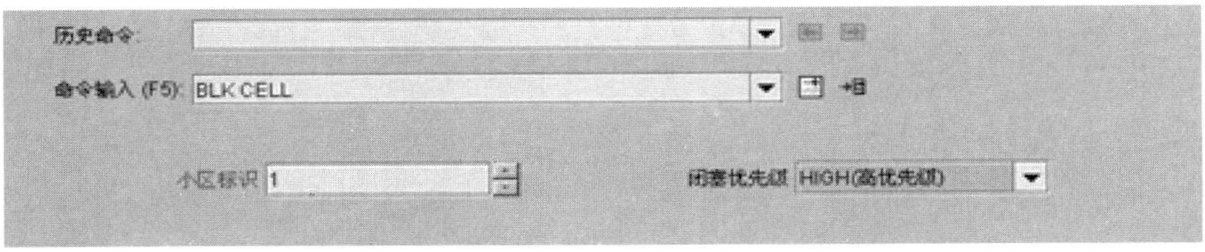

4）小区解闭塞

5）查询小区状态

6）查询基站状态

4．复位 Iu 接口（RST IU）

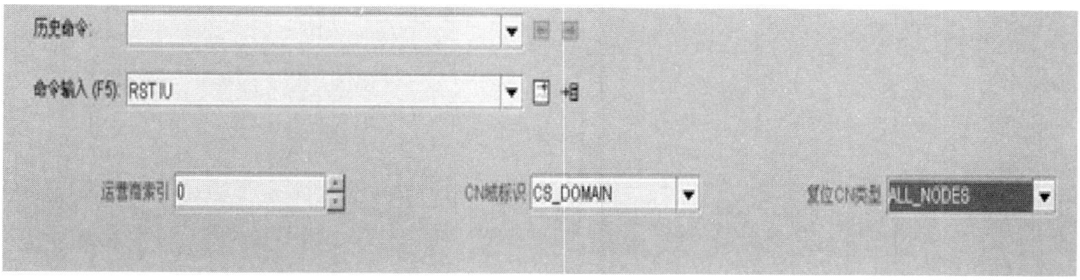

5．增加 Iur 接口

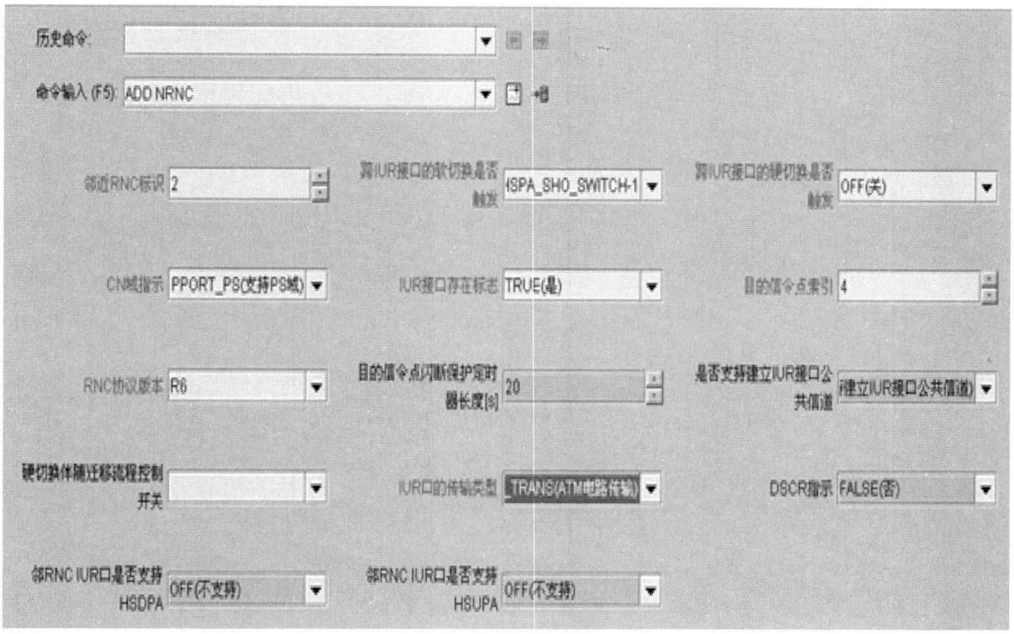

六、课后巩固

1．为什么要增加 Iur 接口？

2．增加同频邻频切换小区的意义是什么？

3．维护 Iub 接口，会导致什么后果？

4．接口链路故障的问题如何排除（包含软件和硬件原因）？

5．请简述维护一个 Node B 的过程。

6．思考：如何保证 HSDPA 的上下行带宽，需要哪些命令？